高等学校"十二五"规划教材

大型数据库系统 Oracle 与实训

刘 波 主 编

凌广明 黄青云 副主编

U0316893

中国铁道出版社

CHINA RAILWAY PUBLISHING HOUSE

内 容 简 介

本书通过丰富、实用的例子介绍基于 Linux 平台下的 Oracle 数据库体系结构和开发的基础知识。本书共包括 9 章，内容涉及与 Oracle 数据库相关的 Linux 命令和 SQL*PLUS 的基本操作；Oracle 的启动及相关参数文件；Oracle 的锁机制；并发与多版本控制；Oracle 的事务以及 Oracle 的 redo 和 undo 日志；数据库表和索引。为了适合教学需要，除第 0 章外其余各章均设计了习题，并配有电子课件。对于需要学生反复操作的重要知识，本书配有相应的视频，以供读者观看。

本书适合作为高等院校计算机相关专业教材，也可作为 Oracle 数据库初学者和中级数据库管理与开发人员的培训教材。

图书在版编目（CIP）数据

大型数据库系统 Oracle 与实训 / 刘波主编. — 北京：
中国铁道出版社，2015.2
高等学校"十二五"规划教材
ISBN 978-7-113-18439-1

Ⅰ. ①大… Ⅱ. ①刘… Ⅲ. ①关系数据库系统－高等学校－
教材 Ⅳ. ①TP311.138

中国版本图书馆 CIP 数据核字(2014)第 091502 号

书　　名：	**大型数据库系统 Oracle 与实训**
作　　者：	刘 波 主编

策　　划：	祁 云	读者热线：	400-668-0820
责任编辑：	祁 云 何 佳		
封面设计：	刘 颖		
封面制作：	白 雪		
责任校对：	汤淑梅		
责任印制：	李 佳		

出版发行：中国铁道出版社（100054，北京市西城区右安门西街 8 号）
网　　址：http:// www.51eds.com
印　　刷：三河市兴达印务有限公司
版　　次：2015 年 2 月第 1 版　　　　2015 年 2 月第 1 次印刷
开　　本：787 mm×1 092 mm　1/16　印张：17.5　字数：443 千
印　　数：1～2 000 册
书　　号：ISBN 978-7-113-18439-1
定　　价：36.00 元

前言
FOREWORD

Oracle 数据库系统是美国 Oracle（甲骨文）公司提供的大型关系型数据库软件产品。Oracle 公司是仅次于 Microsoft（微软）公司的世界第二大软件公司。Oracle 数据库以其高效性、稳定性而著称，拥有很多中、高端企业和政府客户。2011 年占全球数据库市场份额的 48%。

本书以 Linux 操作系统作为平台，基于 Oracle 10g 版本，由浅入深地介绍 Oracle 数据库的客户端工具 SQL*PLUS 的使用方法和与 Oracle 数据库相关的 Linux 命令；Oracle 的启动及相关参数文件；Oracle 的锁机制；并发与多版本控制；Oracle 的事务以及 Oracle 的 redo 和 undo 日志；数据库表和索引。

本书通过简单易懂的例子，深入浅出地讨论 Oracle 的核心结构和 Oracle 的重要功能，在讨论 Oracle 结构的同时，所用的例子全部用 PL/SQL 实现，通过触发器、存储过程、视图来展示 Oracle 的架构和特性。全书理论与实践相结合，包含大量应用实例，强调通过实际应用来了解和掌握 Oracle 数据库的体系结构。

本书是在作者多年的 Oracle 数据库教学和开发经验的基础上编写而成，是一本面向应用型人才培养的教材，具有较强的实用性。全书简明易懂，篇幅适当，重点突出，在内容编排上注重与相关课程的衔接，适应课程改革和学时调整的需要，注重培养学生动手能力和解决实际问题能力。

本书由重庆工商大学计算机科学与信息工程学院的刘波任主编，由凌广明、黄青云任副主编，其中，第 0 章和第 1 章由河南大学软件学院凌广明老师编写，第 2 章以及附录由江西农业大学计算机与信息工程学院黄青云老师编写。第 3、4、5、6、7、8 章由刘波编写。本书的编写得到重庆市教委教改项目"构建校企合作平台，地方高校计算机本科应用型创新人才培养模式的探索与实践"（项目号：133019），重庆工商大学教改项目"就业导向的大型数据库及 Oracle 实训教学改革研究"（项目号：130234），重庆工商大学自编教材项目，河南大学校级教改项目"Oracle 数据库精品课程建设的探索与实践"（项目号：HDXJJG 2013-16），重庆工商大学教改项目"Web 开发技术"课程系统化设计的研究与实践（项目号：130308）资助。同时，也感谢重庆工商大学计算机科学与信息工程学院 2011 级软件 1、2 班的同学以及 2012 级经信班的同学，尤其是王文斌、张栋凯、杨爽三位同学对本书提出的宝贵修改意见。

本书共分 9 章，各章学时分配如下：

教 学 内 容	学 时 安 排
第 0 章 Oracle 数据库概述	1 学时
第 1 章 Oracle 数据库的运行环境及相关工具	2 学时，本章内容配有视频，若学时不够，可让学生通过视频自学
第 2 章 Oracle 数据库的体系结构	6 学时，其中带 "*" 的节可以根据实际情况选学
第 3 章 Oracle 数据库的锁机制	6 学时，其中带 "*" 的节可以根据实际情况选学
第 4 章 并发与多版本控制	6 学时
第 5 章 事务的原子性	3 学时，其中带 "*" 的节可以根据实际情况选学
第 6 章 redo 操作与 undo 操作	6 学时，其中带 "*" 的节可以根据实际情况选学
第 7 章 Oracle 数据库的表	6 学时，其中带 "*" 的节可以根据实际情况选学
第 8 章 查询优化与索引	9 学时，其中带 "*" 的节可以根据实际情况选学

在编写本书的过程中，参考了大量的相关技术资料，书中全部程序都已经上机调试通过。由于作者水平有限，书中难免有不足和疏漏之处，敬请同行和读者不吝赐教，以便及时修订。

编 者

2014 年 12 月

目 录

CONTENTS

第 **0** 章

Oracle数据库概述

从Oracle的发展史我们看到了什么?

Oracle 数据库是目前最流行的关系数据库管理系统，被越来越多的用户在信息系统管理、企业数据处理、Internet、电子商务网站、政务系统等领域作为应用数据的后台处理系统。本章将介绍 Oracle 数据库的发展史、产品特性、产品结构等。通过学习本章内容，读者可以全面了解 Oracle 数据库及应用。

0.1　Oracle 数据库简介

Oracle 数据库是由 Oracle 公司于 1979 年开发的世界上第一个关系型数据库管理软件，经过 30 多年的发展，Oracle 数据库成为使用最为广泛的关系数据库，被应用于世界各个领域。Oracle 公司也成为世界第二大软件公司。

Oracle 数据库可运行在 PC、工作站、小型机、主机、大规模的并行计算机，以及 PDA 等各种计算设备上，随着越来越多的企业将自己转向电子商务，Oracle 公司具有强大的电子商务能力的解决方案，为企业提供高效率的扩展市场的手段，并提高工作效率和吸引更多的客户。Oracle公司提供的完整的电子商务产品和服务包括：用于建立和交付基于 Web 的 Internet 平台；综合、全面的商业应用；强大的专业服务，帮助用户实施电子商务战略，以及设计、定制和实施各种电子商务解决方案。

Oracle 公司提供数据库、开发工具、全套企业资源规划（ERP）和客户关系管理（CRM）应用产品、决策支持（OLAP），电子商务应用产品（e-Business），并提供全球化的技术支持、培训和咨询顾问服务。Oracle 应用产品包括财务、供应链、制造、项目管理、人力资源和市场与销售等 70 多个模块，现已被全球多家企业所采用。使用 Oracle 数据库的大型企业很多，如 AT&T、雪铁龙、通用电气等；纯粹的电子商务公司，如亚马逊、eBay 等也在使用 Oracle 数据库。在世界 500 强企业中，有 70%的企业使的 Oracle 数据库；世界十大 B2C 公司全都使用 Oracle 数据库，世界十大 B2B 公司，有 9 家使用 Oracle 数据库。

0.2　Oracle 数据库的发展史

很难想象，Oracle 公司的传奇故事要从 IBM 开始。

1970 年 6 月，IBM 公司的研究员 Edgar Frank Codd 博士（他于 1981 年因发明关系数据库而获得图灵奖，2003 年 8 月去世，在 Communications of ACM 上发表了著名的《大型共享数据库数据的关系模型》*A Relational Model of Data for Large Shared Data Banks* 论文。这是数据库发展史上的一个转折点，在当时还是层次模型和网状模型的数据库产品占主导位置，从这篇论文开始，关系型数据库的时代来临了。

虽然早在 1970 年就诞生了关系模型理论，但市场迟迟不见关系型数据库管理软件的推出。主要原因是关系型数据库速度太慢，比不上当时的层次型数据库。IBM 虽然 1973 年就启动了 System R 的项目来研究关系型数据库，但当时 IBM 的 IMS（著名的层次型数据库）市场不错，如果推出关系型数据库，牵涉 IBM 很多人的自身利益。

1977 年 6 月，Larry Ellison 与 Bob Miner 和 Ed Oates 在硅谷共同创办了一家名为软件开发实验室（software development laboratories，SDL）的计算机公司（Oracle 公司的前身）。那时，32 岁的 Larry Ellison 是读了三家大学都没能毕业的辍学生，还只是一个普通的软件工程师。公司创立之初，Miner 是总裁，Oates 为副总裁，而 Ellison 还在另一家公司上班。没多久，公司的第一位员工 Bruce Scott（用过 Oracle 数据库的人都会知道有个 Scott 用户，没错，就是这个 Scott，至于 Scott 用户的密码 Tiger，那是 Scott 养的猫的名字）加盟进来，在 Miner 和 Oates 有些厌倦了那种合同式的开发工作后，他们决定开发通用软件，不过他们还不知道自己能开发出来什么样的产品。Oates 最先看了 Edgar Frank Codd 那篇著名论文后，并连同其他几篇相关的文章推荐 Ellison 和 Miner 阅读。Ellison 和 Miner 预见到数据库软件的巨大潜力，于是，SDL 开始策划构建可商用的关系型数据库管理系统（RDBMS）。

很快他们就做出来一个 Demo 级的产品。根据 Ellison 和 Miner 在前一家公司从事的一个由中央情报局投资的项目代码，他们把这个产品命名为 Oracle。1979 年，SDL 更名为关系软件有限公司（relational software Inc.，RSI）。1983 年，为了突出公司的核心产品，RSI 再次更名为 Oracle。

下面介绍 Oracle 数据库的产品发展历程。

① RSI 在 1979 年的夏季发布了可用于 DEC 公司的 PDP-11 计算机上的商用 Oracle 产品，该产品有比较完整的 SQL 实现，其中包括子查询、连接等特性。但这款软件不太稳定，并缺少事务处理等重要功能。出于市场考虑，公司宣称这是第 2 版，但实际上是第 1 版。因为 Ellison 认为潜在的客户更愿意购买第二个版本，而不是初始版本。正是因为这样，Oracle 公司一直声称提供了第一个 SQL 关系型数据库管理系统。

② 1983 年 3 月，Oracle 公司发布了 Oracle 数据库的第 3 版。该版本增加了 SQL 语句和事务处理的"原子性"，同时还引入了非阻塞查询（在本书第 4 章会详细介绍该功能），它使用前项数据来查询和回滚事务，从而避免使用读锁定（Read Lock）。

Oracle 最先将其软件移植到 DEC VAX 计算机的 VMS 操作系统上。早在 1979 年公司就已经雇了一位 DEC 公司的技术高手 Robot Brandt 进行 VAX 上 Oracle 的开发。开始的时候资金有限，只能到加州大学伯克利分校去蹭机器进行开发，后来好一些，但机器也是借来的。尽管困难重重，Brandt 还是比较成功地完成了移植工作。随着 VAX 小型机的大量销售，Oracle 数据库也成为 VAX 上最受欢迎的应用。这一点要归功于 Larry Ellison 对市场的先知先觉。如果说，是 IBM 引领 Oracle 公司走上数据库的大船，那么 DEC 公司的 VAX 就是带着他们扬帆出海。短短的几年之后，Oracle 数据库被移植到各种主要平台之上。Oracle 产品也一直因为有可移植性这个关键特性而被那些潜在的客户关注。

③ 1984 年 10 月，Oracle 发布了第 4 版产品。该产品比较稳定。当时数据库市场的霸主是 Asnton-Tale 公司（它是当时全球第三大的独立软件公司），其主要产品是 dBase III。这一年，苹果公司 Macintosh 诞生，Steven Jobs 用这个拳头产品挑战 IBM。同样在这一年中，Oracle 公司把产品移植到 PC 上。

④ 在 1985 年，Oracle 发布了 5.0 版。该版本是首批可在 Client/Server（客户机/服务器）模式下运行的 RDBMS 产品。这意味着在桌面 PC（客户机）上的应用程序能够通过网络访问数据库服务器。1986 年发布的 5.1 版还支持分布式查询，允许通过一次性查询访问存储在多个位置的数据。

在当时，Oracle 数据库的主要竞争对手是 Ingres 数据库。Ingres 在加州大学伯克利分校诞生，主要设计者是当时鼎鼎大名的 Michael Stonebraker 教授。可以说 Ingres 数据库软件是 20 世纪 80 年代技术上最好的数据库，Ingres 市场份额的快速增长已经给 Oracle 造成了很大的压力。

Ingres 使用的是 Stonebraker 发明的 QUEL（query language）查询技术，这与 IBM 的 SQL 大不相同，但在某些地方 QUEL 要优于 SQL。IBM 当时担心 Ingres 会把 QUEL 变成标准后对自己不利，于是决定把自己的 SQL 提交给数据库标准委员会。而 Stonebraker 教授不打算把 QUEL 提交给数据库标准委员会，他认为这样做会扼杀了创新精神。Oracle 公司看到并抓住了这个绝佳的机会，大肆宣布 Oracle 全面与 SQL 兼容，加上 Oracle 当时对 Ingres PC 版本的攻击（弱化对手优势，化解自己弱势是他们最拿手的本领），再加上 Oracle 公司销售上的强势，Ingres 不断丢城失地，等到后来推出支持 SQL 的数据库时，已经晚了。紧跟 IBM 让 Oracle 得以成长、壮大，慢慢立于不败之地。

1986 年 3 月 12 日，Oracle 公司以每股 15 美元公开上市，当日以 20.75 美元收盘，公司市值 2.7 亿美元。3 月 13 日，微软以每股 21 美元的发行价上市，以 28 美元收市，公司市值达到 7 亿美元。

⑤ Oracle 数据库的第 6 版于 1988 年发布。该版本对数据库核心进行了重新改写。引入了行级锁（row-level locking）这个重要的特性，即执行写入的事务处理只锁定受影响的行，而不是整个表。该版本引入了 PL/SQL（procedural language extension to SQL）语言和联机热备份功能，使数据库能够在使用过程中创建联机的备份，这极大地提高了可用性。在这一年，Oracle 公司开始研发 ERP 软件。

由于对软件测试重视的程度不够，在第 6 版刚发布之后，出现很多问题。用户对 Oracle 公司大肆抨击，Oracle 的一些对手也开始针对 Oracle 产品的一些弱点进行攻击。开发人员一面应付愤怒的用户，一面加班加点地对程序进行接连不断的修正，最后，总算得到了一个比较稳定的版本，暂时平息了用户的愤怒。

⑥ 1992 年 6 月发布了 Oracle 数据库的第 7 个版本。该版本增加了许多新的特性：分布式事务处理功能、增强的管理功能、用于应用程序开发的新工具以及安全性方法等。另外，还增加了一些新功能，如存储过程、触发过程和引用完整性等，并使得数据库真正具有可编程能力。该版本在原有基于规则的优化器（RBO）上，引入一种新的优化器：基于代价的优化器（cost-based optimizer，CBO）。CBO 根据数据库自身对象的统计来计算 SQL 语句的执行开销，从而得出具体

的语句执行计划。在以后的几个重大版本中，Oracle 的工程师们逐步对这个优化器进行改进，CBO 逐渐取代了 RBO。

Oracle 数据库的第 7 版取得了巨大的成功。这个版本的出现时机很好，当时 Sybase 公司的数据库已经占据了不少份额，Oracle 借助这一版本的成功，一举击退了咄咄逼人的 Sybase。公司的销售额也从 1992 年的 15 亿美元变为 4 年后的 42 亿美元。

⑦ 1997 年 6 月，Oracle 公司发布第 8 版。该版本支持面向对象的开发及新的多媒体应用，这个版本也为支持 Internet、网络计算等奠定了基础。同时也开始具有处理大量用户和海量数据的特性。

1998 年 9 月，Oracle 公司正式发布 Oracle 8i。"i"代表 Internet，该版本添加了大量为支持 Internet 而设计的特性。这一版本为数据库用户提供了全方位的 Java 支持。Oracle 8i 成为第一个完全整合了本地 Java 运行时环境的数据库，用 Java 即可编写 Oracle 数据库的存储过程。Oracle 8i 极大地提高了伸缩性、扩展性和可用性以满足网络应用需要。接下来的几年中，Oracle 陆续发布了 8i 的几个版本，并逐渐添加了一些面向网络应用的新特性。面对开源运动的蓬勃发展，Oracle 自然不甘落后，1998 年 10 月 Oracle 发布了可用于 Linux 平台的 Oracle 8 以及 Oracle Application Server 4.0，随后不久，Oracle 又发布了 Oracle 8i for Linux。

⑧ 在 2001 年 6 月的 Oracle Open World 大会中，Oracle 公司发布了 Oracle 9i（Oracle 数据库的第 9 个版本）。在 Oracle 9i 的诸多新特性中，最重要的就是 Real Application Clusters（RAC）。RAC 使多个集群计算机能够共享对某个单一数据库的访问，以获得更高的可伸缩性、可用性和经济性。Oracle 9i 的 RAC 在 TPC-C 的基准测试中打破了数项记录，一时间广受业内瞩目。该版本还包含集成的商务智能（BI）功能。Oracle 9i 第 2 版还作出了很多重要的改进，使 Oracle 数据库成为一个本地 XML 数据库；此外还包括自动管理、Data Guard 等高可用方面的特性。

⑨ 2003 年 9 月 8 日，旧金山举办的 Oracle World 大会上，Ellison 宣布下一代数据库产品为 Oracle 10g。"g"代表网格（grid）。这一版的最大特性就是加入了网格计算的功能。网格计算可以把分布在世界各地的计算机连接在一起，并且将各地的计算机资源通过高速的互联网组成充分共享的资源集成。通过合理调度，不同的计算环境被综合利用并共享。Oracle 宣称 10g 可以作为网格计算的基础。

⑩ 2007 年 7 月 11 日，Oracle 公司发布 Oracle 11g。这是 Oracle 公司 30 年来发布的最重要产品。它根据用户需求实现了信息生命周期管理（information lifecycle management）等多个创新，大大提高了系统的稳定性和安全性。该版本利用全新的数据压缩技术降低了存储成本，同时还增加了 RFID Tag、DICOM 医学图像、3D 空间等重要数据类型，加强对 XML 的支持和优化。

0.3 Oracle 数据库的特点

本书主要介绍 Oracle 10g 数据库的体系结构和关键技术，因此，下面对 Oracle 10g 的特点进行概述。

0.3.1 真正应用集群

真正应用集群可使 Oracle 数据库跨一组集群服务器运行任何的应用程序，而无须对这些应用程序做任何改动。这提供了最高的可用性和最灵活的可伸缩性。如果集群中的一个服务器发生故障，Oracle 数据库可继续在其余的服务器上运行。当需要更多处理能力时，只需添加服务器即可，无须让系统暂停。

　　Oracle 数据库 10g 提供了 Oracle 集群件，它是专门针对 Oracle 数据库而设计的可移植集群解决方案，可用于监管真正应用集群数据库，当集群中的一个结点启动时，所有实例、监听程序和服务都将自动启动。如果一个实例出现故障，集群件将自动重启该实例，这样通常可在管理员发现前恢复该服务。Oracle 数据库 10g 的真正应用集群（为了叙述方便，简称为 RAC）的特性如下：

　　① 高可用性：RAC 提供了实现数据中心高可用性的基础架构。它是 Oracle 数据库高可用性体系结构不可或缺的一部分，提供了构建高可用性数据管理解决方案的最佳实践。它针对高可用性解决方案的主要特性提供了保护功能。

　　② 可靠性：Oracle 数据库以其稳定性著称，而 RAC 将这一特性发扬光大，它能以单点故障方式移除服务器。如果一个实例出现故障，集群中的其他实例将仍然保持运行和活动状态。

　　③ 恢复能力：Oracle 数据库包含许多有助于从各类故障中轻松恢复的功能。如果 RAC 中的一个实例出现故障，集群中的另外一个实例将检测到这一故障，并自动进行故障恢复。利用快速应用程序通知，快速连接故障转移和透明应用程序故障切换这三个功能，应用程序可很方便地掩藏组件故障，不会影响应用程序运行。

　　④ 错误检测：Oracle 集群件自动监控 RAC 并可对环境中的错误进行快速检测。使用快速应用程序通知功能，应用程序能够在集群组件出现故障时立即得到通知，然后将事务切换至无故障结点，从而掩藏这一故障，让用户无法察觉。

　　⑤ 持续运行：对于 RAC 来讲，如果一个结点（或实例）出现故障，数据库将仍然保持运行状态，应用程序仍可访问数据。大多数数据库维护操作可在不中断运行的情况下完成，并且对用户透明。其他维护任务可通过滚动方式完成，这可将应用程序中断时间降至最少，或完全消除。快速应用程序通知和快速连接故障切换可帮助应用程序达到服务水平和掩藏组件故障。

　　⑥ 可伸缩性：RAC 提供了独一无二的应用程序伸缩技术。当服务器容量不足时，测评常会使用新服务器来增容。但购买新服务器会投入更多资金。而对于 RAC 环境的数据库，可选择其他方法进行增容。例如，原先运行于大型 SMP 服务器上的应用程序可移植到小型服务器集群中运行。这样可选择保留现有硬件的投资，在集群中加入新服务器（或创建一个集群）来增加容量。通过 Oracle 集群件和 RAC 向集群中添加服务器时并不需要停机，且在启动新实例后，应用程序即可立即利用新增资源。客户可以根据自己的需要选择集群，可以是由每台服务器含 2 个 CPU 的普通服务器组成的集群，也可以是含 32 或 64 个 CPU 的服务器集群。

　　RAC 可自动适应快速变化的业务要求和由此带来的负载变化。Oracle 数据库可在集群中的多个结点中自动进行负载均衡。在不同结点上的 RAC 实例订阅所有或部分数据库服务，这样数据库管理员（database administrator，DBA）就可灵活地选择某个连接到特定数据库服务是否可以连接到某个或所有数据库结点。当应用需求上升时，DBA 可很方便地增添处理能力。RAC 的缓存融合体系结构可立刻使用新结点的 CPU 和内存资源，DBA 不需要手动对数据进行重新分区。

　　在 Oracle 数据库中分配负载的另一个方法是通过 Oracle 数据库的并行执行特性。并行执行（如并行查询）在多个进程间划分 SQL 语句执行工作。在 RAC 环境中，可在多个实例间均衡分配这些进程。Oracle 提供了基于成本的优化程序，它会制定最佳的执行方案。RAC 也会考虑到结点内和结点间的并行性。

0.3.2　自动存储管理

自动存储管理（automated storage management，ASM）是 Oracle 10g 引入的新功能，主要为了简化数据库的存储管理。自动存储管理可以管理单个服务器，也可管理集群中的多个结点以便为 RAC 提供支持。为了下面叙述方便，将自动存储管理简称为 ASM。

ASM 将文件分为多个分配单元（allocate unit，AU），并在所有磁盘间平均分配每个文件的 AU。ASM 使用索引来跟踪每个 AU 的位置。当存储容量发生变化时，ASM 不会移动所有数据，而是根据添加或删除的存储量，按比例移动一定数量的数据，以重新平均分配文件，并保持磁盘间的负载平衡。此操作可在数据库处于运行状态时执行。ASM 还提供了镜像保护，因此用户不必再购买第三方的"逻辑卷管理器"。ASM 的一个优势在于它是基于文件而不是基于卷。因此，同一磁盘组中可以包含受镜像保护的文件和不受镜像保护的文件的组合。ASM 支持数据文件、日志文件、控制文件、归档日志、RMAN 备份集以及其他 Oracle 数据库文件类型。对于 ASM，其主要优点为：

① ASM 在所有可用的资源中分布 I/O 负载，从而在免除人工 I/O 调节的同时优化性能。ASM 帮助 DBA 管理动态数据库环境，让 DBA 在无须关闭数据库的情况下，增加数据库的大小以调节存储分配。

② ASM 通过提供数据的冗余副本来提供容错能力，用户也可以基于供应商提供的可靠存储机制来建立 ASM 功能。通过为数据类选择所期望的可靠性和性能特性（而不是按每个文件人工交互）可以实现数据管理。

③ ASM 功能可以实现人工存储自动化，提高 DBA 管理大型数据库及更多数据库的能力，从而可以节省 DBA 的时间并提高效率。

0.3.3　数据库运行中的自我管理

Oracle 数据库 10g 的一个主要目标是：在数据库运行中建立了可自动处理的解决方案，可大大简化系统运行的管理任务，可大幅降低数据库管理员为这些活动所花费的时间。因此，Oracle 数据库 10g 引入了一项高级的自我管理基础架构，该架构允许数据库了解自身的信息，并利用此信息调整不同的工作负载或自动纠正任何潜在的问题。这也是 Oracle 数据库 10g 在可管理性方面最让人关注的成就之一。Oracle 数据库 10g 提供了一个智能化的自我管理基础架构，并集成到核心的数据库引擎中，它允许在提供常规服务的同时，也可作出自我管理决策。Oracle 数据库 10g 在运行中的自我管理包括：

1.　自动工作负载仓库

自动工作负载仓库（automatic workload repository，AWR），是每一个 Oracle 数据库 10g 的内置信息库，其包括特定数据库和其他类似信息的运行统计数据。在常规的时间间隔中，Oracle 数据库对其所有的关键数据和工作负载信息进行快照，并将它们存储在 AWR 中。在默认配置中，此快照每 30 分钟进行一次，但系统管理员可以改变此间隔。快照通常在 AWR 中存储一段时间（默认值为 7 天），在此之后它们将自动清除。AWR 旨在实现轻型化并完成自我管理，确保不会对管理员添加任何的额外负担。

AWR 捕捉所有先前已被 Statspack 捕捉到的信息。这些捕捉到的数据允许通过系统级和用户级进行分析并执行，以减少重复的工作负载需求和进行问题诊断。最优化的执行确保捕捉到的数据高效地执行，以实现企业运营开支的最小化。这些优化的一个例子是：对 SQL 语句的捕捉。这些优化允许 Oracle 数据库以一种高效的方式来捕捉那些自上一次快照以来能够显著影响系统负载的语句，而不是捕捉所有的语句。这一方面提升了性能，另一方面又大幅降低了捕捉 SQL 语句的数量和时间。

AWR 构成了 Oracle 数据库 10g 中所有自我管理功能的基础。它相当于一个信息源，向数据库提供了一个透视历史的角度，对其如何被使用以及如何针对系统的运行环境作出精准而适宜的决策进行了翔实描述。

2．自动维护任务

AWR 向数据库提供了绝佳的"自我了解"，使其明白自身状况。通过分析存储于 AWR 的信息，数据库可以识别执行日常维护任务的必要性，如优化数据更新、重建索引等。自动维护任务的基础架构确保数据库能够自动执行这些操作。它使用 Oracle 数据库 10g 引入的一项强大的时间安排功能（称为 Unified Scheduler 的新特性），在一个预定义的"维护窗口"中运行这些任务。通过默认配置，该维护窗口每天晚上 10 点开始运行，直至第二天早上 6 点结束，并贯穿于整个周末。"维护窗口"的所有属性（包括起始/结束时间、频率、每周进行的天数等）都可自定义，允许针对特殊需求的环境进行定制。同时，自动维护任务对正常数据库运行的影响也是有限的。

3．服务器生成警告

对于那些系统不能自动解决，需要通知管理员的问题，如运行空间不足，Oracle 数据库 10g 包含了一个新的自我管理基础架构组件，即服务器生成警告。该功能让数据库有能力进行自我监控，并向系统管理员高效、及时地发出警告，通知其处理即将来临的问题。由于监控行动与数据库的正常运行同时发生，它显得更加高效，大大降低了监控资源，其开销几乎可以微乎不计。这种功能与当今可用的监测工具使用的机制相差甚远，后者常常检测数据库来评估报警信息，占用大量的系统资源。需要注意的是：由于后者的检测通常是通过一项预设置的时间间隔来完成，它可能导致问题检测的延迟并最终导致报警被延迟。Oracle 数据库 10g 自带生成的报警功能不但可以报告问题，还在进行问题汇报时提供相关建议性的解决办法。这就确保了更快捷地解决问题，阻止潜在故障的发生。

4．顾问框架

Oracle 数据库 10g 包括对数据库中不同子系统提供咨询建议的一系列顾问功能，可以自动决定如何使相应子要素的运行进一步优化。例如，SQL 调整和 SQL 访问顾问，这些功能为如何更快速地运行 SQL 语句提供了建议。其次还有一些关于内存顾问的功能，它们可帮助确定内存中不同组件的大小，而无须使用试错法。另外，如 Segment Advisor 功能，它可处理所有与空间相关的问题，诸如对废弃空间利用的建议、预测新的表格和索引的大小、分析新的增长趋势等；还有如 Undo Advisor 功能，告诉用户 undo 表空间的大小。为确保这些顾问功能的一致性和均匀性，允许它们与其他功能的无缝交互，Oracle 数据库 10g 提供了"顾问框架"功能。该顾问框架为所有顾问功能提供了一致模式，对应该调用哪一项顾问功能以及如何进行结果汇报进行了统一。尽管这些顾问功能主要用于数据库自身性能的优化，它们也可以被管理员调用，以帮助管理员获悉某一特殊子组件机能的更多信息。由于拥有统一、一致的界面，管理员可更轻松地使用这些顾问功能，并使用这些生成的信息实现对系统的更好理解。

0.3.4　其他新特性

Oracle 10g 除了上述新特性以外，还有如下的新特性：

1．物化视图

物化视图用于存储或复制远程数据库表的数据或将耗时较多的查询结果先存储起来。数据库可在给定时间间隔内自动完成数据的刷新。当用户执行查询时，可直接从物化视图中读取数据，而不是将查询结果重新执行一遍。如果要多次执行同一查询，而该查询很耗时，物化视图可以大大提高查询性能。Oracle 10g 对物化视图的管理更容易。可从基础表中完全刷新或通过使用快速机制增量刷新。

2．回闪查询

回闪（flashback）查询功能从 Oracle 9i 就开始提出，这是一种操作恢复的功能。在 Oracle 数据库 10g 中该功能得到了增强和修改。通过回闪功能，用户可以完成许多不可能恢复的工作。目前 Oracle 10g 的回闪包括以下特性：

① flashback database 特性允许 Oracle 通过 flashback database 语句，将数据库回滚到前一个时间点或者 scn 上，而不需要作时间点的恢复工作。

② flashback table 特性允许 Oracle 通过 flashback table 语句，将表回滚到前一个时间点或者 scn 上。

③ flashback drop 特性允许 Oracle 恢复 drop 掉的 table 或者索引。

④ flashback version query 特性可以得到特定的表在某一个时间段内的任何修改记录。

⑤ flashback transaction query 特性可以限制用户在某一个事务级别上检查数据库的修改操作，适用于诊断问题、分析性能、审计事务。

3．数据泵

Oracle 数据库 10g 中新增加了数据泵（data pump）的导入和导出特性。在这之前，Oracle 数据库在客户端导入/导出数据，数据泵的引入使得数据导出和导入任务可在服务器上运行，可通过并行方式快速装入或卸载大量数据，可在运行过程中调整并行的程度，而且导入和导出任务可重新启动，即如果发生故障不一定要从头开始导入和导出。另外，可用 PL/SQL 建立一个导入和导出任务。一旦启动，这些任务就在后台运行，但可通过客户端程序检查任务的状态并进行修改。

Oracle 数据库 10g 还增加了大表空间、多个默认临时表空间、异构平台间传输表空间、sysaux 系统表空间、强化在线重定义、加强会话跟踪、SGA 区动态管理、表数据的透明加密、增加分区数量等新特性。

0.4　常见的大型关系数据库产品

目前，商品化的数据库管理系统以关系型数据库为主。主要的关系型数据库管理系统的厂商有 Oracle、Microsoft SQL Server、IBM、Sybase 等。这些厂商提供的产品支持多平台（如 Linux、UNIX、Windows 等）。下面对这几个厂商的关系型数据库管理产品进行介绍。

1．Oracle 数据库

Oracle 数据库一直处于关系型数据库市场的领先地位。目前，Oracle 数据库产品覆盖了大、中、小型机等几十种机型，它是世界上使用最广泛的关系数据库系统之一。

Oracle 数据库具有以下优良特性：

① 兼容性：Oracle 数据库采用标准 SQL，并经过美国国家标准技术所（NIST）测试。与 DB2、Ingres 等兼容。

② 可移植性：Oracle 数据库的产品可运行于很宽范围的硬件与操作系统平台上。可以安装在几十种不同的大、中、小型机上；可在 Linux、UNIX、Windows 等多种操作系统中工作。

③ 支持多种网络协议：Oracle 数据库支持多种通信协议，如支持 TCP/IP、DECnet、LU6.2 等。

④ 开放性：Oracle 数据库良好的兼容性、可移植性、可连接性和高生产率使 Oracle 数据库具有良好的开放性。

2. MySQL

MySQL 是最受欢迎的开源 SQL 数据库管理系统，它由 MySQL AB 开发、发布和支持。2008 年 MySQL 被 SUN 公司收购，但 2009 年 SUN 公司被 Oracle 公司收购，因此，MySQL 目前已成为 Oracle 旗下的一个数据库品牌。

MySQL 是一个快速的、多线程、多用户和健壮的 SQL 数据库服务器。MySQL 服务器支持关键任务、重负载生产系统的使用，也可以将它嵌入到一个大配置（mass-deployed）的软件中去。

与其他数据库管理系统相比，MySQL 具有以下优势：

① MySQL 是开源的。

② MySQL 服务器是一个快速的、可靠的和易于使用的数据库服务器。

③ MySQL 服务器工作在客户机/服务器或嵌入系统中。

④ 有大量的 MySQL 软件可以使用。

目前，淘宝网的后台数据库丢弃 Oracle 数据库，而采用 MySQL 数据库集群。

3. SQL Server

SQL Server 是由微软开发的大型关系数据库管理系统，它已广泛用于电子商务、银行、保险、电力等与数据库有关的行业。微软曾经与 Sybase 公司一起合作开发数据库，后来由于某些原因两个公司又分开。至今 SQL Server 的很多特性与 Sybase 的 Adaptive Server Enterprise 很相似。

目前最新版本是 SQL Server 2012，但该数据库只能在 Windows 平台上运行。该数据库的优点是：使用方便，操作性好，适用于数据库初学者使用。缺点：很难处理大规模数据；并发性差，伸缩性有限。

SQL Server 提供了众多的 Web 和电子商务功能，如对 XML 和 Internet 标准的丰富支持，可通过 Web 对数据进行轻松访问，具有强大的、灵活的、基于 Web 的和安全的应用程序管理等。

4. DB2

IBM DB2 企业服务器版本是 IBM 公司发布的一套关系型数据库管理系统。它主要的执行环境为 UNIX（包括 IBM 自家的 AIX）、Linux、IBM i（旧称 OS/400）、z/OS，以及 Windows 服务器版本。DB2 也提供性能强大的各种 IBM InfoSphere Warehouse 版本。和 DB2 同级的还有另外一个关系型数据库管理系统：Informix，它在 2001 年被 IBM 收购。

DB2 支持标准的 SQL 语句，其特点是速度快、可靠性好、支持多个平台、对海量数据处理效率特别高。

多年来 DB2 随时更新并促进了大量的硬件更新，特别是在 IBM System z 上的数据共享特性。

事实上，DB2 UDB Version 8 for z/OS 现在只能在 64 位系统上运行而不能运行在较早的处理器上，DB2 for z/OS 保留了一些与众不同的软件特性为一些尖端客户服务。

2006 年年中，IBM 发布应用在分布式平台以及 z/OS 上的 DB2 9。该版本将是第一款"天然"存储 XML 的关系型数据库。其他的改进包括在分布式平台上 OLTP 相关的升级，z/OS 商业智能（business intelligence）/ 数据仓库（data warehousing）相关升级，更多的自我校正和自我管理特性等功能。

5. Sybase

1984 年，Mark B. Hiffman 和 Robert Epstern 创建了 Sybase 公司，并在 1987 年推出了 Sybase 数据库产品。Sybase 主要推出过三种类型的版本：UNIX 操作系统下运行的版本；Windows 环境下运行的版本；Novell Netware（该操作系统已经被淘汰）环境下运行的版本。对 UNIX 操作系统，最广泛的是 Sybase 10 及 Sybase 11 for SCO UNIX。

Sybase 数据库的特点如下：

① 它是基于客户机/服务器体系结构的数据库。

② 它是真正开放的数据库。

③ 它是一种高性能的数据库。

Sybase 公司曾经和 Informix（已被 IBM 收购）、Oracle 一起被称为三大关系型数据库产品，但 Sybase 已于 2010 年 5 月被德国的软件公司 SAP 收购。

小　　结

本章介绍了 Oracle 数据库的发展历史，Oracle 公司从最初三个人发展到如今第二大软件厂商，其中所经历的曲折只有 Larry Ellison（Oracle 公司的创始人和 CEO）才知道，但从这段历史可以看出高科技信息企业要具备两个因素才能成功：第一，先进技术很重要。Oracle 公司当时的创始人就是受到 Edgar Frank Codd 博士那篇开创性论文的启发才准备开发关系型数据库。第二，市场非常重要。一方面，Oracle 公司一直很注重市场，Larry Ellison 更是一个产品包装、市场运作高手；另一方面，数据库市场很巨大，很多企业都需要对数据进行管理，所以做数据库产品在当时（包括现在）非常有市场。

本章还介绍了 Oracle 数据库 10g 的一些重要新特性。这些特性是 Oracle 数据库击败对手的重要武器。另外，本章还简单介绍了其他大型关系型数据库，这些大型关系型数据库都曾经辉煌过，但由于种种原因，很多都被收购。

第1章

Oracle数据库的运行环境及相关工具

工欲善其事，必先利其器。

本章主要内容：

- Linux 的文件操作命令和查看文件内容命令；
- Linux 的 ps 命令和 su 命令；
- Linux 的查看帮助文档命令；
- Linux 的环境变量；
- ed 编辑器和 vi 编辑器；
- SQL*PLUS 的缓冲区操作和变量；
- SQL*PLUS 的 spool 命令。

为了掌握 Linux 环境下 Oracle 数据库的基本使用方法，本章首先介绍与 Oracle 数据库操作相关的 Linux 环境变量和命令；然后介绍 Oracle 数据库的客户端工具 SQL*PLUS，它是执行 SQL 和数据库维护的主要工具，熟练掌握 SQL*PLUS 的使用会大大方便对 Oracle 数据库的操作。

本章重点要求掌握：

- Linux 的文件操作和查看文件内容命令的基本用法；
- Linux 环境变量的定义、访问和作用；
- ed 编辑器对缓冲区内容的操作方法；
- vi 编辑器对文件内容的基本编辑方法；
- SQL*PLUS 对缓冲区的操作方法和执行 SQL 的方法；
- SQL*PLUS 的变量定义方法；
- SQL*PLUS spool 命令的作用。

1.1　操作 Oracle 数据库相关的 Linux 命令

Linux 是开源的免费操作系统，最早由芬兰大学 Linus Torvalds 于 1991 年 10 月 5 日第一次正式对外发布，它非常适合于教学。现在，Linus 依然不遗余力地对 Linux 内核进行改进。经过 20 多年的发展，目前已经延伸出不同风格的 Linux，但它们的内核都一样。

目前很多商业 Oracle 数据库都运行在 Linux 平台上，其原因主要是：

① 开放性：Linux 是开源软件的代表，它的源码免费开放且可按照自己的需要自由修改、复制和发布。因此 Linux 操作系统非常有利于学习。

② 极强的平台可伸缩性：Linux 可以运行在笔记本式计算机、PC、工作站，直至巨型机上，而且几乎能在所有主要 CPU 芯片搭建的体系结构上运行（如 Intel、AMD 及 HP-PA、MIPS、PowerPC、UltraSPARC、ALPHA 等 RISC 芯片）。

③ 高安全性：Linux 内置防火墙，而且支持 SELinux（security-enhanced Linux）安全子系统，该子系统是对强制访问控制的实现，即进程只能访问那些在它任务中所需要的文件。

④ 设备独立性：Linux 操作系统把所有外围设备统一当成文件来看待，只要安装相应驱动程序，任何用户都可以像使用文件一样来操作这些设备，而不必知道设备的具体存在形式，这使得 Linux 具有高度适应能力。

⑤ 完全符合 POSIX 标准：POSIX 是基于 UNIX 平台的操作系统国际标准，Linux 遵循这一标准意味着 UNIX 平台的许多应用程序可以直接移植到 Linux 平台，相反也是这样。

⑥ 易维护性：Linux 像 UNIX 一样简洁、稳定、高效，再加上 Linux 提供的命令功能强大、灵活，使其维护简单，成本很低。

也正因为上述原因，本书将重点介绍 Linux 平台下的 Oracle 数据库的体系结构及关键技术，让读者在学习完本书的内容之后，能很快适应 Linux 或 UNIX 平台的 Oracle 数据库的使用。本书的 Oracle 数据库内容都是基于 Red Hat Enterprise 5.5 Linux 平台。

> **注意**
>
> Linux 是 UNIX 的变种，从技术角度讲，它是一个真正的 UNIX 内核，很多命令都与 UNIX 一样，它们的差别在于各自内核设计方法和各个命令的实现方法不一样，但这种差异不影响用户的使用。由于 Linux 的开放性，使得全世界众多顶级程序员都来完善和发展它，使其功能和性能与商业化的 UNIX 相差不大，有些方面甚至超过了商业化的 UNIX；再加上 Linux 完全免费和很好的兼容性，使得很多硬件提供商（如 IBM 等）都逐渐放弃自己的 UNIX，转而全面转向对 Linux 平台的支持。本书介绍的 Linux 命令的使用方法，在其他 UNIX 平台上一样适用。

Linux 的命令有几千个，而且几乎所有命令都有很多参数，这使得 Linux 命令使用非常灵活、复杂。对于 Oracle 数据库的一些操作，如修改参数文件、移动数据文件、修改出错的 SQL 语句、查看 Oracle 创建的进程和内存的使用等操作都需要用到 Linux 的多个命令，这些命令与 Oracle 数据库密切相关。

为了让读者迅速掌握 Linux 平台的 Oracle 数据库的使用方法，本章只介绍与操作 Oracle 数据库相关的 Linux 命令，而且每个命令仅介绍基本的使用方法，随着对这些命令的熟练掌握，对进一步学习复杂的 Linux 命令也很有帮助。

1.1.1 与 Oracle 数据库相关的文件操作命令

在操作 Oracle 数据库时，经常需要切换目录、查看文件的基本信息、执行复制、移动或删除数据文件等操作，这都是最基本的文件操作。为了让读者快速掌握与 Oracle 数据库操作相关的文件操作，在本节将主要介绍 cp、mv、rm、mkdir、cd、ls、pwd 等命令。

1．文件复制命令

文件复制命令 cp 的作用是：将文件或目录复制到指定位置。cp 命令是最有用的 Linux 命令之一，在操作 Oracle 数据库时，经常用到。其语法格式如下：

```
cp [-参数] [源文件或目录] [目的文件或目录]
```

cp 命令的参数众多，下面介绍该命令最常用参数的作用。

参数说明：

```
-a 复制时，保留链接和文件属性，并复制子目录，相当于-d、-p、-r 这三个参数的组合；
-f 强制复制，即不论目标文件或目录是否存在，都复制文件或目录；
-i 复制询问，若目标文件或目录已经存在，则覆盖前询问；
-l 对源文件建立硬链接；
-p 保留源文件或目录的属性；
-r 递归复制，适用于目录的复制；
-s 将源文件复制为链接文件，类似于"快捷方式"；
-u 当目标文件或目录比源文件或目录的时间更新时，才复制文件。
```

假设将/usr/local 路径下的 temp 目录复制到/home/路径下，操作命令如下：

```
[root@linux ~]# cp -r /usr/local/temp /home/
```

参数 r 表示复制目录及其子目录。如果想要复制目录，必须加该参数。该参数非常有用。

下面再举一个使用 cp 命令的典型例子。

```
[root@linux ~]#cp ora10/app/oracle/product/10.2.0.1/sqlplus/admin/*.sql  /tmp
```

该命令的作用是将所有以 sql 结尾的文件复制到/tmp 目录下。其中 "*.sql" 表示以 sql 结尾的所有文件；"*" 是通配符，表示任意长度的字符串。

 注　意

　　在用 cp 命令复制目录时，如果目的目录已经存在，则会将源目录本身都复制到已存在的目的目录下；如目的目录不存在，系统会自动创建与源目录名一样的新目录，然后将源目录下的内容复制到新创建的目录下。

2．移动文件或目录命令

命令 mv 可实现移动、更名指定的文件或目录，其语法格式如下：

```
mv [-参数选项] [源文件或目录] [目的文件或目录]
```

下面介绍该命令最常用参数的作用。

参数说明：

```
-b 或-backup 当目标文件存在时，先将这个文件备份，然后覆盖；
-f 如果目标文件或目录与现有文件或目录重复，强制覆盖；
-i 若目标文件已存在，新文件在覆盖时，会询问用户是否要覆盖；
-u 在移动文件时，若目标文件已存在，且文件日期比源文件新，则不覆盖。
```

例如要将/usr/local 路径下的文件 readme.txt 移动到/home/路径下，假设/home/路径下存在同名文件，为了提示用户是否覆盖已存在文件，其操作命令如下：

```
[root@linux ~]# mv -i /usr/local/readme.txt /home/
mv: 是否覆盖"readme.txt"?
```

在执行该命令时，若存在同名文件，不想 Linux 产生 "是否覆盖" 这样的提示信息，可加 "-f" 参数。

3．删除文件或目录命令

rm 为删除文件或目录的命令，其语法格式如下：

```
rm [-参数选项] [文件或目录]
```

下面介绍该命令最常用参数的作用。

参数说明：

```
-d 将删除目录的硬链接数设置为 0，再删除目录；
-f 强制删除，当删除的目录或文件不存在时，直接忽略；
-i 删除已存在文件或目录之前，询问用户是否删除，以免误操作；
-r 递归删除，同时删除指定目录下的所有目录及文件。
```

举例说明：删除目录/temp，temp 目录下有文件 readme.txt 以及目录 java。

```
[root@linux ~]# rm -ri /temp
rm: descend into directory '/tmp'?
```

–i 参数让用户每次在执行删除时，给用户提示，当用户输入 y 时，则删除文件或目录，输入 n 时，不会删除文件或目录；在删除目录时，必须要加"–r"参数，否则会报"rm: cannot remove directory '/tmp': Is a directory"错误。

如果在执行该命令时，不想 Linux 产生提示信息，可加"–f"参数。

4．建立目录命令

在 Linux 下，建立目录的命令为 mkdir。具体用法如下：

```
mkdir [-参数选项] [目录名称]
```

下面介绍该命令最常用参数的作用。

参数说明：

```
-m 建立目录时指定目录权限；
-p 建立目录的上层目录不存在时，会先自动建立上层目录。
```

其中，参数"–p"非常有用，例如：可通过"–p"参数一次创建多级目录，具体操作如下：

```
mkdir -p /tmp/a/b/c/
```

通过"–p"参数，使 mkdir 在/tmp 目录下一次创建了三级目录。也可通过"–p"参数一次创建多个目录。例如：

```
mkdir -p {/tmp/d1,/tmp/d2/dd2,/tmp/d3}
```

通过–p 参数，使 mkdir 在/tmp 目录下一次创建了 d1，d2，d3 目录，而且还创建了 d2 的子目录 dd2。

5．切换目录命令

在 Linux 下，切换目录的命令为 cd，该命令可能是使用频率最高的命令之一，当用户需要从一个目录转到另一个目录时，就需要使用该命令。其语法格式如下：

```
cd [目标目录]
```

通过 cd 命令，可在不同目录间进行切换，但用户必须拥有进入目标目录的权限，该命令才能执行成功。

下面给出一些 cd 命令常用形式：

- 执行"cd　~"可回到用户的宿主目录，如有一个名为 oracle 的用户，则宿主目录为/home/oracle；
- 执行"cd　.."返回到上级目录；
- 执行"cd　–"（"–"为横杠）返回到上次执行 cd 命令时的目录。

6．列出目录文件或子目录命令

ls 命令的作用为列出目录的文件和子目录信息，该命令的参数很多，其功能很强大。它的语法格式如下：

```
ls [-参数选项] [文件或目录]
```

下面介绍该命令最常用参数的作用。

参数说明：

-l 以列表的方式显示文件或目录，每列只显示一个文件或目录；
-a 列出指定目录下的所有文件，包括 "." 开头的隐含文件；
-b 文件名中包含无法输出的字符时，采用反斜杠加字符编号形式列出；
-c 按照更改文件的时间顺序，显示文件或目录；
-d 显示目录的名称，不显示目录包含的文件及子目录；
-f 列出文件或目录时，不排序；
-i 显示文件或目录的 inode 编号；
-m 以 "," 作为每个文件或目录的分隔符；
-n 使用 UID（用户识别码）、GID（群组识别码）代替名称；
-o 与 l 参数类似，但不列出群组名称和识别码；
-p 在文件名后加上一个字符说明该文件的类型，其中："*" 表示可执行文件、"/" 表示目录、"@" 表示符号连接、"|" 表示管道符、"=" 表示套接字；
-q 文件名中包含无法输出字符时，以 "?" 代替；
-r 反向排序；
-s 以块为单位显示文件和目录的大小；
-t 以文件或目录的修改时间排序显示；
-u 以文件或目录最后存取时间排序。

若想了解 ls 命令的详细参数信息，通过执行 "man ls" 可查看 ls 的帮助文档（man 命令将在后面进行介绍）。

下面这个例子以详细列表的形式显示当前目录下所有文件及目录

```
[root@DevServer ch3]# ls -la
total 40
drwxr-xr-x  2 root root  4096 Feb 24  2011 .
drwxr-x--- 27 root root  4096 Sep  7 14:07 ..
-rw-r--r--  1 root root   274 Feb 24  2011 dir.c
-rwxr-xr-x  1 root root  4876 Feb 24  2011 getpwuid
-rwx--x---  1 root root   303 Feb 24  2011 getpwuid.c
-rw-------  1 root root 12288 Feb 25  2011 .getpwuid.c.swp
lrwxrwxrwx  1 root root    11 Feb 24  2011 ln_home -> /home/liubo
```

在命令 "ls -la" 中，参数 "l" 表示对文件或目录以详细列表的方式显示，详细列表包含了文件的类型、文件的权限，文件的宿主和创建日期等；参数 "a" 会显示以 "." 开始的所有文件和子目录。在 Linux 中，以 "." 开始的文件称为隐藏文件，在通常情况下看不到这类文件。

7．显示当前工作目录命令

命令 pwd 用来显示当前的工作目录，其语法格式如下：

```
pwd                    直接在命令行输入命令即可
```

例如：

```
[root@DevServer oracle]# pwd
/home/oracle
```

这说明当前的工作目录为 "/home/oracle"。

1.1.2 查看文件内容命令

上一节主要介绍了 Linux 常用的文件操作命令，如复制、删除、移动文件等。在实际应用中，还需要查看文件的内容。本节将介绍查看文件内容的命令。通过对这些命令的介绍，使读者能够进一步掌握 Linux 下文件操作的方法。

1. 读取并显示文件内容命令

cat 命令的作用是读取文件内容然后显示在屏幕上。该命令比较简单，其语法格式如下：

```
cat [-参数选项] [文件名]
```

该命令的参数说明如下。

参数说明：

```
-b 对输出的行进行编号，但空白行不编号；
-n 对输出的行进行编号；
-s 当输出的文件内容中包含两行及以上的空白行时，自动替换成一行空白行。
```

可通过在文件名后使用"＞"将文件输出到另一个文件中。例如，将 readme.txt 文件中的内容进行编号后，输出到 newReadme.txt，如果指定的文件不存在，则会创建；如果文件存在，则覆盖此文件。

```
[root@linux ~]#cat -n readme.txt > newReadme.txt
```

2. 检索文件内容命令

grep（global search regular expression）是一个强大的文件内容搜索工具，它可使用正则表达式来搜索文本内容，并把匹配的行打印出来。Linux 的 grep 家族包括 grep、egrep 和 fgrep。egrep 和 fgrep（fast grep）的命令跟 grep 差不多，egrep 是 grep 的扩展。本书仅介绍 grep 的用法。grep 的语法格式如下：

```
grep [-参数选项] [匹配字符串] [文件或目录]
```

下面对 grep 的参数进行说明：

参数说明：

```
-c 只显示匹配的行数，不显示匹配的内容；
-d 指定搜索目录；
-f 从指定文件中提取匹配的内容；
-h 当在多个文件中搜索时，不显示匹配的文件名称；
-i 匹配字符串时忽略大小写；
-q 不显示任何信息；
-I 显示与指定字符串匹配的文件名列表；
-L 显示与指定字符串不匹配的文件名列表；
-n 显示文件中匹配行的行号。
```

下面举例说明 grep 的用法。

① 用 grep 命令检索"ls –l"输出的内容，将以 b 开头的行显示出来。

```
[root@linux ~]# ls -l | grep '^b'
```

这个命令中的"|"为管道，它将命令"ls –l"输出的内容传递给 grep 进行处理，这样命令"ls"的执行结果不在屏幕中显示。

② 多个文件中检索包含字符串 first 的行，然后将这些行显示到屏幕上。

```
[root@linux ~]# grep 'first' readme.txt http.conf
```

3. 分页显示文件内容命令

more 命令的作用是自动根据窗口大小分页显示文件内容，且会提示已显示文件内容占整个文件的百分比，它也是比较常用的命令之一，其语法格式如下：

```
more [-参数选项] [文件名]
```

下面对命令 more 的参数进行说明。

参数说明：

```
+number   number 为行数，表示从指定的行数开始显示；
-number   number 为行数，定义输出屏幕的文件行数；
+/pattern 从指定匹配的 pattern 的前两行开始显示；
-c 清屏后显示；
-d 显示提示[Press space to continue, 'q' to quit.]；
-p 清除窗口对文件进行换页，与参数 c 的作用类似；
-s 若文件中有连续多个空行，则显示一行；
-u 显示去掉文件内容中的下画线；
q 退出；
```

4．显示文件最前面内容的命令

命令 head 的作用是显示文件最前面的内容，它的作用与 more 比较类似。其语法格式如下：

```
head [-参数选项] [文件名]
```

下面对命令 head 的参数进行说明。

参数说明：

```
-n number   其中 number 表示数字。该参数指定显示的行数，如果不指定该参数，则默认显示前
10 行。
```

例如，要查看$ORACLE_HOME/dbs/initorcl.ora 的前 3 行内容，可执行下面的命令：

```
[oracle@DevServer ~]$ head -n 3  $ORACLE_HOME/dbs/initorcl.ora
orcl.__db_cache_size=205520896
orcl.__java_pool_size=4194304
orcl.__large_pool_size=4194304
[oracle@DevServer ~]$
```

这里的$ORACLE_HOME 为安装 Oracle 数据库时设置的环境变量，它指向具体某个目录。后面的章节会介绍该变量。

5．显示文件最后面内容的命令

命令 tail 的作用是显示文件最后面的内容，它的作用与 more 命令、head 命令比较类似。其语法格式如下：

```
tail [-参数选项] [文件名]
```

下面对命令 tail 的参数进行说明。

参数说明：

```
-c number 从 number（数字）变量表示的字节读取显示指定文件；
-f 对输入文件，读取显示最后的指定内容后，继续读取输入文件的额外增加的内容，默认显示倒数
十行的内容，可结合-n 数字指定显示的行数；
-n number 从 number（数字）指定的行位置显示文件内容。
```

在应用中，常使用 tail -f 查看不断更新中的日志文档。例如，查看 Linux 系统中的 apache 产生的应用日志文件，使用以下命令后，屏幕会不断刷新显示 apache.logs 的内容，直到用户按【Ctrl+C】组合键结束。

```
[root@linux ~]# tail -f apache.logs
```

1.1.3　查找文件命令

在文件操作过程中，经常知道文件名，但是不清楚文件具体存储的位置，在这种情况下，可通过文件查找命令来获取文件的路径信息。在 Linux 中，查找文件路径信息的命令有四个，

即 find 命令、locate 命令、whereis 命令、which 命令。其中，find 命令是最常用也是最强大的查找命令，它可同时在多个目录根据文件的属性（如文件名、文件大小、所有者、所属组、是否为空、访问时间、修改时间等）进行查找。下面将重点介绍该命令。

find 命令的语法格式如下：

```
find [要搜索的目录] [查找的内容] [操作]
```

find 命令的用法非常灵活，读者可通过实际操作来掌握 find 命令的用法。

下面举例说明 find 命令的用法：

① 在指定目录/opt 下查找以"conf"开头的所有文件，"*"为通配符，表示任意长度的字符串。

```
[root@linux ~]# find /opt -name 'conf*'
```

下面的命令将在用户的宿主目录下查找以"conf"开头的所有文件。所谓宿主目录就是用户进入 Linux 系统后最初的那个目录，例如，以 oracle 用户进入 Linux，则宿主目录为"/home/oracle"，不同的用户，其宿主目录不同。"~"表示当前用户的宿主目录。

```
[root@linux ~]# find ~ -name 'conf*'
```

下面的命令将在当前目录下查找以"conf"开头的所有文件。其中"."表示当前目录。

```
[root@linux ~]# find . -name 'conf*'        在当前路径下查找
```

② 在当前目录下搜索在过去 20 分钟内被更改过的文件。

```
[root@linux ~]# find . -mmin -20
```

③ 在当前目录下搜索权限为 755 的文件。

```
[root@linux ~]# find . -perm 755
```

关于 find 命令的用法还有很多，由于篇幅有限，在这里不再详细介绍。

1.1.4　su 命令

Linux 操作系统的安全性很高，这个体现在它对用户及相应权限的分配上。在 Linux 中，用户分为 root 用户和普通用户。root 用户具有最高权限，可以访问所有的文件、目录以及进程。而普通用户往往只能访问指定的文件、目录以及进程。

普通用户进入 Linux 后，要想执行 useradd 命令来创建一个新用户，但该用户本身没有执行此命令的权限，而 root 用户有这个权限。解决此问题有两个方法：第一，注销当前用户，重新以 root 用户登录，注销意味着当前用户必须要中止正在运行的任务，这是一种不好的做法；第二，不注销当前用户，通过命令 su 来切换成 root 用户，然后添加新用户，完成后再退出 root，这是一种合理的做法。

命令 su 可在用户之间切换，如果超级用户 root 向普通用户切换不需要密码，而普通用户切换到其他任何用户（包括 root 用户）都需要密码验证。

在 Linux 环境操作 Oracle 数据库，经常需要通过 su 命令将 root 用户切换成 oracle 用户，然后才能执行与 Oracle 数据库相关的命令（如 SQL*PLUS 等）。由 root 用户切换成 oracle 用户不需要输入密码。su 命令的语法格式如下。

```
su [-参数] [目标用户]
```

命令 su 的常用参数的作用如下。

参数说明：

```
-c <命令> 在切换到指定用户后，执行完<指令>，自动恢复原来的用户身份；
-f 不读取启动文件，适用于 csh 和 tsch 两种 shell；
-m 变更用户时，不改变环境变量；
```

　　-s <shell> 指定变更用户的 shell；

　　-或-l 将当前 shell 作为新用户的 shell。该参数使用户的切换与重新登录的效果一样，即会重新执行目标用户的初始化脚本（这会加载属于此用户的环境变量）。

　　下面举例说明命令 su 的用法。

　　① 由 root 用户切换到 oracle 用户，这种情形不需要输入密码。参数 "–" 的作用是在切换用户时，执行 oracle 用户的初始化脚本，该脚本名为 ".bash_prof"（注意此文件名的前面有一个 "."），这存放在 "/home/oracle" 目录中，该脚本名中有与 Oracle 数据库相关的环境变量，如 $ORACLE_SID、$ORACLE_HOME 等，这些环境变量非常重要，在后面经常用到。

```
[root@DevServer ~]# su - oracle
```

　　② 由 oracle 用户切换成 root 用户，并执行 df 命令，执行完此命令后还原为 Oracle 用户。

```
[oracle@DevServer ~]$ su -c df root
Password:
Filesystem            1K-blocks        Used Available Use% Mounted on
/dev/mapper/VolGroup00-LogVol100
                      38471112  13841948  22643424  38% /
/dev/sda1               101086     12142     83725  13% /boot
tmpfs                   517552         0    517552   0% /dev/shm
[oracle@DevServer ~]$
```

　　df 命令只能由 root 用户执行，因此，oracle 用户想要执行此命令，可通过 su 命令切换成 root 用户，然后再执行，在切换过程中，需要输入 root 用户的密码，如果正确输入密码后，就可执行 df 命令。执行完 df 命令后，又会回到 oracle 用户。

　　su 命令的确为管理带来方便，通过 root 用户切换到 oracle 用户下就能完成所有 Oracle 数据库的管理工作。但 su 命令也有一些问题，主要是普通用户（如 oracle 用户）切换到 root 用户时，需要知道 root 用户的密码，这存在不安全因素，例如，有 10 个普通用户都需要切换成 root 用户，管理员必须把 root 用户的密码告诉这 10 个用户，这 10 个用户都有 root 权限，通过 root 权限可以做任何事，这在一定程度上就对系统的安全造成了威胁。绝对不能保证这 10 个用户都能按正常操作流程来管理系统，其中任何一人对系统操作造成的重大失误，都可能导致系统崩溃或数据损失。所以 su 命令对多人参与的系统管理并不是最好的选择。su 命令只适用于一两个人参与管理的系统，超级用户 root 的密码应该掌握在少数用户手中，这是有道理的。

1.1.5　ps 命令

　　在 Windows 操作系统中，可通过任务管理器来监测和控制当前运行的进程的情况。那么 Linux 操作系统是如何查看并监控后台进程的运行情况呢？Linux 开发者为用户提供了 ps 命令，用于查看程序进程的情况，其语法格式如下：

```
ps [-参数选项]
```

　　ps 命令的参数说明如下：

　　参数说明：

　　-a 显示所有进程，包括其他用户的进程；

　　-d 显示所有运行进程的列表；

　　-e 显示所有运行进程；

　　-f 显示 UID、PPIP、C 与 STIME 栏位；

　　-h 不显示标题；

　　-r 只显示当前终端正在运行的进程。

下面举例说明 ps 命令的用法：

```
[oracle@DevServer ~]$ ps -aef
UID        PID  PPID  C STIME TTY        TIME CMD
root         1    0  0 Sep04 ?       00:00:01 init [5]
root         2    1  0 Sep04 ?       00:00:00 [migration/0]
..........显示的内容较多，省略后面的内容..........
```

参数 "-aef" 是显示系统的所有进程，每个进程都需要显示 UID、PPIP、C 与 STIME 列。

由于这种方式显示系统的所有进程，其显示结果通常很多，用户不方便查看自己想要的进程，因此，可与 grep 配合使用来获取指定进程的信息。例如，用户只想查看 Oracle 数据库的进程，则可执行下面的命令：

```
[oracle@DevServer ~]$ ps -aef|grep ora_
oracle  15584     1  0 08:53 ?       00:00:00 ora_q002_orcl
oracle  15606     1  0 09:00 ?       00:00:00 ora_q001_orcl
oracle  15612 15500  0 09:01 pts/5   00:00:00 grep ora_
oracle  31460     1  0 Sep05 ?       00:00:01 ora_pmon_orcl
oracle  31462     1  0 Sep05 ?       00:00:03 ora_psp0_orcl
..........显示的内容较多，省略后面的内容..........
oracle  31496     1  0 Sep05 ?       00:00:00 ora_q000_orcl
[oracle@DevServer ~]$
```

Oracle 数据库的进程都是以 "ora_" 开头，可用 grep 显示只包含 "ora_" 的行，这样就可查看到所有 Oracle 数据库的进程。

1.1.6　查看帮助文件命令

Linux 的命令非常多，一般都只能记住常用的命令名，但对于这些命令的参数及作用，无法完全记忆。Linux 有专门查看命令帮助文件的命令，它能很好地解决这个问题。可通过帮助文件命令获取相关命令的帮助信息，这些信息详细介绍了命令的功能、语法格式、参数以及应用示例。熟练查看帮助文件是学习和掌握 Linux 命令的有效途径。

常用 man（取单词 manual 的前三个字符）命令查看命令、文件格式、库函数等的帮助信息，其语法格式如下：

```
man [-参数选项] [名称]
```

下面是 man 命令的参数说明。

参数说明：

```
-a 可查找所有与要搜索命令相关的帮助信息；
-c 对联机帮助信息重新排版；
-d 不显示帮助信息，只显示错误信息；
-h 显示帮助信息，并结束 man 指令；
-k 按指定关键字搜索所有的帮助信息。
```

当用 man 命令查看某个命令的帮助信息时，可通过键盘对这些信息的显示进行控制，常用的控制功能键有：

```
q 退出；
Enter(回车键) 一行一行地往下翻；
Space(空格键) 一页一页地往下翻；
b 上翻一页；
/ 后面跟要搜索的字符串，按【Enter】键开始搜索；
n 查找下一个匹配的字符串。
```

info 命令与 man 命令的功能很相似，它们都是提供命令的帮助信息，但 info 命令提供的帮

助信息更加全面,而且显示帮助信息的界面更友好,更易理解。可通过以下两种方式来使用 info:

- 单独运行 info;
- 在 Emacs 使用。

当用 info 命令查看某个命令的帮助信息时,可通过键盘对这些信息的显示进行控制,常用的控制功能键有:

```
? 显示帮助窗口;
q 退出 info;
n 打开与当前 Node 关联的下一个 Node;
p 打开与当前 Node 关联的上一个 Node;
l 返回上一次访问的 Node;
Ctrl+L (先按【Ctrl】键,再按【L】键) 刷新当前页;
Ctrl+G (先按【Ctrl】键,再按【G】键) 取消所键入的指令。
```

1.1.7　与 Oracle 数据库相关的 shell 环境变量

程序无论在 Windows 系统还是 Linux/UNIX 系统下运行,经常需要获得一些操作系统提供的信息,提供信息的方式之一就是环境变量。换句话说,当程序运行时,系统会根据指定的环境变量查找程序位置或程序运行依赖的第三方库。Linux 操作系统的环境变量适用于所有用户进程,即通过 Shell 执行的用户程序。这里提到的 Shell 类似于 Windows 操作系统下的 cmd.exe 命令,它是命令解释器,解释遵循一定语法规则的用户命令,然后加载相应程序到内存并交给内核执行。Shell 本身也是用 C 语言编写的程序。Shell 是操作系统的最外一层,所以称其为壳(Shell),它为用户和操作系统内核之间提供交互平台。

在 Linux 平台操作 Oracle 数据库,经常需要读取或修改一些 Shell 环境变量。因此,本节主要介绍 Linux 的环境变量。为了叙述方便,下面简称 Shell 环境变量为环境变量。

1. 定义 Shell 环境变量

按照规定,环境变量均需大写,有多种环境变量的定义和修改方法。第一种方式:变量名=变量值(本书称这种方式为直接变量定义法),例如,ORACLE_SID=orcl,这样就定义了一个环境变量名为 ORACLE_SID 的环境变量,该变量的值为 orcl。要查看该变量的值,可用 echo 命令,但必须在变量名前加 "$",例如:echo $ORACLE_SID,就会在屏幕上显示环境变量的值 orcl;第二种方式:通过使用 export 命令来设置,多个值之间以冒号隔开。语法格式如下:

```
export [-参数选项] [变量名] = [变量值1]:[变量值2]
```

export 命令的参数说明如下。

参数说明:

```
-f 表示变量名为函数名;
-n 删除指定的变量,但并不真正删除,只是该变量不再输出到后续指令的执行环境中;
-p 列出所有的环境变量。
```

例如,在 Linux 中启动 Oracle 数据库时,需要指定 Oracle 数据库相关软件的位置,该位置被保存在环境变量 ORACLE_HOME 中,该变量的设置过程为:

```
ORACLE_HOME=/ora10/app/oracle/product/10.2.0.1
export ORACLE_HOME
```

直接变量定义法所定义的环境变量,其生存周期是临时的。当用户注销或系统重启后,都将自动丢失,因此建议一些重要的环境变量,通过 export 命令来定义,并存放在宿主目录的

".bash_profile" 中，在每次用户进入系统后，都会执行 export 命令来定义环境变量。

2. 查看 Shell 环境变量

在 Linux 中，可通过下面的命令来查看定义的环境变量。

```
echo $变量名                          使用 echo 命令显示单个变量的值
env                                 查看所有的环境变量
```

例如：要查看环境变量 ORACLE_HOME 的值，可以执行：

```
[oracle@DevServer ~]$ echo $ORACLE_HOME
/ora10/app/oracle/product/10.2.0.1
```

命令 env 可以显示当前系统所有的环境变量。例如：

```
[oracle@DevServer ~]$ env
HOSTNAME=DevServer
SHELL=/bin/bash
TERM=vt100
HISTSIZE=1000
USER=oracle
……………内容较多，省略………
LESSOPEN=|/usr/bin/lesspipe.sh %s
DISPLAY=:0
ORACLE_HOME=/ora10/app/oracle/product/10.2.0.1
G_BROKEN_FILENAMES=1
```

3. 修改 Shell 环境变量

根据 Linux 环境变量的生存期不同，其修改方式也不同：

- 永久变量：修改/etc/profile（或宿主目录下的.bash_profile）文件中对应的环境变量，保存并执行 source /etc/profile 后会立即生效。
- 临时变量：通过 export 命令重新声明或用直接变量定义方法修改。

例如：将 ORACLE_SID 的内容修改成 myorcl。在修改之前，先查看$ORACLE_SID 的值。

```
[oracle@DevServer 10.2.0.1]$ echo $ORACLE_SID
orcl
```

然后修改环境变量 ORACLE_SID 的值。

```
ORACLE_SID=myorcle
```

再次查看环境变量 ORACLE_SID 的值。

```
[oracle@DevServer 10.2.0.1]$ echo $ORACLE_SID
myorcl
```

从结果可以看出：环境变量 ORACLE_SID 的值被修改成 myorcl。

4. 删除 Shell 环境变量

当某一环境变量不再使用或者设置错误时，需要删除该环境变量，可使用 unset 命令删除环境变量，语法格式如下：

```
unset [-参数选项] [变量名]
```

参数说明：

```
-f 删除函数;
-v 删除变量。
```

5. 与 Oracle 数据库相关的环境变量

Oracle 数据库会依赖很多环境变量,这里将介绍 Oracle 重要的环境变量的定义和加载过程。
Oracle 数据库的环境变量要求是永久的,因此一般是在/home/oracle/.bash_profile 中定义（编辑、修改可以使用后面介绍的 vi 命令），Oracle 数据库主要的环境变量有：

```
ORACLE_BASE              保存 Oracle 数据库的根目录;
ORACLE_HOME              保存安装 Oracle 数据库组件的目录;
ORA_NLS33               创建使用除 US7ASCII 以外的存储字符集建库时设置此变量;
ORACLE_SID              保存 Oracle 数据库的 SID;
PATH                    保存 Oracle 的命令路径;
TNS_ADMIN               保存 Oracle 数据库中 tnsnames.ora 文件的路径;
NLS_LANG                保存 Oracle 数据库的字符集;
LD_LIBRARY              保存 Oracle 的库包路径;
CLASSPATH               保存 Java 开发环境的路径;
JAVA_HOME               保存 Java JDK 的安装路径。
```

在这些环境变量中，一部分是 Oracle 数据库安装程序使用的，一部分是 Oracle 数据库运行时使用的。首先在安装 Oracle 的软件之前，必须先设置环境变量：ORACLE_BASE、ORACLE_SID。

在安装完成后，再设置环境变量：ORACLE_HOME、PATH、LD_LIBRARY、CLASSPATH、NLS_LANG、ORA_NLS33。

6. Oracle 常用环境变量举例

Oracle 数据库最重要的环境变量为：ORACLE_HOME、ORACLE_BASE、ORACLE_SID。

ORACLE_HOME 保存着 Oracle 数据库相关软件及配置文件的路径，当经常进入（查看）这个目录时，可通过 ORACLE_HOME 来访问该目录。

下面举例说明环境变量 ORACLE_HOME 的用法。

（1）cd 命令与 ORACLE_HOME 配合使用

首先用 pwd 命令查看当前所在目录。

```
[oracle@DevServer ~]$ pwd
/home/oracle
```

当前目录为"/home/oracle"，然后用 echo 命令查看变量 ORACLE_HOME 的值。

```
[oracle@DevServer ~]$ echo $ORACLE_HOME
/ora10/app/oracle/product/10.2.0.1
```

要进入/ora10/app/oracle/product/10.2.0.1 目录，可执行下面的命令。

```
[oracle@DevServer ~]$ cd $ORACLE_HOME
```

再次查看当前所在目录。

```
[oracle@DevServer 10.2.0.1]$ pwd
/ora10/app/oracle/product/10.2.0.1
```

（2）ls 命令与 $ORACLE_HOME 配合使用

```
  ls $ORACLE_HOME/dbs/init* -l
```

这个命令的作用是以详细列表的方式显示目录/ora10/app/oracle/product/10.2.0.1/dbs/ 下面以 init 开头的所有文件。

（3）cp 命令与 $ORACLE_BASE 配合使用

查看环境变量 $ORACLE_BASE 的值

```
[oracle@DevServer 10.2.0.1]$ echo $ORACLE_BASE
/ora10/app/oracle
[oracle@DevServer 10.2.0.1]$ cp $ORACLE_BASE/admin/orcl/udump/*.trc  /tmp
```

这个命令的作用是：将目录/ora10/app/oracle/admin/orcl/udump 中所有以 trc 为扩展名的文件复制到/tmp 目录下。

本节介绍了与 Oracle 数据库相关的命令，主要包括文件操作命令、切换用户命令、查看进程命令、查看帮助文档命令以及 Linux 的环境变量，这些内容是操作 Linux 平台的 Oracle 数据库的重要基础，读者应该掌握。

1.2　ed 编辑器和 vi 编辑器介绍

1.2.1　ed 编辑器介绍

ed 编辑器是 UNIX 上最古老、最基本的编辑器，它最初由 UNIX 之父 Ken Thompson 编写，他第一次在 ed 编辑器中使用了正则表达式（regular expression）。这个创举将正则表达式从理论带入实践，对 UNIX 造成了深远的影响。ed 是取单词 edit 的前两个字母而命名，Linux 的命令经常只有两个字符，这样做是为了简化命令的输入。ed 编辑器以行为单位对文件进行编辑，因此它也称为行编辑器。它与 Windows 下的写字板、UltraEdit 等编辑器不同，这些编辑器称为全屏编辑器，即可对整个屏幕里的内容进行编辑。对于用惯 Windows 的全屏编辑器的人来讲，使用 ed 编辑器会很不习惯。既然 ed 编辑如此"难用"，为什么还要介绍它呢？这是因为：

① 它是 Oracle 数据库的客户端工具 SQL*PLUS 工具的默认编辑器，由此可看出它与 Oracle 数据库有着不一般的联系。

② ed 编辑器是全屏编辑器 vi（后面会介绍此编辑器）的基础，vi 编辑器的后端处理要依赖 ed 编辑器。在掌握 ed 编辑器后对 vi 编辑器的使用非常有帮助。可将 SQL*PLUS 工具的编辑器指定为 vi 编辑器。

③ SQL*PLUS 可以不借助外部编辑器来编辑缓冲区中的 SQL 语句，其编辑命令与 ed 编辑器的命令很相似。

④ ed 编辑器通过命令来操作文件，它能与其他 Linux 命令一起配合完成非常复杂的文件操作，而且 ed 编辑器简洁、高效。

ed 编辑器有两种状态：编辑状态和命令状态。用户必须进入编辑状态后才能输入内容。可通过输入"."（键盘大于号下面那个符号，且要在半角状态下输入），使 ed 编辑器由编辑状态切换到命令状态。命令状态是指在此状态下，可输入一些命令来编辑文件内容，如保存文本内容到某个磁盘文件；删除一行等操作。下面举例说明 ed 编辑器的基本用法。为了后面描述方便，接下来的内容用 ed 表示 ed 编辑器。

在 Linux 的提示符下，直接输入 ed，然后按【Enter】键，如下：

```
[root@DevServer ~]# ed
```

这时屏幕上什么都不会显示，只见光标在下一行闪烁。ed 启动后的状态为命令状态。但通常并没有直观的方法来判断 ed 当前的状态。ed 提供了两种方法来区分命令状态和编辑状态。在启动时通过 p 参数来指定命令状态的标识符。例如：

```
[root@DevServer ~]# ed -p '&'
&
```

启动 ed 时，-p 用来指定 ed 处于命令状态时的提示符。执行上面的命令后，当 ed 处于命令状态时就在每行的最前面显示字符"&"。在通常情况下，直接启动 ed 后屏幕不会显示任何内容。当用户由命令状态切换到编辑状态时，字符"&"就会消失；如果再切换回命令状态，字符"&"就会出现。参数 p 后面的字符可以任意指定。

在启动 ed 后，通过执行 P 命令（注意：是大写的 P）来显示或关闭命令状态标识符，例如：

```
[root@DevServer ~]# ed
P
*
```

直接启动 ed 后，输入大写 P，然后按【Enter】键，这时会在下一行的最前面显示字符"*"，该字符表明当前 ed 处于命令状态。若再次输入 P，命令状态标识符"*"会消失。当用户由命令状态切换到编辑状态时，字符"*"也会消失；如果再切换回命令状态，字符"*"就会出现。P 命令可随时显示当前 ed 所处状态，但其相应的提示符只能是"*"，而通过 p 参数，可以指定任意字符作为命令状态提示符。下面举例说明。

```
[root@DevServer ~]# ed -p '&'
&P
P
*
```

首先，启动时指定命令状态提示符为"&"，当输入"P"后，命令状态提示符消失，即表示不显示命令状态提示符，再输入"P"，表示要显示命令状态提示符，但这时命令状态提示符为"*"。

为了从命令状态切换到编辑状态，可输入命令 a。命令 a 表示追加（append）操作，即在文件的末尾添加新内容。例如，先输入 a 并按【Enter】键，在下一行输入"hello"并按【Enter】键，然后再输入"world"。这样就输入两行内容。具体过程如下：

```
[root@DevServer ~]# ed
a
hello
world
```

这里的"a"为命令，接下来的两行"hello"和"world"为输入的内容。为了保存这两行内容，需先在最后一行后面按【Enter】键开启新行，并输入"."切换到命令状态，再输入 w test.txt（注意：w 后面有空格），w 为保存（write）文件内容命令，test.txt 是要保存的文件名，最后按【Enter】键，如果保存成功，ed 会显示保存的字节数。如果保存时没有指定路径，文件会被保存到启动 ed 时所在的目录下，本例就属于这种情形。也可以指定路径，例如：w　/tmp/test.txt（注意：w 后面有空格），这样输入的内容会保存到/tmp 目录下的 test.txt 文件中。不管哪种情形，都需要用户对所在目录有创建文件（即用户对目录有 w 权限）的权限。这个操作完成后会得到如下结果：

```
[root@DevServer ~]# ed
a
hello
world
.
w test.txt
12
```

最后一行的数字 12 表示 ed 向 test.txt 文件写入 12 个字符。字符串"hello"和"world"总共只有 10 个字符，但这两行的最后面都有一个"回车"字符，ed 将"回车"字符也写入文件中，所以总共写入了 12 个字符。

然后输入 q 命令退出 ed 编辑器，返回到 Linux 环境中。q 是 quit（退出）的第一个字母。整个操作的结果如下：

```
[root@DevServer ~]# ed
a
```

```
hello
world
.
w test.txt
12
q
[root@DevServer ~]#
```

下面介绍 ed 编辑器的一些重要操作。

1．ed 的启动

下面的例子是在启动 ed 时，加载当前目录下的 test.txt（该文件刚才由 ed 创建）。

```
[root@DevServer ~]# ed test.txt
12
```

test.txt 文件被加载成功后，ed 会显示被加载的字节数，但不会显示加载的内容，这一点对初学者来说很不习惯，因为 Windows 操作系统下的文件编辑器（如 notepad），一旦文件被加载（打开）成功后，立即显示文件内容。

2．显示文件内容

启动 ed 后的状态为命令状态。因此，在 ed 加载完成 test.txt 文件后，可直接输入命令来查看文件的内容。查看文件内容的命令很多，其中一个为 p 命令，p 可以认为是取单词 print 的第一个字母。输入 p 命令的结果为：

```
[root@DevServer ~]# ed test.txt
12
p
world
```

这里可以看出，显示了 test.txt 文件中的最后一行。若要显示第一行，可以输入 "1p"，其中 1 表示第一行。其输出结果为：

```
[root@DevServer ~]# ed test.txt
12
p
world
1p
hello
```

若要显示所有行，可以输入 ",p"，例如：

```
[root@DevServer ~]# ed test.txt
12
,p
hello
world
```

由于 p 命令所显示的行不带行号，若要显示每行内容及行号，可用 n 命令。例如：

```
[root@DevServer ~]# ed test.txt
12
,n
1       hello
2       world
```

该例子通过 n 命令显示 test.txt 文件中的所有行，显示的每一行前面都有相应行号。

也可显示从第 n 行到第 m 行的内容，其中（m 必须大于或等于 n，否则，ed 认为此命令无效）。为了验证这个功能，须向 test.txt 中增加一些行。首先，用 ed 加载 test.txt，然后用 i 命令

（注意：a 命令是在当前行后面增加新行）在当前行的前一行插入新行。由于 ed 加载完 test.txt 文件后，会自动将 test.txt 文件的最后行作为当前行。因此，使用 i 命令会向原文件的倒数第二行插入内容。下面向原文件追加两行，其内容分别为："cat" "apple"，然后通过 "." 切换到命令模式，再用 w 命令保存，w 命令后面不用跟文件名，因为启动时已经指定具体要加载的文件名。执行 w 命令保存时，ed 自动将内容写到该文件中，最后输入 q 命令退出 ed。整个过程如下所示：

```
[root@DevServer ~]# ed test.txt
12
i
cat
apple
.
w
22
q
[root@DevServer ~]# ed test.txt
```

再次用 ed 加载 test.txt，并显示第 2 行和第 3 行的内容。该过程执行如下：

```
[root@DevServer ~]# ed test.txt
22
2,3 p
cat
apple
```

其中，"2,3 p" 就是通过 p 命令来显示第 2 行和第 3 行的内容。注意，p 前面有一个空格。第 n 行到第 m 行之间用逗号分开。在 ed 编辑环境中，"$" 表示最后一行，"." 表示当前行，","表示整个文件的所有行，即从当前行到最后一行。可用命令 ".n" 或直接执行命令 "n" 来查看当前行号。假如当前行号为 2，可用 "2,$　p" 来显示从当前行到最后一行的内容，也可以直接用 ";p" 来显示从当前行到最后一行的内容。",p" 在前面已经讲过，它用于显示整个文件的内容。若要在显示每行时加上行号，可将上面命令中的 p 换成 n 即可。

 注　意

可以省略 p 命令，直接输入行号来显示某一行的内容；也可以直接输入 "$" 和 "." 来分别显示最后一行和当前行，这样做会更加方便。但要显示行号，不能省略 "n"。

3．修改文件内容

前面介绍了一些修改文件内容的命令，它们是 a 命令和 i 命令。对于这两个命令，可在前面指定行号，即指定在第 n 行之前（后）插入内容，例如，在第 3 行之前（或之后）插入内容，可以用命令 "3i"（或 "3a"）。同时，".i" 或 ".a" 表示在当前行的前面或后面插入内容。

（1）删除内容

在 ed 环境中，删除一行的命令为 d，即取单词 delete 的第一个字母。命令 "nd" 表示删除第 n 行；命令 "n,m d" 表示删除第 n 行到第 m 行的内容；命令 "n,$ d" 表示删除第 n 行到最后一行的内容；命令 ",d" 表示删除文件的所有内容。以上这些操作都是删除文件在缓冲区的内容，若要这些删除起作用，必须用 w 命令将缓冲区内容写到文件中，才能达到真正删除的效果。另外需注意，d 命令执行完之后，仍处于命令状态，可以继续执行其他命令。

下面演示如何删除 test.txt 文件的 2、3 行。

```
[root@DevServer ~]# ed test.txt
22
2,3 d
,p
hello
world
w
12
q
[root@DevServer ~]#
```

    test.txt 文件只有 4 行内容。首先，通过 ed 将 test.txt 文件加载到 ed 编辑器的缓冲区中，执行命令 "2,3 d" 会删除缓冲区第 2 行和 3 行内容，此时 ed 仍在命令状态，可以继续执行命令，执行 ",p" 查看当前缓冲区的内容，其显示只有两行，通过命令 w 将缓冲区内容写回到文件中，ed 显示写入 12 个字符到文件中，最后执行 q 命令退出 ed。可以用 Linux 的 cat 命令来查看 test.txt 文件的内容，确实只有 2 行。

```
[root@DevServer ~]# cat test.txt
hello
world
```

（2）替换内容

    通过 c 命令可修改某一行或多行。c 可认为是取单词 change 的首字母。例如，要修改第 3 行的内容，则可输入命令 "3c"，然后按【Enter】键，再输入新的内容来替换缓冲区的第 3 行内容；要修改第 4 行和第 5 行的内容，可输入命令 "4，5 c"（注意：c 前面有空格），然后按【Enter】键，再输入新的内容来替换缓冲区中第 4 行和第 5 行内容。下面举例说明：

```
[root@DevServer ~]# ed test.txt
15
,p
cat
fish
apple
2c
dog
.
,p
cat
dog
apple
w
14
q
[root@DevServer ~]#
```

    首先，通过命令 ",p" 显示当前缓冲的内容，可以看出，当前缓冲区有 3 行，然后输入 "2c" 并按【Enter】键，再新行输入 "dog"，通过 "." 切换到命令状态，再一次执行 ",p"，可以看到缓冲区第 2 行的内容已经由 "fish" 变成 "dog"，最后输入 "w" 和 "q" 将缓冲区内容保存到文件中并退出。注意，这里可以输入 "wq" 与分别输入 "w" 和 "q" 的作用一样，但前者明显要简洁一些。命令 ".c" "$c" ",c" 的作用分别是：替换当前行的内容；替换最后一行的内容；替换整个缓冲区的内容。

    注意，c 命令是按行替换，即输入的内容将会替换掉指定的一行或多行内容。

（3）复制与粘贴

m 命令的作用是将指定的行移动到另一行，m 可认为是单词 move 的第一个字母。下面仍以 test.txt 文件中的内容为例来演示 m 命令的用法，text.txt 文件有 4 行，内容分别为："cat""dog""fish""apple"。执行下面的操作：

```
[root@DevServer ~]# ed test.txt
19
,p
cat
dog
fish
apple
2m4
,p
cat
fish
apple
dog
```

这个操作首先通过命令",p" 显示缓冲区中所有内容，然后执行命令"2m4"，该命令将第 2 行移动到第 4 行的位置，其他行依次往上移动，即原来的第 3 行移动到第 2 行，原来的第 4 行移动到第 3 行。执行完 m 命令之后，ed 的状态仍为命令状态。读者可以自己验证下面这两种 m 命令用法的作用："1,2m3,4" 和 "1,2m3"。m 命令也可与 "." 和 "$" 一起使用。

其实，m 命令类似于 Windows 的剪切操作，而 ed 的 t 命令可用来复制行，它与 Windows 的复制操作类似。t 命令可将指定的行复制到另一行的后面。下面仍以 test.txt 文件中的内容为例来演示 t 命令的用法，test.txt 文件有 4 行，内容分别为："cat""dog""fish""apple"。现将第 2 行复制到第 3 行后面，其操作如下：

```
[root@DevServer ~]# ed test.txt
19
2t3
,p
cat
dog
fish
dog
apple
```

命令 "2t3" 表示将第 2 行复制到第 3 行后面。

（4）将行复制到缓冲区

ed 分别提供将行复制到缓冲区以及将缓冲区内容复制给 ed，完成这两个功能的命令分别是 y 命令和 x 命令。t 命令可以看作这两个命令的组合。下面分别举例说明这两个命令的用法。

```
[root@DevServer ~]# ed test.txt
19
,p
cat
dog
fish
apple
2,3y
4x
,p
```

```
cat
dog
fish
apple
dog
fish
```

命令 "2,3y" 是将第 2 行和第 3 行复制到缓冲区中，4x 表示将缓冲区的内容复制到第 4 行后。

4. 查找与替换操作

查找和替换功能是文本编辑器的两项重要功能。在 ed 编辑器中，正向查找是通过命令 "/要查找的内容/" 来实现，两个斜杠中间为要查找的内容。下面仍以 test.txt 文件为例来演示查找和搜索命令的用法，test.txt 文件有 4 行，内容分别为："cat" "dog" "fish" "apple"。

```
[root@DevServer ~]# ed test.txt
19
/a/
cat
```

命令/a/表示正向查找字符 "a" 并显示。注意，这种用法只要找到存在字符 "a" 的行就停止并显示此行。如果要查找下一个含有字符 "a" 的行，可以输入命令 "//"。如果要返回包含字符 "a" 的所有行，则可进行如下操作：

```
[root@DevServer ~]# ed test.txt
19
g/a/
cat
apple
```

其中，"g/a/" 表示在整个文档中搜索字符 "a"，g 可认为是取单词 global 的第一个字母。若要显示搜索内容的行号，则可以执行命令 "g/a/n"，其中 n 为显示行号。若要进行反向搜索，可以用命令 "?要查找的内容?"，它的使用方法与正向搜索一样。只是需要注意两点：第一，命令 "??" 表示继续向前搜索，与 "//" 作用类似；第二，反向搜索时，是从倒数第二行开始搜索。下面通过例子来演示反向搜索方法。设 test.txt 有 5 行内容，分别为："cat" "peanut" "fish" "apple" "pig"。

```
[root@DevServer ~]# ed test.txt
26
,p
cat
peanut
fish
apple
pig
?p?
apple
??
peanut
??
pig
```

从上面的执行结果可以看出，反向搜过包含字符 "p" 的行，所得的第一个结果为 "apple"，因为它是从倒数第二行开始搜索，接着执行 "??" 来搜索下一个含有字符 "p" 的行，其结果为：peanut，最后才得到 pig。

命令 "v/字符串/" 用来搜索不包含指定字符串的行。例如："v/the/" 将搜索并显示不包含字符串 "the" 的行。

ed 的字符串替换命令为：s/字符串/。下面举例说明该替换命令的用法。

- 命令 "s/str1/str2" 表示用字符串 str2 替换字符串 str1；
- 命令 "s/str1//" 表示删除字符串 str1；
- 命令 "2s/str1/str2/n" 表示将第 2 行的 str1 改为 str2，并显示被修改行的行号；
- 命令 "s/str1/str2/g " 表示在整个文档中搜索字符串 str2 并用字符串 str1 替换。

5．执行外部命令

在 ed 环境中，可执行外部命令，例如：要在 ed 环境中查看当前目录的内容，可以执行命令（在命令状态下执行）"!ls"。具体的操作如下：

```
[root@DevServer ~]# ed test.txt
327
!ls /
admin   cgroup  home          media  net    oradata  sbin     sys       usr
bin     dev     lib           misc   opt    proc     selinux  tftpboot  var
boot    etc     lost+found    mnt    ora10  root     srv      tmp
!
```

"!ls / " 表示执行外部命令 ls（它是 Linux 命令），其中 "ls /" 表示显示根目录的内容。若执行 "!ls" 则显示当前目录的内容。"!" 的作用就是告诉 ed 去执行外部命令。

还可将所执行外部命令的结果放入 ed 的缓冲区中，然后通过命令 w 将这些缓冲区的内容保存成磁盘文件。例如：

```
[root@DevServer ~]# ed test.txt
327
e !ls
327
w
327
```

其中，命令 e 表示将 Linux 命令 ls 的执行结果放入 ed 缓冲区中，ls 的执行结果总共有 327 字节。这些执行结果会覆盖掉原来缓冲区的内容（也就是 test.txt 文件的内容），然后用命令 w 将缓冲区的内容保存到 test.txt 文件中。

命令 r 与命令 e 的作用很相似，唯一不同的是命令 r 会将结果追加到缓冲区中。可指定将输出结果追加到某行后面。例如：执行命令 "3r !ls" 表示将 ls 的执行结果追加到第 3 行后面。

关于 ed 命令更多的操作和用法可执行 Linux 命令：man ed 或 info ed 来获得。最后补充一点，以上所有修改文件内容的操作都可以通过命令 "u" 来撤销。

ed 编辑器是 Linux 下最基本的编辑器，有些 Linux 下的编辑器（如 vi 等）都是在 ed 编辑器的基础上进行扩展，其功能可以看作 ed 编辑器的一个超集。这些编辑器的基本命令的使用与 ed 编辑器比较相似。因此，学好 ed 编辑器，是学习其他功能更强大编辑器的基础。

1.2.2　vi 编辑器介绍

Linux 下的编辑器分为行编辑器和全屏幕编辑器。前面讨论的 ed 编辑器是行编辑器，它以整行作为编辑对象。在 Linux 下，还有另一个行编辑器，称为 ex，它是对 ed 编辑器的扩充。vi 是全屏幕编辑器，即可以在屏幕上显示文本的一部分。vi 是 Linux 最著名的编辑器之一，它是 ed 的超集，vi 可由全屏编辑器转成行编辑器，vi 转到行编辑器后，使用的是 ex 编辑器。Linux 系统的另一个全屏编辑器为 emacs，由于篇幅有限，本书不再讨论这个编辑器。

全屏编辑器与行编辑器相比，有很多优点：第一，能以屏幕为单位进行向上或向下翻页，查看文件内容方便、高效；第二，可在整个屏幕移动光标，可在光标附近插入、修改文件内容；第三，修改的结果可以立即看到（又称所见即所得）。

vi 编辑器有三种模式（又称状态），即命令模式、输入模式（又称编辑模式）、ex 模式。这三种模式可以相互转换。vi 启动后，会进入命令模式，当用户按下"a"键，vi 会进入输入模式，这时用户可以输入想要编辑的内容，当用户按下【Esc】键，则 vi 进入命令模式。在命令模式下，若用户输入"："，则 vi 进入 ex 模式。vi 编辑器三种模式的转换关系如图 1-1 所示。

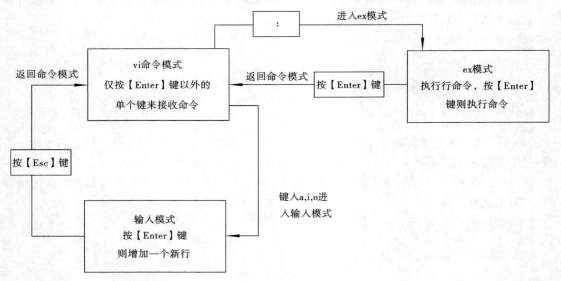

图 1-1　vi 编辑器三种模式的转换关系

1．vi 启动与退出

整个启动与退出过程如下：

（1）启动 vi

在 Linux 的命令行下，输入 vi，然后按【Enter】键，则会启动编辑器。启动后的界面如图 1-2 所示。

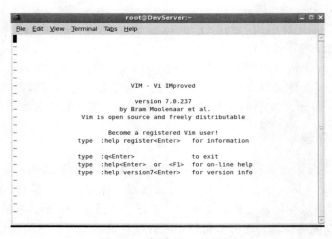

图 1-2　启动后 vi 的界面

在这个界面中，给出了一些 vi 的有用提示信息，其中，":q<Enter>"，表示在 ex 模式下输入 q，然后按【Enter】键就可以退出 vi（这只针对所输入的内容已经保存的情况）；":help<Enter>or <F1>"表示在 ex 模式下输入"help"然后按【Enter】键或按下【F1】键，可以查看 vi 的在线帮助文档；":help version7<Enter>"表示在 ex 模式下输入"version7"然后按【Enter】键即可查看 vi 的版本信息。其中，vi 的在线帮助文档很重要，原则上讲，vi 的所有使用方法都在这个帮助文档中，用户只要能读懂这个在线帮助，就得到了 vi 所有使用信息。

（2）输入内容

输入 a 或 i，进入 vi 的输入模式，这时会在左下角的底部出现"--insert--"的提示，它表示 vi 进入输入模式。在这种情况下，可输入文档内容。在这里，输入"hello world"，整个过程如图 1-3 所示。

表示 vi 已经进入输入模式

图 1-3　在 vi 的输入模式下输入"hello world"

（3）退出 vi

按【Esc】键（为了保险，可以多按几次），这时会看到左下角底部的"--insert--"提示会消失，这表示 vi 进入命令模式，然后输入":"，并输入 wq abc.txt，然后按【Enter】键即可保存输入的内容且退出。其中，wq 表示保存并退出，abc.txt 为要保存的文件名。整个过程如图 1-4 所示。

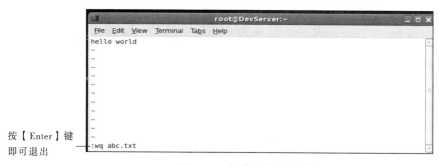

按【Enter】键即可退出

图 1-4　保存文档内容并退出

有如下几种方式可启动 vi：

① 输入 vi，然后按【Enter】键，进入 vi 后，vi 处于命令模式，光标定在屏幕的第一行第一列。

② 输入 vi 文件名（vi 与文件名之间用空格分开），然后按【Enter】键，vi 处于命令模式，光标定位在屏幕的第一行第一列。

③ 输入 vi + 文件名（vi 与文件名之间用加号分开，须注意，在加号前面和后面都要有一

个空格），然后按【Enter】键，vi 处于命令模式，光标定位在屏幕的最后一行第一列。

④ 输入 vi +N 文件名（N 为正数，vi 与文件名之间用 "+N" 分开，须注意，在 "+N" 前面和后面都要有一个空格），然后按【Enter】键，vi 处于命令模式，光标定位在文件的第 N 行第一列的位置。例如，执行命令 "vi +20 test.c"，则 vi 在打开文件 test.c 时，会将光标移动到第 20 行的第 1 列。注意：v +与 20 之间没有空格。

⑤ 输入 vi +/string 文件名，然后按【Enter】键，vi 处于命令模式，光标定位在文件中第一次出现字符串的位置。例如，执行命令 "vi +/hello test.c"，则 vi 在打开文件 test.c 时，会将光标移动到第一次出现字符串 "hello" 的行最前面。注意：vi 与+之间有空格，而+与/之间没有空格。

将 vi 退出方式总结如下：

建议首先按【Esc】键，以确保当前 vi 的状态为命令方式，然后输入 ":" 并按【Enter】键，vi 会进入 ex 模式，然后输入下列不同的命令，完成不同的退出。

① 直接输入命令 "w"，然后按【Enter】键，将编辑缓冲区的内容写入文件，再输入命令 "q"，然后按【Enter】键，即可退出 vi。

② 直接输入命令 "wq"，然后按【Enter】键，将上面两步操作合成一步来退出 vi。

③ 直接输入命令 "x"，然后按【Enter】键，其作用等价于直接输入命令 "wq"。

④ 直接输入命令 "q"，然后按【Enter】键，也可退出 vi，但如果文件被修改，没有执行命令 "w" 则无法退出 vi。

⑤ 直接输入命令 "q!"，然后按【Enter】键，强行退出 vi，使更新内容不被保存。

⑥ 直接输入命令 "wq 文件名"，然后按【Enter】键，可以将 vi 缓冲区的内容保存到指定的文件中。例如，执行命令 "wq test.c"，可将缓冲区的内容保存到文件 test.c 中。

 注 意

在用命令 "w" 保存文件时，如果用户对保存文件所在的目录没有权限（即没有进入目录、在目录中创建文件等权限）时，会报 "Permission denied" 错误。

2．vi 编辑器的使用技巧

本节将介绍一些 vi 编辑器的使用技巧，对于更多 vi 编辑器命令，读者可参见附录 C。

（1）使用 vi 的重复执行命令

vi 的重复执行命令为 "."。下面通过例子介绍该命令的使用技巧。

先通过执行下面的命令进入 vi 的操作界面。

```
[oracle@DevServer ~]$ vi 1.txt
```

然后按下 i 键，进入 vi 的插入模式，并输入以下内容：

```
aaaaa
bbbbb
ccccc
ddddd
```

然后将光标移到第 2 行，按【Esc】键进入正常模式，并输入 ">G"（注意是大写的 G），这时会看到从第二行开始到最后一行都被缩进了，其结果为：

```
aaaaaa
        bbbbb
        ccccc
        ddddd
```

　　然后输入"j.",其中命令 j 表示移到上一行,命令"."表示重复上一次操作,即将当前行到最后一行都进行缩进,执行后的结果如下:

```
aaaaaa
        bbbbb
                ccccc
                ddddd
```

这次用户可用 u 命令撤销刚才的操作。

　　若要在第二行的最后加上一个分号,则可执行"A;",然后再按【Esc】键回到正常模式,其中"A;"表示在这一行的最后添加一个分号,接下来可执行"j.",会在第三行的最后面加上一个分号。得到的结果如下所示:

```
aaaaaa
        bbbbb;
                ccccc;
                ddddd
```

下面看一下 vi 的重复执行命令与搜索功能的配合使用。首先可执行下面的命令进入 vi。

```
[oracle@DevServer ~]$ vi 2.txt
```

　　然后输入如下内容:

```
my test
this test why
test is good
these test
```

按下面的步骤可将第二个 test 和第三个 test 替换成 boy。

　　① 按下【Esc】键返回到正常模式中,执行"/test"命令,即在文档中搜索字符串 test,这时光标会停在第一个 test 的第一个字母处。

　　② 按【 * 】键,这时光标会移动到下一 test 所在的行。再输入"cw"删除当前光标所在单词,并进入插入模式,然后输入"boy",并按【Esc】键返回到正常模式。

　　③ 再输入 n,则会移到下一个 test 处。

　　④ 输入".",则又会将 test 替换成 boy。

　　最后的结果如下所示:

```
my test
this boy why
boy is good
these test
```

（2）vi 编辑器的文本操作

　　在 linux 下执行 vi 命令,并输入如下内容:

```
I love vi,Tom love vi
he love vi
```

　　然后将光标移到第一行的最前面,并转到 vi 的正常模式下,然后执行"yt,",其中 y 表示将选中的文本放到默认寄存器中,t 表示从光标处开始选择文本,直到","结束,即选中的文本为"I love vi",这些内容已经被 y 命令放到默认寄存器中。接下来执行"jA",即在第二行最后面插入,此时 vi 处于插入模式,然后按【Ctrl】键,再依次按【R】键和【0】键,这时就会得到下面的结果:

```
I love vi,Tom love vi
he love vi I love vi
```

在这个结果的基础上,将光标移动到第一行的最前面,可按【Esc】键进行正常模式,再执

行 "df,"，这时会删除从光标开始到逗号之间的内容（包括逗号）。在这个命令中，f 表示在当前行进行搜索，最后面跟一个逗号（","）表示从当前位置开始，搜索到当前行第一次出现逗号的位置后，将光标移动到这个位置，d 表示删除，即删除从当前位置到第一个逗号之间的所有字符（包括逗号）。整个命令执行的结果为：

```
  Tom love vi
  he love vi
```

对于上面这个例子，若不想删除逗号，可执行 "dt,"，这样就会删除从当前位置到第一个逗号之间的所有字符（不包括逗号）。

下面介绍如何删除选中的文本块。

对于这样一段文字：

```
This phrase takes time but
event gets to the point
```

执行下面的操作：

① 将光标移到 take 的首字母处；

② 在正常模式下使用 u 命令，这时 vi 会进入可视模式，即选中的文字会反显；

③ 执行命令 /ge，即在文档中搜索出现 ge 的行。这时会看到一块文字被反显；

④ 使用 w 命令让光标向左移一个字符；

⑤ 使用 d 命令，这时反显的文字块会被删除。

最后的执行结果为：

```
This phrasegets to the point
```

上面的整个过程可执行 "d/ge" 命令，然后按【Enter】键完成。读者不妨试一下。

（3）在命令模式下操作文件

上面的例子是在正常模式和插入模式下进行时，对于 vi 编辑器而言，还有另外一种模式：命令模式。在命令模式下，很多命令的使用与前面介绍的 ed 编辑器类似。下面简单举例说明。

首先在 vi 中输入下面的内容：

```
select * from t1,t2
where t1.c1=t2.c2
    and c1='a'
/
```

先按【Esc】键进入正常模式，然后输入 ":"，并按【Enter】键，此时就进入命令模式。在命令模式下，若输入数字 3，光标会移动到第 3 行的最开始处；若输入 3p，则会在屏幕最下方显示第三行的内容，这里 p 表示 print 的意思，与 ed 编辑器一样；若输入 $p，则会在屏幕最下方显示最后一行的内容。先将光标移到第二行，然后输入 ".,$p"，就会显示第二行到最后一行之间的内容（包括第二行和最后一行的内容）。若执行 "%p"，就相当于执行 "1,$p"，即显示整个文件的内容。

下面介绍如何通过搜索模式指定要显示的内容。

对于上面输入的文本，在命令模式下执行 "/select/,/where/p" 显示从 select 所在行开始，到 where 所在行的内容。显示的内容如下：

```
select * from t1,t2
where t1.c1=t2.c2
```

若执行这样的命令 ":/select/+1,/where/+1 p" 会得到这样的结果：

```
where t1.c1=t2.c2
    and c1='a'
```

因此，这个命令中的"+1"表示下一行。读者可以自行尝试命令"..,+3p"的作用是什么。

在命令模式下执行"normal A;"，就会在当前行的最后面插入";"，这就相当于在正常模式下执行"A;"，这个命令中的"normal"表示正常模式。但有一点要注意，在执行完整个命令后，vi 会处于正常模式状态，而不会处于插入模式状态，这与正常模式执行"A;"不一样。

vi 的命令模式也可以通过按上箭头或下箭头来查看曾经执行过的命令，这一点与 Linux 的 shell 相似。

在 vi 的命令模式下，可与外部命令进行交互。下面举例说明。

首先在 vi 中输入下面的内容：

```
select ename from emp a,dept b
where a.deptno=b.deptno
/
```

然后输入"w sqlVi.sql"，将这些内容保存在文件 sqlVi.sql 中。执行"w!!sqlplus scott/abc123 @%"，会得到如下结果：

```
:!sqlplus scott/abc123 @sqlVi.sql
SQL*Plus: Release 10.2.0.1.0 - Production on Sun Oct 2 20:24:00 2011
Copyright (c) 1982, 2005, Oracle. All rights reserved.
Connected to:
Oracle Database 10g Enterprise Edition Release 10.2.0.1.0 - Production
With the Partitioning, OLAP and Data Mining options
ENAME
----------
ALLEN
ADAMS
JAMES
……内容较多，省略……
13 rows selected.
SQL>
```

这个命令中的"|"表示管道，即将 vi 中的文本内容作为 sqlplus 命令的输入；@前面一定要有空格，@表示 sqlplus 在启动时从磁盘文件加载 SQL 执行；%表示当前文件名称。整个命令的作用就是将当前 vi 的内容交给 sqlplus 命令执行。

关于更多 vi 编辑器的使用技巧，可查看参考文献[3]。

3. 小结

对于初学者来讲，vi 编辑器的使用很难。但熟悉之后，会发现 vi 编辑器操作简洁，效率高，是一款非常实用、优秀的编辑器。要想熟练掌握 vi 编辑器的唯一方法就是多练习。本节所介绍的 vi 内容非常基础，如果读者想了解更多 vi 的使用，可以参考其他的 vi 专业书籍。从上面的的内容可以看出，vi 的很多操作与 ed 编辑器类似，这是因为 vi 是对 ed 编辑器的扩展，但最基本的操作没有变化，因此，理解 ed 编辑器的操作才是基础。

1.3　SQL * PLUS 介绍

SQL*PLUS 是 Oracle 数据库的客户端工具，用户可以在客户端使用，也可在 Oracle 数据库的服务器上使用。SQL*PLUS 是 Oracle 数据库自带的客户端工具，在安装完 Oracle 数据库后即可使用，它在操作 Oracle 数据库的过程中经常使用。

1.3.1　SQL*PLUS 的作用

SQL*PLUS 的主要作用是为用户提供一个对数据库操作、执行 SQL 语句的工具，它既可以在 Windows 系统上使用，也可以在 Linux 系统上使用。主要的功能有：

① 数据库维护。

② 执行 SQL 语句及脚本。

③ 数据的导入/导出。

④ 生成新的 SQL 脚本。

⑤ 提供应用程序调用。

1.3.2　启动和退出 SQL*PLUS

在 Linux 下，启动 SQL*PLUS 的方式有很多种，下面依次介绍。在启动 SQL*PLUS 之前，首先必须要以 oracle 用户（它是 Linux 系统的一个用户，注意该用户名全为小写）进入系统，切换的方式之一就是在 Linux 下执行 "su – oracle" 命令，这个命令中的 "–"（注意：是横杠而不是下画线）很重要，它表示切换到 oracle 用户时，要执行脚本文件：/home/oracle/.bash_profile，该文件保存了启动 Oracle 数据库的两个重要的环境变量：ORACLE_SID 和 ORACLE_HOME。

1. SQL*PLUS 的启动方式一

在切换到 oracle 用户后，可以输入 sqlplus /nolog 后（注意：sqlplus 与 "/" 之间有空格，而 "/" 与 nolog 之间没有空格，若它们之间有空格，则会报错，且无法进入 SQL*PLUS 的操作界面），直接进入 SQL*PLUS 的操作界面。例如：

```
[oracle@DevServer ~]$ sqlplus /nolog
SQL*Plus: Release 10.2.0.1.0 - Production on Wed Sep 7 14:13:39 2011
Copyright (c) 1982, 2005, Oracle.  All rights reserved.
SQL>
```

这种方式启动 SQL*PLUS 后，SQL*PLUS 不会连接到 Oracle 数据库上，上面出现的 "SQL>" 为 SQL*PLUS 的默认提示符。Linux 下 SQL*PLUS 的操作界面为命令行方式，这种方式操作简洁、高效，但对初学者来说比较困难一些。另外，由于 Linux 下的 oracle 用户是普通用户，因此，当切换到 oracle 用户时，Linux 的提示符为 "$"，如果是 Linux 的超级用户（如 root），则提示符为 "#"。所以，可通过 Linux 的提示符判断是否切换到 oracle 用户。若没有成功切换到 oracle 用户，则无法启动 SQL*PLUS。

2. SQL*PLUS 的启动方式二

启动 SQL*PLUS 的第二种方式为直接输入 "sqlplus"，然后按【Enter】键。例如：

```
[oracle@DevServer ~]$ sqlplus
SQL*Plus: Release 10.2.0.1.0 - Production on Wed Sep 7 14:28:15 2011
Copyright (c) 1982, 2005, Oracle.  All rights reserved.
Enter user-name: scott
Enter password:
Connected to:
Oracle Database 10g Enterprise Edition Release 10.2.0.1.0 - Production
With the Partitioning, OLAP and Data Mining options
SQL>
```

　　这种方式启动 SQL*PLUS 会直接连接到 Oracle 数据库，因此需要输入 Oracle 的用户名（注意与 Linux 用户不一样）和相应的密码。在本例中，输入的 Oracle 数据库用户为"scott"，其密码为"abc123"，不同的 Oracle 数据库其密码不一样。如果输入的 Oracle 数据库用户和密码正确，则会进入 SQL*PLUS 的界面，即会看到提示符"SQL>"。这种启动方式会连接 Oracle 数据库。

　　与这种方式等价的方式是输入"sqlplus scott/abc123"。其中，scott 为 Oracle 数据库用户，其相应密码为 abc123。例如：

```
[oracle@DevServer ~]$ sqlplus scott/abc123
SQL*Plus: Release 10.2.0.1.0 - Production on Wed Sep 7 15:07:32 2011
Copyright (c) 1982, 2005, Oracle. All rights reserved.
Connected to:
Oracle Database 10g Enterprise Edition Release 10.2.0.1.0 - Production
With the Partitioning, OLAP and Data Mining options
SQL>
```

　　上面的命令中，sqlplus 与 scott 之间有空格，scott 与"/"以及"/"与 abc123 之间没有空格。这种启动方式也会连接 Oracle 数据库，用户可以通过 SQL 命令来操作数据库。

　　在成功连接到 Oracle 数据库后，用户可通过 SQL*PLUS 命令"show user"显示当前用户的名称。例如：

```
SQL> show user
USER is "SCOTT"
SQL>
```

3．SQL*PLUS 的启动方式三

　　启动 SQL*PLUS 的第三种方式可输入"sqlplus / as sysdba"，然后按【Enter】键。

```
[oracle@DevServer ~]$ sqlplus / as sysdba
SQL*Plus: Release 10.2.0.1.0 - Production on Wed Sep 7 15:17:43 2011
Copyright (c) 1982, 2005, Oracle. All rights reserved.
Connected to:
Oracle Database 10g Enterprise Edition Release 10.2.0.1.0 - Production
With the Partitioning, OLAP and Data Mining options
SQL>
```

　　需要注意的是，在"/"与 as 之间有空格，否则，系统报错，无法进入 SQL*PLUS。这种方式是以 Oracle 数据库的管理员进入 SQL*PLUS，但并没有连接到 Oracle 数据库上。这种启动方式常用来启动 Oracle 数据库。该方式虽以 Oracle 数据库的管理员进入 SQL*PLUS，但并不需要密码，因为它只能在 Oracle 数据库服务器上使用，其安全认证由 Linux 服务器完成。可用 show user 来查看这种方式下的用户。例如：

```
SQL> show user
USER is "SYS"
SQL>
```

　　从显示结果可以看出，当前的用户为 sys，该用户是 Oracle 数据库的管理员之一。用此用户连接到 Oracle 数据库时，必须要加 as sysdba 选项。

　　这种方式的另一种等价方式如下：

```
[oracle@DevServer ~]$ sqlplus sys/ as sysdba
SQL*Plus: Release 10.2.0.1.0 - Production on Wed Sep 7 15:28:01 2011
Copyright (c) 1982, 2005, Oracle. All rights reserved.
Enter password:
```

```
Connected to:
Oracle Database 10g Enterprise Edition Release 10.2.0.1.0 - Production
With the Partitioning, OLAP and Data Mining options
SQL>
```

需要注意的是，这种方式在 "/" 与 as 之间必须有空格。"/" 后面可跟 sys 的密码，如果没有写，SQL*PLUS 会提示用户输入密码，在这里可随便输入任意的字符或直接按【Enter】键都可以进入 SQL*PLUS 环境，因为当 sys 用户后面加 as sysdba 来启动 SQL*PLUS 时，SQL*PLUS 不会检查该用户密码。但后面的 "as sysdba" 不能少，否则报错。

以上三种是最基本的 SQL*PLUS 启动方式，后面还会讲到其他的启动方式。

4. SQL*PLUS 的退出

退出 SQL*PLUS 很简单，只需要输入 "exit" 或 "quit" 命令，就可退出 SQL*PLUS。例如：

```
SQL> quit
Disconnected from Oracle Database 10g Enterprise Edition Release 10.2.0.1.0
- Production
With the Partitioning, OLAP and Data Mining options
[oracle@DevServer ~]$
```

1.3.3　在 SQL*PLUS 中执行 SQL 语句

在 SQL*PLUS 中执行 SQL 语句时，必须要先通过 SQL*PLUS 连接到 Oracle 数据库上。在本节中所使用的 Oracle 数据库用户为 scott，其密码为 abc123（注意：不同数据库，此密码可能不一样）。在启动 SQL*PLUS 时可通过 "sqlplus scott/abc123" 连接到 Oracle 数据库，也可先通过 "sqlplus /nolog"（注意："/" 与 nolog 之间没有空格）启动 SQL*PLUS，然后用 SQL*PLUS 的命令 connect 连接到数据库上。具体操作如下：

```
[oracle@DevServer ~]$ sqlplus /nolog
SQL> connect scott/abc123
Connected.
SQL> show user
USER is "SCOTT"
SQL>
```

connect 命令可以简写为 conn。connect 命令后面紧跟用户名和密码。当连接数据库成功后，会显示 "Connected." 提示符，通过 show user 命令可看到当前登录到 Oracle 数据库的用户为 "SCOTT"。下面将以 scott 用户来执行 sql 语句。

1. 直接执行 SQL 语句

在 SQL*PLUS 中，输入完 SQL 语句之后，可通过 ";" 或 "/" 来执行。例如：

```
SQL> select * from dept;
    DEPTNO     DNAME              LOC
    ---------  --------------     --------------
    10         accounting         NEW YORK
    20         RESEARCH           DALLAS
    30         SALES              CHICAGO
    40         OPERATIONS         BOSTON
SQL>
```

输入的 SQL 语句为：select * from dept，在这个 SQL 语句后面，有一个分号（;），它表示将前面的 SQL 语句交给 Oracle 数据库执行，Oracle 数据库在执行完后，将结果（总共有 4 行）

返回给 SQL*PLUS 并显示。也可用"/"来执行 SQL，但必须要另起新行来输入"/"并按【Enter】键才能执行 SQL 语句。例如：

```
SQL> select * from dept
  2  /
```

从上面这个例子可以看出，在输完 SQL 语句之后，按【Enter】键，这时光标会跳转到新行，然后输入"/"后按【Enter】键，就可以执行输入的 SQL 语句。

2. 通过加载磁盘文件来批量执行 SQL 语句

在实际应用中，经常将多条 SQL 语句放在一个磁盘文件中，然后通过加载该文件并执行。例如，创建一个表，并向该表中插入多条记录。在这种情况下，可将创建表和向表插入记录的 SQL 语句放入一个文件，然后通过 SQL*PLUS 加载并多次执行此文件。通过 vi 编辑器，在 /home/oracle 目录下创建一个名为 mytest.sql 的文件，在此文件中输入如下内容：

```
drop table t
/
create table t (c1 int primary key)
/
insert into t values(1)
/
insert into t values(2)
/
commit;
```

然后，启动 SQL*PLUS，并以 scott 用户连接到 Oracle 数据库中，执行如下命令：

```
SQL> @/home/oracle/mytest.sql
```

这里的"@"为 SQL*PLUS 的命令，它的作用是：将磁盘文件 mytest.sql 加载到内存中，依次执行里面的 SQL 语句，保存在磁盘文件中的每个 SQL 语句结束后下一行必须是"/"，它的作用是执行上面的那条 SQL 语句。注意："/"必须单独占一行，而且在这种情况下，可用";"来代替"/"执行 SQL 语句，";"可以紧接每条 SQL 语句的后面，也可单独占一行。另外，如果加载文件的扩展名为"sql"，则在输入文件名时，可以省略扩展名，例如，上面那个例子写为"@/home/oracle/mytest"也可以。

另外，SQL*PLUS 的 start 命令也可以用来加载并执行磁盘文件里的 SQL 语句。例如：

```
SQL> start /home/oracle/mytest.sql
```

上面这条语句也可写成"start /home/oracle/mytest"。注意，在"start"与第一个"/"之间要有一个空格。

1.3.4　SQL*PLUS 的缓冲区操作

SQL*PLUS 将最近被执行的 SQL 语句（不管是否执行成功）放入缓冲区中。如果一次执行多条 SQL 语句，也只有最后那条语句能被放到缓冲区中，以前的 SQL 语句会被覆盖。缓冲区的 SQL 语句用户可以进行修改，下面介绍具体的修改命令。

1. 查看缓冲区的内容

命令"list"（可以简写成"l"，即取 list 的第一个字母）显示当前缓冲区的内容。例如：

```
SQL> list
  1* select * from dept
```

上面的例子中，通过"list"命令查看 SQL*PLUS 缓冲区的内容，可看到当前缓冲区中只有一条 SQL 语句。也可用简化的命令"l"（小写字母 l）查看缓冲区的内容，其结果一样。

"list"命令还可通过指定参数来显示某一范围的行。指定参数"*"表示缓冲区的当前行；"last"参数表示最后一行；若要显示缓冲区的第 3 行～第 5 行的内容，可以用命令"l 3 5"。下面通过例子说明这些参数的用法。

首先，通过 l 查看缓冲区的内容。

```
SQL> l
  1  select *
  2  from
  3* dept
```

当前缓冲区有三行，在显示时，行号都显示在最左边，若行号后面有一个"*"，则表示该行为当前行，在这个例子中，当前行为第 3 行。若要显示第 2 行至第 3 行的内容，可用如下命令：

```
SQL> l 2 3
  2  from
  3* dept
```

也可以只显示第一行的内容。例如：

```
SQL> l 1
  1* select *
```

此时，当前行为第一行。也就是说，可通过"list"命令改变当前行。也可用"l *"和"l last"分别来显示当前行和最后一行的内容。

2. 向缓冲区插入内容

可用命令"input"（可以简写成"i"，即取 input 的第一个字母）和"append"（可以简写成"a"，即取 append 的第一个字母）向缓冲区中插入新行。其中，"input" 命令是在当前行的下面增加一行或多行内容；"append"命令是在当前行的后面增加内容，它不会将输入的内容作为新行。下面举例说明这两个命令的用法。

假设缓冲区的内容为：

```
SQL> l
  1  select *
  2  from
  3* where deptno=10
```

现在需要在第 2 行后面增加表名"dept"，可用下面的方法。

```
SQL> 2
  2* from
SQL> i dept
SQL> l
  1  select *
  2  from
  3  dept
  4* where deptno=10
```

在这个例子中，首先通过输入数字 2，然后按【Enter】键将第 2 行设置为当前行（相当于执行"l 2"），SQL*PLUS 显示为"2* from"，其中，数字 2 表示第 2 行，紧接着的"*"表示该行为当前行。命令"i dept"表示将 dept 插入到当前行（第 2 行）的下一行（第 3 行），然后通过命令"list"可以看到当前缓冲区，确实增加了一行。下面要在最后一行增加"and deptno=30"，可以采用如下方式：

```
SQL> l last
  4* where deptno=10
```

```
SQL> a  and deptno=30
  4* where deptno=10 and deptno=30
SQL> l
  1  select *
  2  from
  3  dept
  4* where deptno=10 and deptno=30
```

命令"l last"将最后一行设为当前行,然后执行"a and deptno=30",将字符串"and deptno=30"加到最后一行后面(注意:并不是将该字符串放到新行中),最后通过命令"l"查看缓冲区的内容,可看到最后一行增加了新的字符串。

3. 替换或删除缓冲区的内容

命令"change"(可以简写成"c",即取 change 的第一个字母)是替换当前行的内容。其使用格式为"c/str1/str2",即将当前行中第一次出现"str1"的地方替换为"str2"。

```
SQL> l last
  4* where deptno=10 and deptno=30
SQL> c/and/or
  4* where deptno=10 or deptno=30
```

命令"l last"将最后一行设为当前行,然后将该行的"and"通过"c"命令替换成"or"。

命令"del"的作用是删除缓冲区中的行。例如:删除缓冲区第三行可执行"del 3";删除缓冲区当前行可执行"del *";删除缓冲区的第 3 行至第 5 行可执行"del 3 5"。具体的操作留给读者自己验证。

4. 保存缓冲区内容到磁盘上和加载磁盘文件到缓冲区

命令"save"(可以简写成"sav",即取 save 的前三个字母)可将当前缓冲区内容保存到磁盘。若要将当前缓冲区的内容保存到"/tmp/buf.txt",可执行"sav /tmp/buf.txt"。具体操作如下:

```
SQL> sav /tmp/buf.txt
Created file /tmp/buf.txt
SQL> !ls /tmp/buf.txt -l
-rw-r--r-- 1 oracle oinstall 31 Sep 8 01:00 /tmp/buf.txt
```

先用 save 命令将缓冲区内容保存到"/tmp/buf.txt",然后在 SQL*PLUS 中执行 Linux 命令查看该文件是否存在。读者可进一步通过 Linux 的 cat 命令查看此文件内容是否与缓冲区内容一致。

命令"get"可将磁盘文件加载到缓冲区,但不执行文件内容,加载完成后,缓冲区原有的内容会被覆盖。例如:

```
SQL> get /tmp/buf.txt
  1  select *
  2  from
  3  dept
  4* where deptno=10 or deptno=30
```

若要执行这些缓冲区的内容,可运行命令"r"或命令"/"。注意:命令"@"和"start"都是加载磁盘文件到缓冲区中,并立即执行这些内容。

5. 用 Linux 的编辑工具来修改缓冲区内容

命令"edit"(可简写成"ed",即取 edit 的前两个字母)可调用 Linux 的编辑器来修改缓冲区内容。在默认情况下,直接输入"edit",然后按【Enter】键,会调用 Linux 的 ed 编辑器来编辑缓冲区的内容。例如:

```
SQL> edit
Wrote file afiedt.buf
52
```

当执行 SQL*PLUS 的命令"edit"后,就会启动 Linux 的 ed 编辑器来编辑缓冲区内容。上面的 52 是 ed 编辑器返回当前缓冲区的字节数。接下来可使用 ed 编辑器修改缓冲区内容,然后回到命令状态,通过"q"命令返回到 SQL*PLUS 环境中。

若想用其他的编辑器来修改缓冲区内容,可以先定义编辑器的名称,然后执行命令"edit"即可。例如:

```
SQL> define _editor=vi
SQL> edit
```

其中,_editor 为 SQL*PLUS 的变量,当用户执行命令"edit"时,就会启动该变量所指向的编辑器。在这个例子中,变量_editor 的值为 vi,则当用户执行命令"edit"时,就会启动 vi 编辑器来修改缓冲区内容。这里需要注意,当退出 SQL*PLUS 时,变量_editor 的值恢复成默认值。为了在每次启动 SQL*PLUS 时,变量_editor 的值都为 vi,可在 SQL*PLUS 的参数文件 glogin.sql 增加一个定义:define _editor=vi。SQL*PLUS 每次启动,都会将参数文件 glogin.sql 的内容执行一遍,因此,每次启动 SQL*PLUS 后,变量_editor 的值都为 vi。参数文件 glogin.sql 在目录"$ORACLE_HOME/sqlplus/admin/"下,这里是$ORACLE_HOME 为 Linux 系统环境变量,它的值可通过执行"echo $ORACLE_HOME"来查看。要想对 SQL*PLUS 其他变量的修改永久有效,必须要将这些修改写到 glogin.sql 文件中。

1.3.5 SQL*PLUS 的变量

可以通过设置 SQL*PLUS 的变量来满足各种使用的需要。常见的变量有:

(1)设置 SQL*PLUS 每次从服务器获取的数据记录数

```
ARRAYSIZE {n}
```

(2)设置提交事务的模式

```
AUTOCOMMIT {OFF|ON|IMMEDIATE|n}
```
OFF: 禁止自动提交;

ON: 成功执行 INSERT、UPDATE、DELETE 或 PL/SQL 块后自动提交;

IMMEDIATE: 作用同 ON;

n: 每执行成功 n 个 INSERT、UPDATE、DELETE 语句等后自动提交。

(3)定义转义字符

```
ESCAPE {c|OFF|ON}
```

SQL*PLUS 的系统变量很多,建议读者可以通过查询 Oracle 官方提供的资料获取更多详细的系统变量及其使用方法。

1.3.6 spool 命令

spool 命令是 SQL*PLUS 提供的一个数据导出命令,它可将 SQL*PLUS 在屏幕上显示的内容全部保存到一个指定的文件中。

命令"spool file1"可将 SQL*PLUS 在屏幕上显示的内容全部输入到文件 file1 中。例如:

```
SQL> spool /tmp/file.txt
SQL> select * from emp;
14 rows selected.
...
```

```
SQL> select * from dept;
...
SQL> spool off
SQL> !ls /tmp/file.txt -l
-rw-r--r-- 1 oracle oinstall 5599 Sep  8 07:16 /tmp/file.txt
SQL> !vi /tmp/file.txt
```

上面这个例子先执行 "spool /tmp/file.txt" 命令，其作用是将在屏幕上显示的内容全部保存到 "/tmp/file.txt" 中，接着执行两条查询语句，由于篇幅原因，将查询结果省掉，再执行 "spool off" 命令停止向文件中输出（这一步必须要执行，否则文件内容为空）内容。接下来通过执行 Linux 的 "ls" 命令，查看 file.txt 文件已经被创建，再执行 vi 打开此文件，就可看到这个文件的内容，同刚才屏幕上显示的内容（查询语句及结果）完全一样。

命令 "spool file1 append" 和 "spool file1 replace" 分别表示向文件 file1 追加内容和用新内容替换原来的内容。

1.3.7　SQL*PLUS 的其他常用命令

1. describe 命令

命令 "describe"（简写成 "desc"，即取 describe 的前四个字母）用来查看表、视图、存储过程、函数的列定义。例如，通过命令 "desc" 将表 dept 的所有列及相应类型都显示出来。

2. set 命令

命令 "set" 用于设置 SQL*PLUS 的系统变量的值。下面介绍通过命令 set 设置几个最常用的系统变量。

（1）AutoTrace 系统变量

AutoTrace 是一个重要的 SQL*PLUS 工具，它主要用于分析 SQL 的执行计划和执行效率，也可用它来自动跟踪 SQL 查询计划的生成过程并提供与该语句有关的统计信息。使用 AutoTrace 不会产生跟踪文件。利用 AutoTrace 工具提供的 SQL 执行计划和执行状态可以为优化 SQL 提供依据。其用法为：set AutoTrace　[选项]，也可简写为：set AutoT [选项]。下面通过例子来说明每个选项的作用。

- 命令 "set AutoTrace off" 可以停止 AutoTrace，即不对执行的 SQL 语句进行跟踪。
- 命令 "set AutoTrace on" 可以开启 AutoTrace，显示 SQL 语句执行信息和 SQL 语句的执行结果。
- 命令 "set AutoTrace traceonly" 可开启 AutoTrace，仅显示 AutoTrace 信息，不显示 SQL 语句的执行结果。
- 命令 "set AutoTrace on explain" 可以开启 AutoTrace，仅显示 AutoTrace 的查询计划信息。
- 命令 "set AutoTrace on statistics" 可以开启 AutoTrace，仅显示 SQL 语句执行过程的统计信息。

通过 "set AutoTrace on" 打开 "自动跟踪"，然后执行查询，其返回的结果分为三部分：查询结果、查询计划（Execution Plan）、查询的统计信息（Statistics）。下面仅对统计信息中的一些选项进行解释：

- physical reads（物理读）的含义为：执行 SQL 过程中从硬盘上读取的数据块个数。
- redo size（重做数）的含义为：执行 SQL 的过程中，产生的重做日志的大小。
- bytes set via sql*net to client 的含义为：通过 sql*net 发送给客户端的字节数。
- bytes received via sql*net from client 的含义为：通过 sql*net 接收客户端的字节数。
- sorts(memory)的含义为：在内存中发生的排序次数。

- sorts(disk)的含义为：在硬盘上的排序次数（由于查询的行数较多，无法在内存中完成排序，只有借助磁盘空间来排序）。
- rows processed 的含义为：返回结果有多少条记录。

在后面的章节中，会更加深入地来解释这些选项的物理含义。对于查询计划，是 Oracle 数据库优化的重要内容，不在本书的讨论范围。

（2）PageSize 和 LineSize 系统变量

SQL*PLUS 变量 PageSize 用来设置一页显示多少行，而变量 LineSize 用来设置 SQL*PLUS 的一行的字符数。例如：在执行查询 "select * from emp" 时，返回的一行结果在屏幕上占两行位置，但执行下面的操作后，返回的结果看起来就比较整齐。

```
SQL> set pagesize 10000
SQL> set linesize 10000
SQL>select * from emp;
EMPNO     ENAME     JOB        MGR     HIREDATE     SAL     COMM    DEPTNO
-----     -----     -----      -----   -----        -----   -----   ------
7369      SMITH     CLERK      7902    17-DEC-80    800             20
7499      ALLEN     SALESMAN   7698    20-FEB-81    1600    300     30
                                    .............................................
7902      FORD      ANALYST    7566    03-DEC-81    3000            20
7934      MILLER    computer   7782    23-JAN-82    2901            10
14 rows selected.
```

（3）timing 系统变量

变量 timing 可用于显示 SQL 语句的执行时间。例如：

```
SQL> set timing on
SQL> select * from emp;
.........................................
14 rows selected.
Elapsed: 00:00:00.01
```

由于篇幅有限，将查询结果省去部分。从上面的结果可以看出，查询语句的执行时间被显示在最后一行。可以通过 "set timing off" 关闭显示查询时间。

（4）ServerOutPut 系统变量

变量 ServerOutPut 用于指定系统存储过程 DBMS_OUTPUT.PUT_LINE 输出的内容是否可在屏幕上显示。如果执行 "set ServerOutPut on" 则表示 DBMS_OUTPUT.PUT_LINE 输出的内容可以在屏幕上显示，否则，不能在屏幕上显示。

小　　结

本章首先介绍了操作 Oracle 数据库所需的 Linux 命令，这些命令是学习 Oracle 数据库的基础。vi 编辑器在编辑 SQL 语句时经常用到，但要用好 vi 编辑器，必须对 ed 编辑器的基本原理和操作非常熟悉。

接下来介绍了操作 Oracle 的客户端软件 SQL*PLUS。该软件十分复杂，本章只对其基本功能做了介绍，更多的功能可参考 SQL*PLUS 的官方帮助文档。SQL*PLUS 只能修改当前缓冲区中的 SQL 语句，不能对以前的 SQL 进行修改，这会让初学者很不习惯，但该问题可通过将一些复杂、重要的 SQL 语句保存到不同的磁盘文件来解决。另外，还可用工具 rlwrap 来解决这个问题。目前 rlwrap 支持各种主流的操作系统平台（包括 Linux）。Linux 平台的 rlwrap 可在 http://utopia. knoware.n1/　~ hlub/uck/rlwrap/rlwrap-0.37.tar.gz 网址下载。

习　题

1. 用于删除目录的命令有哪些？请举例说明。

2. 如何用 mkdir 创建多级目录？请举例说明。

3. 命令 su 的缺点是什么？有其他命令可代替 su 吗？请举例说明。

4. 如何定义 Shell 变量？如何给 Shell 变量赋值？如何显示 Shell 变量的值？请举例说明。

5. 请列举 ed 编辑器显示文件内容的 3 种不同方法。

6. 请列举 ed 编辑器查找和替换文件内容的 3 种不同方法。

7. vi 编辑器的启动方式有哪些？请举例说明。

8. 由 vi 编辑器的命令模式切换到输入模式的方法有哪些？

9. 如何在 vi 编辑器的文本内移动？

10. 如何在 vi 编辑器中删除文件内容？

11. 如何在 vi 编辑器中复制和粘贴文件内容？

12. 比较 info 命令与 man 命令的区别。

13. SQL*PLUS 的主要功能有哪些？

14. 启动 SQL*PLUS 的方式有几种？请举例说明每种启动方式。

15. 在 SQL*PLUS 中执行 SQL 的方法有几种？请举例说明每种方法。

16. 如何删除 SQL*PLUS 缓冲区中的第 3 行～第 5 行？如何删除 SQL*PLUS 缓冲区中的最后一行？请举例说明。

第2章

Oracle数据库的体系结构

身体是基础，但离不开灵魂给予其灵性。物质虽重要，却离不开创造力赋予其生命。数据库文件与其逻辑结构也是这种关系。

本章主要内容：

- Oracle 数据库的启动和关闭；
- Oracle 数据库的存储层次；
- Oracle 数据库的网络服务。

本章将介绍：Oracle 数据库的启动和关闭过程；相关的参数文件的作用和配置过程；Oracle 数据库存储的逻辑结构；客户端连接 Oracle 数据库服务器的配置方法和相关的参数文件。这些内容对于理解 Oracle 数据库的体系结构起着重要作用。

本章重点要求掌握：

- Oracle 数据库启动和关闭的三个状态；
- Oracle 数据库启动过程需要的参数文件；
- Oracle 数据库的表空间、段、区段、数据块的基本概念；
- Oracle 数据库的客户端配置文件；
- Oracle 监听器的注册原理。

2.1 Oracle 的启动与关闭

Oracle 数据库主要由两部分组成：实例（instance）和数据库（database）。实例是指一组后台进程（在 UNIX 环境或 Linux 环境）或一组线程（在 Windows 环境）以及一片内存区域。数据库是指操作系统文件（包括数据文件、临时文件、重做日志文件和控制文件）的集合。

实例和数据库之间的关系是：实例可以在任何时间加载并打开一个数据库。在一般情况下，一个实例只能操作一个数据库。但在 Oracle 实时应用集群（real application clusters，RAC）环境中，允许集群中多台计算机上的实例同时加载并打开一个数据库（位于一组共享物理磁盘上）。Oracle 数据库的 RAC 能支持高度可用系统，可用于构建伸缩性极好的应用项目。

为了很好地理解 Oracle 数据库的实例与数据库之间的关系，必须先从 Oracle 数据库的启动开始讲起。

2.1.1　Oracle 数据库的启动

启动 Oracle 数据库的用户必须具有 sysdba 或 sysoper 权限，即用户在进入 SQL*PLUS 环境时，必须加 "as sysdba"，然后用户输入 SQL*PLUS 命令 "startup" 就可以启动 Oracle 数据库。在输入 "startup" 命令后，Oracle 数据库需要执行一系列的复杂操作才能启动数据库，深入理解这些操作不仅有助于了解 Oracle 数据库的运行机制，还可在 Oracle 数据库出现故障时快速定位到问题的根源。用命令 "startup" 启动 Oracle 数据库的过程如下：

```
[root@DevServer ~]# su - oracle
[oracle@DevServer ~]$ sqlplus / as sysdba
SQL*Plus: Release 10.2.0.1.0 - Production on Thu Sep 8 10:26:48 2011
Copyright (c) 1982, 2005, Oracle.  All rights reserved.
Connected to an idle instance.
SQL> startup
Oracle instance started.
Total System Global Area     285212672 bytes
Fixed Size                     1218992 bytes
Variable Size                125830736 bytes
Database Buffers             155189248 bytes
Redo Buffers                   2973696 bytes
Database mounted.
Database opened.
SQL>
```

这个过程的第一步是在 Linux 环境中执行中 sqlplus 命令，后面的 "as sysdba" 表示以 "sysdba" 权限进入 SQL*PLUS 的环境。注意：启动 Oracle 数据库的用户必须要有 sysdba 或 sysoper 权限，另外，在 "as" 前面有一个空格。

然后在 SQL*PLUS 环境中输入命令 "startup" 并按【Enter】键，会看到一条消息 "Connected to an idle instance"，它表示当前 Oracle 数据库还没启动。如果看到下面的消息，则表示 Oracle 数据库已经启动。

```
Connected to:
Oracle Database 10g Enterprise Edition Release 10.2.0.1.0 - Production With
the Partitioning, OLAP and Data Mining options
```

这时如果再输入 "startup" 命令会报错。错误信息如下：

```
SQL> startup
ORA-01081: cannot start already-running Oracle - shut it down first
```

通过命令 "startup" 启动数据库主要包含 3 个状态：即 NOMOUNT 状态、MOUNT 状态和 OPEN 状态。

在经历这三个状态后，Oracle 数据库就准备就绪，可供用户操作。下面对启动到这三种状态及相关的参数文件做详细介绍。

1. 启动数据库到 NOMOUNT 状态

数据库启动到 NOMOUNT 状态又称启动实例，后面为了叙述简单，简称该阶段为 "启动实例"。其主要完成如下任务：

① 搜索启动需要的参数文件。根据 Linux 的环境变量$ORACLE_SID 的值，在$ORACLE_HOME/dbs 目录下搜索启动所需的参数文件，参数文件搜索的顺序为先搜索参数 spfile$ORACLE_SID.ora；若没有，再搜索参数文件 spfile.ora；若没有，再搜索 init$ORACLE_SID.ora，若这三个文件都搜不到，启动失败并报错。

② 分配内存。根据参数文件中内存的配置情况来为 Oracle 数据库分配内存。

③ 启动进程。启动操作 Oracle 数据库的相关进程（但并不涉及 Oracle 数据库在运行过程中的所有进程）。

④ 修改日志文件。在这个阶段主要向 alter $ORACLE_SID.log 日志文件写入启动信息以及相关的跟踪文件。注意，$ORACLE_SID 表示取环境变量 ORACLE_SID 的值。以下不再对这种引用方式进行说明。

启动实例的具体方法如下：

```
[oracle@DevServer ~]$ sqlplus / as sysdba
SQL> startup nomount
Oracle instance started.
Total System Global Area    285212672 bytes
Fixed Size                    1218992 bytes
Variable Size               130025040 bytes
Database Buffers            150994944 bytes
Redo Buffers                  2973696 bytes
```

1）搜索参数文件

每个 Oracle 数据库实例都有一个称为 ORACLE_SID 的编号，它是 Oracle System Identifier 的缩写。在 Linux 环境中，ORACLE_SID 的值保存在环境变量$ORACLE_SID 中。该变量是在 Oracle 数据库安装过程中创建，并赋值。它对启动 Oracle 数据库非重要。在启动实例之前，需查看该变量的值。具体操作方法为：

```
[oracle@DevServer ~]$ echo $ORACLE_SID
orcl
```

如果该变量的值为空，则说明没有执行命令"su – oracle"或当前机器上根本没有安装 Oracle 数据库。当 Oracle 数据库实例启动时，Linux 操作系统会通过 fork()函数创建进程，这些进程名中有一部分就是 ORACLE_SID 的值。

为了查看启动当前实例所需参数文件，可执行 SQL*PLUS 命令 "show parameter spfile"，具体操作如下：

```
SQL> show parameter spfile
NAME      TYPE      VALUE
------    ------    -----------------------------------------------------
Spfile    string    ora10/app/oracle/product/10.2.0.1/dbs/spfileorcl.ora
```

这说明启动实例所依靠的参数文件为 "/ora10/app/oracle/product/10.2.0.1/dbs/spfileorcl.ora"。

该参数文件中的许多参数都非常重要。在介绍参数文件前，先对几个常用参数进行介绍。

在 Oracle 数据库中，所谓参数是指键/值对。例如，有一个参数叫 db_name（它又称键），其对应的值 ora10g，称为参数的值。要得到参数当前值，可以查询动态视图 v$parameter。也可用 SQL*PLUS 命令 "show parameter" 来查看，这两个命令能成功执行的条件是必须将 Oracle 数据库启动到 NOMOUNT 状态。例如：

```
SQL> select value from v$parameter where name='db_name'
VALUE
-------
orcl
```

也可通过命令 "show parameter" 来查看。例如：

```
SQL> show parameter db_name
NAME                    TYPE            VALUE
```

```
----------------   ----------   -------------
db_name            string       orcl
```

命令"show parameter"后面的参数名不必写完整，例如：

```
SQL> show parameter db_
NAME                TYPE         VALUE
----------------    ----------   -------
db_16k_cache_size   big integer  0
db_2k_cache_size    big integer  0
db_32k_cache_size   big integer  0
db_4k_cache_size    big integer  0
..............省略..............
```

由于这样查询出来的内容较多，省略了其中很大部分。

不管采用哪种方式，所得到信息都差不多，不过从 v$parameter 可得到更多信息。在通常情况下，会使用命令"show parameter"，因为它相对来说比较简单。若用户为普通用户，无法查看动态视图（以 v$开头的视图），也就无法使用命令"show parameter"。例如，以 scott 用户执行命令"show parameter"就会收到一条错误信息："ORA-00942: table or view does not exist"。不同的 Oracle 数据库版本其参数个数不同。

下面介绍启动实例所需要参数文件。

Oracle 数据库的参数文件是指包含一系列参数和相应值（参数值）的文件。启动实例所需要参数文件可以分为两类：

① 初始参数文件（initialization parameter files，PFile）。在 Oracle 9i 之前，Oracle 数据库一直采用这种参数文件。这种参数文件为文本文件，需要修改参数值时，只能通过文本编辑器打开，手动修改后保存。这些修改的值只有在下次数据库重启时才能生效。初始化参数文件放在 $ORACLE_HOME/dbs 目录下，其命名规则为：init$ORACLE_SID.ora。

② 服务器参数文件（server parameter files，SPFile）。从 Oracle 9i 开始，Oracle 数据库引入服务器参数文件，它是二进制文件，不能通过手工修改，只能通过 SQL 语句修改其内容。服务器参数文件存放在 $ORACLE_HOME/dbs 目录下，其命名规则为：spfile$ORACLE_SID.ora。

 注 意

　　这里的 $ORACLE_HOME 和 $ORACLE_SID 都是 Linux 的环境变量。在安装 Oracle 数据库时，会创建这些变量并对其赋值。

通过下面的命令查看这两个文件的文件属性。

```
[oracle@DevServer ~]$ file $ORACLE_HOME/dbs/init$ORACLE_SID.ora
/ora10/app/oracle/product/10.2.0.1/dbs/initorcl.ora: ASCII text
[oracle@DevServer ~]$ file $ORACLE_HOME/dbs/spfile$ORACLE_SID.ora
/ora10/app/oracle/product/10.2.0.1/dbs/spfileorcl.ora: data
```

引入服务器参数文件可以解决如下问题（为了叙述方便，下面将服务器参数文件简称为 SPFile）：

① 可维持参数文件版本的唯一性。SPFile 始终存放在数据库服务器上，不能放在客户端上，这样便于保持版本的一致性。

② 文件内容只能通过 SQL 语句进行修改。通过 SQL 语句"alter system"可以修改 SPFile 文件的内容，这样可避免直接修改文件而出错。例如，如果不小心写错了要修改的参数名或参数值，则 Oracle 数据库会报错，并修改不成功。若是直接修改文件内容，有可能修改错了参数

名或参数值，这种情况只有等到重启系统时才能被发现。

③ 修改参数后生效快。通过 SQL 语句"alter system"修改 SPFile 文件的参数值之后，可以立即生效，不用重启数据库，这对实际应用非常有帮助，因为一般的生产型数据库不会轻易重启数据库，若要重启，会花很多时间。当然，可为"alter system"语句指定选项，使对参数的修改在下次启动时生效。

对于 SPFile 文件，还引入了动态视图 v$spparameter。该视图记录了 SPFile 文件中的参数内容。可通过下面语句进行查询。

```
SQL> set pagesize 9999
SQL> set linesize 9999
SQL> col value format a50
SQL> col name format a30
SQL> col sid format a6
SQL>select sid, name, value from v$spparameter where value is not null;
SID          NAME                    VALUE
------       ------------            ---------
*            processes               150
*            timed_statistics        FALSE
..............................省略..............................
*            pga_aggregate_target    209715200
```

在上面的查询结果中，SID 列为"*"表示这些参数对 RAC 集群中的所有实例有效，如果出现的是某一个字符串，它表示 ORACLE_SID 的值，则表明该参数只对此 ORACLE_SID 对应的实例有效。

由于 SPFile 文件对 Oracle 数据库的启动非常重要，下面将详细介绍 SPFile 文件的重要操作。

（1）由初始化参数文件转换为 SPFile 文件

假设数据库遗留下初始化参数文件，则可将此文件转换为 SPFile 文件。具体转换由 SQL 命令"create spfile"来实现。

假设有一个名为 initoracle.ora 的初始化参数文件，该文件位于$ORACLE_HOME/dbs 目录。在转换之前，将 Oracle 数据库启动到实例状态。如果$ORACLE_HOME/dbs 目录下有 SPfile 文件，可将这些文件移动到其他目录，然后重启 Oracle 数据库到 NOMOUNT 状态，并执行"show parameter spfile"查看当前启动到实例阶段后是否读取了 SPFile 文件。具体操作为：

```
SQL> show parameter spfile
NAME      TYPE      VALUE
------    ------    ----------
Spfile    string
```

若列 VALUE 对应的值为空，则表明此次启动到实例状态没有读取 SPFile 文件（即读取服务器参数文件）。在执行 SQL 命令"create spfile"时，用户必须要有 sysdba 或 sysoper 权限，否则会报"ORA–01031:insufficient privileges"（如果用户拥有 DBA 角色，也不能执行该命令）。下面是将初始化参数文件转换成 SPFile 文件的具体操作：

```
SQL> conn / as sysoper;
Connected to an idle instance.
SQL> startup nomount
Oracle instance started.
SQL> create spfile from pfile;
File created
```

所创建的 SPFile 文件默认会放到目录$ORACLE_HOME/dbs 下。再次关闭数据库服务器并通过 sysdba 重启数据库到 NOMOUNT 状态，执行命令 "show parameter spfile"，会看到这次启动所使用的参数文件为 SPFile 文件。

 注 意

　　sysoper 权限能关闭和启动 Oracle 数据库，也可创建 SPFile 文件，但它不能做其他工作，比如查看动态视图（以 v$ 开头的视图），也不能执行命令 show parameter。

（2）修改 SPFile 文件的参数值

通过 SPFile 文件成功启动数据库后，可修改该文件的参数值。但由于 SPFile 文件为二进制文件，不能用文本编辑器进行修改，只有通过 SQL 命令 "alter system" 来修改。该命令的语法规则为：

```
alter system set 参数名=参数值
<comment='text'>
<deferred>
<scope=memory|spfile|both>
<sid='sid'|*>
```

默认情况下，通过 alter system 修改的参数值不仅会对当前运行的实例有效，而且也会将修改的值写到 SPFile 文件中。下面介绍此命令各个选项的作用。

① 选项 parameter=value 的作用是为参数设置新值。例如，pga_aggregate_target=1024m 会把参数 pga_aggregate_target 的值设置为 1 024 MB（1 GB）。若提供的参数名不存在（可能错误输入参数名），则会报错。

② 选项 comment='text' 的作用是为该参数增加注释。该注释会出现在 v$parameter 视图的 UPDATE_COMMENT 字段中。如果允许修改内容保存到 SPFile 中，注释也会写入 SPFile，而且重启 Oracle 数据库后，这些注释会被读到动态视图 v$parameter 中。

③ 选项 deferred 的作用是对参数的修改是否对新的会话有效。默认情况下，命令 alter system 会立即生效，但有些参数不能修改后 "立即生效"，只能在新建立的会话中生效。可使用下面的查询查看参数是否需要使用 deferred 选项：

```
SQL> select name from v$parameter where issys_modifiable='DEFERRED'
NAME
--------------------
backup_tape_io_slaves
audit_file_dest
object_cache_optimal_size
object_cache_max_size_percent
sort_area_size
sort_area_retained_size
olap_page_pool_size
```

从上面的查询结果可以看出，总共有 7 个参数在修改时需要用到 deferred 选项。若在修改这些参数时不指定 deferred 选项，系统会报错。以修改参数 sort_area_size 为例，执行下面语句时会报错：

```
SQL> alter system set sort_area_size = 65536
alter system set sort_area_size = 65536
ERROR at line 1:ORA-02096: specified initialization parameter is not
modifiable with this option
```

正确的执行方法应该是：

```
SQL> alter system set sort_area_size = 65536 deferred
System altered
```

④ 选项 scope=memory | spfile | both 的作用是指定修改参数的有效范围（又称作用域）。参数值被修改后，其作用范围可做以下选择：

- scope=memory 表明只在实例中有效；数据库重启后将不再有效。下一次重启数据库时，会用参数文件中相应参数的值。
- scope=spfile 表明修改会保存到 SPFile 中。数据库重启之前，这个修改不会生效。有些参数只能使用这个选项来修改，例如，processes 参数就必须使用 scope=spfile，因为无法修改活动实例的进程信息。
- scope=both 表明参数的修改在内存和 SPFile 都同时有效。修改会立即作用到当前实例中，下一次重启时，该修改也会生效。这是默认选项。若使用初始化参数文件，默认值则为 SCOPE=memory。

⑤ sid='sid | *' 主要用于集群环境；默认值为 sid='*'。这可为集群中任何给定实例唯一指定参数值。只有在使用 Oracle RAC 时才需要指定 sid=设置。

下面举两个例子来说明对这些选项的修改。

```
SQL> alter system set pga_aggregate_target=512m
System altered.
```

修改参数值后，最好的做法是在每次修改时加上注释。例如：

```
SQL>  alter system set pga_aggregate_target=1024m
  2  comment = 'changed 19-step-2013 as  recommendation from liubo'
  3  /
System altered.
```

再查看动态视图"v$parameter"时，就可看到修改后的值和注释。

```
SQL> col value format a10
SQL> col update_comment format a50
SQL> select value,update_comment from v$parameter where name='pga_aggregate_
target';
VALUE          UPDATE_COMMENT
----------     --------------------------------------------------
536870912      changed 19-step-2013 as  recommendation from liubo
```

（3）删除 SPFile 文件中的参数

可通过命令"alter system reset"取消对 SPFile 文件中的参数值的设定。此命令的格式为：

```
alter system reset parameter <scope=memory|spfile|both> sid='sid|*'
```

例如要取消对参数 sort_area_size 的设定，使其恢复到以前的值，则可执行下面的命令：

```
alter system reset sort_area_size scope=spfile
```

Oracle 11g 之前的版，在执行上面这条 SQL 语句时，还需添加"sid=*"选项，如果针对具体某个实例，可以指定"sid=具体的实例 sid"。

 注 意

> 该命令将参数从 SPFile 文件中删除后，下次 Oracle 数据库重启时，会使用该参数的默认值。

（4）将 SPFile 文件转换成初始化参数文件（PFile）

通过命令"create pfile"可将二进制的 SPFile 文件转换为成初始化参数文件（它是纯文本文件，在本书中，也简称这种文件为 PFile 文件）。可以用转换得到的初始化参数文件来启动数据库，也可用编辑器编辑此文件。要将 SPFile 文件转换成初始化参数文件有两个原因：

① 创建一个"一次性的"参数文件，通过对此文件进行一些特殊设置来维护数据库。具体操作过程为：通过执行 create pfile...from spfile 命令得到纯文本格式的初始化参数文件（即 PFile 文件），然后修改参数值。启动数据库时，可使用 PFile=<filename>选项来指定使用这个 PFile。在维护完成后，按正常流程启动数据库，这时又会使用 SPFile。

② 维护对参数修改的历史记录。许多 DBA 会在参数文件中加大量的注释，来记录每次修改的历史。例如，如果一年内修改缓冲区大小有 20 次，每次修改都会有相应的注释，但 SPFile 文件只能保存最近一次对参数修改的注释。因此，在每次修改参数前，可将当前的 SPFile 文件转换成初始化参数文件保存，然后再修改，这样每次修改参数的注释都得以保留，以备将来查看。

下面举例说明"create pfile"命令的用法。

首先，通过"create pfile"命令创建一个初始化参数文件。

```
SQL> create pfile='/home/oracle/abc.ora' from spfile;
File created.
```

创建的初始化参数文件的文件名和相应目录都可以由用户指定。在本例中，指定的文件名为"abc.ora"，相应目录为"/home/oracle"。

注 意

为创建的初始化参数文件指定目录时，必须保证 Linux 的 oracle 用户对所指定的目录有创建文件的权限，否则会报错。Linux 的 oracle 用户是在 Linux 下操作 Oracle 数据库的用户。

然后，可在 Oracle 数据库启动时，让启动命令读取初始化参数文件的内容。

```
SQL> shutdown immediate;
SQL> startup pfile='/home/oracle/abc.ora' nomount;
Oracle instance started.
Total System Global Area    285212672 bytes
Fixed Size                    1218992 bytes
Variable Size               150996560 bytes
Database Buffers            130023424 bytes
Redo Buffers                  2973696 bytes
```

在执行命令"startup"时，可通过"pfile"选项来指定启动所需的初始化参数文件。这个例子只将数据库启动到实例状态，也可以执行"startup pfile='/home/oracle/abc.ora'"将数据库完全启动。

（5）SPFile 文件的修复

如果 SPFile 文件的某些部分被破坏，无法启动数据库，可通过 Linux 命令"strings"提取 SPFile 文件中的内容，并将这些内容保存成一个文件，再通过文本编辑器对被破坏的参数进行修改，然后将这个文件作为初始参数文件来启动数据库。在正常启动数据库后，通过 SQL 命令"create spfile from pfile"创建新的 SPFile 文件（此文件的内容是完好的）。下面举例说明命令"strings"的用法。

```
[oracle@DevServer ~]$ strings $ORACLE_HOME/dbs/spfile$ORACLE_SID
orcl._db_cache_size=130023424
```

```
orcl._java_pool_size=4194304
orcl._large_pool_size=4194304
orcl._shared_pool_size=142606336
```

若 SPFile 文件丢失，可从警告日志文件中恢复。警告日志文件后面会介绍。每次 Oracle 数据库启动到 NOMOUNT 状态时，都会在警告日志文件中记录下每个参数及相应值。在 SPFile 丢失而无法启动数据库时，可在警告日志文件中找到上次正常启动的参数及相应值。将这些值提取并保存成文件，并用该文件当成初始参数文件来启动数据库。在正常启动数据库后，通过 SQL 命令 "create spfile from pfile" 创建新的 SPFile 文件。

到此已经介绍完 Oracle 数据库的两类参数文件：初始化参数文件和服务器参数文件。在实际应用中，推荐使用 SPFile 文件，因为它易于管理，而且更为简洁，可用 SQL 命令 "alter system" 修改该文件的参数值。

2）内存分配

SQL*PLUS 命令 "startup nomount" 可启动实例。在实例启动后，可看到 Oracle 数据库的系统全局区（system global area，SGA）的内存分配数量。在 Linux 中，会将环境变量 $ORACLE_SID 和 $ORACLE_HOME 的值一起进行散列运算，创建唯一的键名来标识这片内存区域，此内存区由 4 部分组成：

① Fixed Size 部分表示 SGA 中的固定部分，包含许多（大约有几千个）变量和一些小的数据结构，如 Latch 和地址指针等。这部分内存大小跟数据库版本以及平台有关，用户无法控制这部分内存大小。

② Database Buffers 又称缓冲区（buffer cache），其作用是存储最近使用的数据块，这些数据块可能被修改过，也可能没被修改。引入此缓冲区的目的是：Oracle 数据库在处理数据时，为了减少 I/O 操作，需尽可能多地将数据保存到内存中，从而提高数据库性能。

③ Redo Buffers 又称日志缓冲区，它用来存储重做日志（redo entries）。在 Oracle 数据库中，redo 日志非常重要，因为它会记录数据库的变更，最终会将日志写到重做日志文件中。在数据库崩溃或出现故障时可用这些日志进行恢复。Redo Buffers 的大小由初始参数 log_buffer 决定，该参数的值可在参数文件 SPFile 文件或 PFile 文件中被设置，但该参数不能在 Oracle 数据库运行过程中修改。

④ Variable Size 部分为可变区域。这部分内存包含 Library Cache、Java Pool、Large Pool、cursor area、control file content 等缓冲区。它的计算公式为：参数 sga_max_size（SGA 的最大值）减去 log_buffer（日志缓冲区的大小），再减去 Database Buffers（缓冲区高速缓存大小）和 fixed_size（固定内存的大小）。

SGA 各区域之间的关系如图 2-1 所示。

关于 Oracle 数据库内存分配的详细介绍，可以参看 Thomsa Kyte 所著的《Oracle　Database 9i/10/11g 编程艺术》的第 4 章。

图 2-1　SGA 各区域之间的关系

3）启动进程

在启动实例时，还会启动 Oracle 数据库相关的进程。可通过下面步骤来验证。

首先，关闭 Oracle 数据库并退出 SQL*PLUS。

```
SQL> shutdown immediate;
SQL> exit
```

　　这里用到 SQL*PLUS 的命令 "shutdown immediate"，它用来关闭 Oracle 数据库，后面会专门介绍此命令。然后执行 Linux 命令 "ps –aef |grep ora_" 得到如下结果。

```
[oracle@DevServer ~]$ ps -aef|grep ora_
oracle   16729 16055  0 16:31 pts/1    00:00:00 grep ora_
```

　　可以看出，没有 Oracle 数据库进程被启动。

　　以 "sysdba" 权限进入数据库，用 SQL*PLUS 命令 "startup nomount" 启动实例（注意：只需启动实例即可，不用通过 SQL*PLUS 命令 "startup" 启动整个数据库），然后退出 SQL*PLUS，再次执行 Linux 命令 "ps –aef | grep ora_"。

```
[oracle@DevServer ~]$ sqlplus / as sysdba
SQL*Plus: Release 10.2.0.1.0 - Production on Thu Sep 8 16:33:42 2011
Copyright (c) 1982, 2005, Oracle. All rights reserved.
Connected to an idle instance.
SQL> startup nomount
Oracle instance started.
Total System Global Area  285212672 bytes
Fixed Size                  1218992 bytes
Variable Size             130025040 bytes
Database Buffers          150994944 bytes
Redo Buffers                2973696 bytes
SQL>exit
[oracle@DevServer ~]$ ps -aef|grep ora_
oracle   16735     1  0 16:33 ?        00:00:00 ora_pmon_orcl
oracle   16737     1  0 16:33 ?        00:00:00 ora_psp0_orcl
oracle   16739     1  0 16:33 ?        00:00:00 ora_mman_orcl
oracle   16741     1  0 16:33 ?        00:00:00 ora_dbw0_orcl
oracle   16743     1  0 16:33 ?        00:00:00 ora_lgwr_orcl
oracle   16745     1  0 16:33 ?        00:00:00 ora_ckpt_orcl
oracle   16747     1  0 16:33 ?        00:00:00 ora_smon_orcl
oracle   16749     1  0 16:33 ?        00:00:00 ora_reco_orcl
oracle   16751     1  0 16:33 ?        00:00:00 ora_cjq0_orcl
oracle   16753     1  0 16:33 ?        00:00:00 ora_mmon_orcl
oracle   16755     1  0 16:33 ?        00:00:00 ora_mmnl_orcl
oracle   16757     1  0 16:33 ?        00:00:00 ora_d000_orcl
oracle   16759     1  0 16:33 ?        00:00:00 ora_s000_orcl
oracle   16796 16771  0 16:42 pts/1    00:00:00 grep ora_
```

　　从上面的结果可以看出：在启动实例后，会出现 13 个以 "ora_" 开头的进程，这些进程为 Oracle 数据库的核心（focused）进程，但这些进程并不是 Oracle 数据库运行过程中的所有进程，当数据库完成启动（即用 "startup" 直接启动）后，随着用户不断连接到数据库，还会产生更多的进程。另外还需说明，这些进程名都是以 $ORACLE_SID 的值结尾。

　　在启动实例后，也可在 SQL*PLUS 环境中查看这些进程的信息。

```
SQL> set pagesize 5000
SQL> set linsize 500
SQL> set linesize 5000
SQL> select addr, pid, spid, username, program from v$process
```

```
ADDR            PID       SPID      USERNAME      PROGRAM
----            ----      ----      ---------     --------------------
30E16830        2         16490     oracle        oracle@DevServer  (PMON)
30E16DE4        3         16492     oracle        oracle@DevServer  (PSP0)
30E17398        4         16494     oracle        oracle@DevServer  (MMAN)
30E1794C        5         16496     oracle        oracle@DevServer  (DBW0)
30E17F00        6         16498     oracle        oracle@DevServer  (LGWR)
30E184B4        7         16500     oracle        oracle@DevServer  (CKPT)
30E18A68        8         16502     oracle        oracle@DevServer  (SMON)
30E1901C        9         16504     oracle        oracle@DevServer  (RECO)
30E195D0        10        16506     oracle        oracle@DevServer  (CJQ0)
30E19B84        11        16508     oracle        oracle@DevServer  (MMON)
30E1A138        12        16510     oracle        oracle@DevServer  (MMNL)
30E1A6EC        13        16512     oracle        oracle@DevServer  (D000)
30E1ACA0        14        16514     oracle        oracle@DevServer  (S000)
```

在 Oracle 数据库中，以 v$开头的对象被称为"动态视图"。Oracle 数据库将自身管理的数据保存在一系列的元数据表（metadata tables）中，这些表数量很多，使用比较麻烦，为了方便用户查询这些元数据表，Oracle 数据库提供动态视图和数据字典两种方式来方便用户查询这些元数据表。v$process 是众多动态视图中的一个，它保存着 Oracle 数据库当前活动的进程信息。最后一列的括号里为进程名，若在这些进程名前加"ora_"，在最后面加"_$ORACLE_SID"，所得到的结果与由命令"ps –aef | grep ora"所得到的进程名一样。在启动实例之后所看到的这些进程称为后台进程，这只是 Oracle 数据库其中一类进程。下面将介绍 Oracle 数据库的进程分类及每类进程的功能。

Oracle 数据库的进程可分为如下三类：

① 服务器进程（server process）：这类进程根据用户请求而创建。

② 后台进程（background process）：这类进程是 Oracle 数据库的核心进程，它们随实例启动而创建，用于完成数据库的各种操作和维护工作，如将缓存中的数据块写入磁盘、维护在线重做日志、清理异常中止的进程等。

③ 从属进程（slave process）：它们与后台进程很相似，但主要完成后台进程或服务器进程额外的工作。

下面对这三类进程做详细说明。

（1）服务器进程

当客户连接数据库时，Oracle 数据库会用相应的进程来处理请求。客户连接数据库的方式有两种：专用服务器连接和共享服务器连接。这两种连接所需内存都在用户全局区（user global area，UGA）里分配。服务器进程在实例启动阶段不会出现。

专用服务器连接是指每个连接到 Oracle 数据库的客户都会创建一个新进程来处理客户请求。在这种情况下，进程所需的内存（该内存又称为用户全局区）从进程全局区（process global area，PGA）中分配。进程全局区独立于 SGA，它是专门为进程分配的一片内存区，其他进程不能访问此区域。具体连接示意图如图 2-2 所示。

共享服务器连接不会为每个连接到 Oracle 数据库的客户创建一个新进程来处理客户请求，Oracle 数据库通过"共享进程"池来处理客户请求。共享服务器连接要求必须使用 Oracle TNS 监听器，就算客户端和服务器在同一台机器上也是如此。如果不使用 Oracle TNS 监听器，就无法使用共享服务器。在共享服务器连接的情况下，UGA 从 SGA 中分配。关于 Oracle TNS 监听器，在本章后面会讲到。

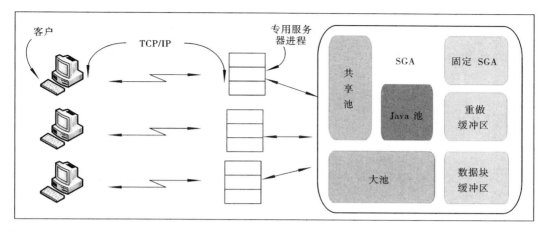

图 2-2　专用服务器连接

共享服务器连接的过程为：调度器（dispatcher）负责将客户请求放到队列中。第一个可用的共享服务器进程（与专用服务器进程本质一样）从队列中选择请求进行处理。共享服务器处理完请求后，会将结果放到响应队列中。调度器一直监视着响应队列，并依次把结果传回给相应客户端。共享服务器连接处理客户端请求的过程如图 2-3 所示。

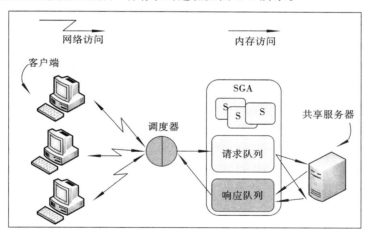

图 2-3　共享服务器连接

（2）后台进程

后台进程在实例启动后就可以通过 Linux 命令 "ps –aef |grep ora_" 查看，其命令方式如前所述为：以 "ora_" 开头，以 "_$ORACLE_SID" 结尾。后台进程可分为两类：核心任务的进程和完成其他任务的工具进程。下面先介绍核心任务的进程。

① PMON 进程：进程监控器（process monitor）。该进程主要负责监视其他的 Oracle 后台进程，并在必要时重启这些进程，在出现异常中止的连接后完成清理。

② SMON 进程：系统监控进程（system monitor）。SMON 进程的主要工作包括：清理临时空间；合并空闲空间；恢复事务；执行 RAC 中失败结点的实例恢复；删除对象 OBJ$（一个低级数据字典表，几乎每个对象都在该表中有一行记录）不再需要的行；收缩回滚段，即 SMON 进程会自动将回滚段收缩为所设置的最佳大小；"离线" 回滚段，即让一个有活动事务的回滚段离线（offline），或置为不可用。

③ CKPT：检查点进程（check point process）。CKPT 更新数据文件的文件首部，以配合 DBWn 进程建立检查点（check point）。

④ DBWn：数据块写入进程（database block writer）。DBWn 的作用是把缓冲区中的数据块写入磁盘，为缓冲区腾出更多空间或推进检查点。DBWn 中 n 的取值为 $0,1,\cdots,9,a,\cdots,j$，总共 20 个值，也就是说：可以配置 20 个 DBW 进程。

⑤ LGWR：日志写入进程（log writer）。LGWR 进程负责将重做日志缓冲区的内容按一定条件顺序写入磁盘。这些条件分别为：每 3 秒；事务提交；重做日志缓冲区满 1/3，或者缓冲区数据为 1 MB。

⑥ ARCn：归档进程（archive process）。在归档模式下，会看到该进程，它的作用是当在线重做日志文件被填满时，复制此文件到另一个位置，以后可用这些文件完成介质恢复。ARCn 进程通常将在线重做日志文件复制到至少两个位置，以冗余方式来保证日志文件的安全。

⑦ RECO：分布式数据库恢复（distributed database recovery）。RECO 进程负责分布式数据库的两段提交（two-phase commit，2PC）崩溃或连接丢失败后，恢复保持准备状态的事务。

⑧ 与自动存储管理（automatic storage management，ASM）相关的核心进程。与 ASM 相关的核心进程包括：自动存储管理后台（automatic storage management background，ASMB）进程和重新平衡（rebalance，RBAL）进程。ASMB 进程负责与 ASM 实例通信、向 ASM 实例提供更新后的统计信息、向 ASM 实例提供"心跳"以表示它目前仍在运行。在向 ASM 磁盘组增加或去除磁盘后，RBAL 进程负责处理重新平衡请求（即重新分布负载的请求）。

⑨ 与 RAC 环境相关的进程。在 RAC 环境中，会出现的进程有：锁监视器（lock monitor，LMON）进程；锁管理器守护（lock manager daemon，LMD）进程；锁管理器服务器（lock manager server，LMSn）进程；锁（lock，LCK0）进程；可诊断性守护（diagnosability daemon，DIAG）进程。其中，LMON 进程负责检测是否有实例失败，在实例离开或加入集群时重新配置锁和其他资源；LMD 进程作为代理（broker）向队列发出资源请求，处理全局死锁的检测/解析，并监视全局环境中的锁超时；LMSn 进程主要负责保持 SGA 块缓冲区的相互一致性，LMSn 的 n 可为 0～9 之间的任意一个数；LCK0 进程的功能与 LMD 进程很相似，但是它处理所有全局资源的请求，而不只是缓冲区请求。DIAG 进程只能用于 RAC 环境中，它负责监视实例的总体情况，并捕获实例失败时所需的信息。

核心进程之间的关系如图 2-4 所示。

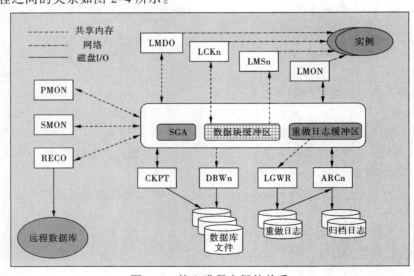

图 2-4 核心进程之间的关系

工具进程并不是 Oracle 数据库必须有的。在 UNIX 或 Linux 环境中，这些进程也可通过 ps 命令查看。下面简单介绍一些常见的工具进程。

① 作业队列协调器进程 CJQ0 和作业 Jnnn 队列进程。作业队列进程监视作业表，它通过作业表可知何时需要刷新系统中的各个快照。数据库经常使用作业进程来调度后台作业或反复出现的作业，例如，在后台发送一封电子邮件，或在后台完成一个长时间运行的批处理。最多可以有 1000 个作业队列进程。它们的名字分别是 J000，J001，...，J999。每个作业队列进程一次只运行一个作业，依次运行，直至完成。因此，若同时运行多个作业，就需要多个进程。作业队列协调器进程负责在作业队列表中查看需要运行的作业，若有作业需要运行，则会启动 Jnnn 进程。如果 Jnnn 进程完成其工作，并发现没有要处理的新作业，Jnnn 进程就会退出。

② 高级队列（advanced queue，AQ）管理进程：QMNC 进程和 Qnnn 进程。QMNC 进程对于高级队列（AQ）表来说就相当于 CJQ0 进程对作业表。QMNC 进程会监视高级队列，并告诉队列进程已有一个消息可用。QMNC 进程会监视高级队列，并告诉出队进程（dequeuer）已有一个消息变为可用。Qnnn 进程对于 QMNC 进程就相当于 Jnnn 进程与 CJQ0 进程的关系。QMNC 进程要通知 Qnnn 进程需要完成什么工作，Qnnn 进程则会处理这些工作。

工具进程还有很多，例如，事件监视器进程（event monitor process）EMNn；内存管理器进程 MMAN；修改跟踪进程 CTWR；恢复写入器 RVWR 等。这些进程的作用可以查看 Oracle 数据库帮助文档。

（3）从属进程

Oracle 中有两类从属进程：I/O 从属进程和并行查询从属进程。

① I/O 从属进程用于不支持异步 I/O 的系统或设备以模拟异步 I/O。在 Oracle 数据库中有两个用途：DBWn 和 LGWR 可以利用 I/O 从属进程来模拟异步 I/O；RMAN 进程向磁带写数据时也可利用 I/O 从属进程。

② 并行查询进程的名称为 Pnnn。每个并行查询进程处理一条并行语句，这可大大提高查询效率。

4）修改日志文件

在启动实例的过程中，Oracle 数据库不但需要读取相关的参数文件，也会将各阶段的启动信息（包括错误信息等）写到日志文件中，以供用户查看。在这些日志文件中，最重要是日志文件，该文件的命名规则为：alert$ORACLE_SID.log（$ORACLE_SID 表示取 Linux 环境变量$ORACLE_SID 的值），该文件存在的目录为：$ORACLE_HOME/dbs/。从该日志文件的命令规则可以看出，不同的实例有不同的警告日志文件，这些文件名的差别主要由环境变量$ORACLE_SID 的值决定。例如：

```
[oracle@DevServer ~]$ ls $ORACLE_HOME/dbs/alert*.log
/ora10/app/oracle/product/10.2.0.1/dbs/alert_orcl.log
```
也可通过 Linux 的 find 命令来查找警告日志文件的位置。具体操作如下：

```
[oracle@DevServer ~]$ find $ORACLE_BASE -name alert_$ORACLE_SID.log
/ora10/app/oracle/product/10.2.0.1/dbs/alert_orcl.log
```
其中，find 命令的第一个参数为要查找的目录（Linux 环境变量$ORACLE_BASE 保存着 Oracle 安装路径），参数-name 后面是要查看的文件名。

可以用 Linux 的 head 命令查看警告日志文件的前面 50 行内容（下面只显示一些重要的警告日志文件内容）：

```
[oracle@DevServer ~]$ head -n 20 /ora10/app/oracle/admin/orcl/bdump/alert_
$ORACLE_SID.log
  Fri Nov 12 18:33:51 2010
  Starting Oracle instance (normal)
  ......................
  ILAT =18
  LICENSE_MAX_USERS = 0
  SYS auditing is disabled
  ksdpec: called for event 13740 prior to event group initialization
  Starting up Oracle RDBMS Version: 10.2.0.1.0.
  System parameters with non-default values:
    processes               = 150
    sga_target              = 285212672
    control_files           = /ora10/app/oracle/oradata/orcl/control01.ctl,
                              /ora10/app/oracle/oradata/orcl/control02.ctl,
                              /ora10/app/oracle/oradata/orcl/control03.ctl
    db_block_size           = 8192
  ................................
    undo_management         = AUTO
    undo_tablespace         = UNDOTBS1
  ................................
    db_name                 = orcl
    open_cursors            = 300
    pga_aggregate_target    = 94371840
  PMON started with pid=2, OS id=6274
  PSP0 started with pid=3, OS id=6276
  MMAN started with pid=4, OS id=6278
  DBW0 started with pid=5, OS id=6280
  LGWR started with pid=6, OS id=6282
  CKPT started with pid=7, OS id=6284
  SMON started with pid=8, OS id=6286
  RECO started with pid=9, OS id=6288
  CJQ0 started with pid=10, OS id=6290
  MMON started with pid=11, OS id=6292
  MMNL started with pid=12, OS id=6294
```

从上面的结果可以看出：alert_$ORACLE_SID.log 文件记录了整个实例的启动过程。启动顺序是先读取参数文件（SPFile 文件或 init 文件）中每个参数值并进行相应设置，然后创建进程。每一行代表一个进程，最前面的大写字母代表进程名，pid 表示 Oracle 数据库内部给进程的编号；而 OS id 表示操作系统给进程的编号。

2. 启动数据库到 MOUNT 状态

启动数据库到 MOUNT 状态时，Oracle 数据库首先从参数文件中获得控制文件存放的位置，然后读取控制文件，并根据其记录的数据文件位置来验证数据文件是否存在。启动到 MOUNT 状态有两种方法：直接启动到 MOUNT 状态；从 NOMOUNT 状态启动到 MOUNT 状态。第一种启动到 MOUNT 状态的方法如下：

```
SQL> startup mount
Oracle instance started.
Total System Global Area    285212672 bytes
Fixed Size                  1218992 bytes
```

```
Variable Size              138413648 bytes
Database Buffers           142606336 bytes
Redo Buffers               2973696 bytes
Database mounted.
```

第二种启动到 MOUNT 状态的方法如下：

```
SQL> startup nomount;
Oracle instance started.
Total System Global Area   285212672 bytes
Fixed Size                 1218992 bytes
Variable Size              138413648 bytes
Database Buffers           142606336 bytes
Redo Buffers               2973696 bytes
SQL> alter database mount;
Database altered.
```

下面介绍启动到 MOUNT 状态的详细过程。

（1）控件文件的定位

控制文件非常重要，Oracle 数据库会有 3 个一模一样的控制文件，当某个控制文件损坏，可以用剩下的控制文件来恢复。在 Oracle 10g 及以后的版本中，如果设置闪回恢复区（flashback recovery area），Oracle 数据库会将控制文件存储到闪回恢复区中，这种方式称为镜像保护。

参数文件（SPFile 文件或 PFile 文件）的 control_files 参数存储了控制文件的路径信息。下面的操作可查看 control_files 参数的值：

```
[oracle@DevServer ~]$ strings $ORACLE_HOME/dbs/spfile$ORACLE_SID.ora|grep
control_files
   *.control_files='/ora10/app/oracle/oradata/orcl/control01.ctl','/ora10/ap
p/oracle/oradata/orcl/control02.ctl','/ora10/app/oracle/oradata/orcl/control
03.ctl'
```

由于 SPFile 文件为二进制文件，不能直接查看其内容，只能通过 Linux 命令 strings 来提取它里面的字符串，然后用 Linux 命令 grep 来搜索这些字符串中包含 "control_files" 的行。从结果可看出，control_files 参数包含了三个控制文件。若 init$ORACLE_SID.ora 存在，可直接打开 init$ORACLE_SID.ora 查看 control_files 参数的值。本章已经介绍了 spfile$ORACLE_SID.ora 与 init$ORACLE_SID.ora 的区别以及相互转换的方法。

在 SQL*PLUS 环境中，也可通过如下的 SQL*PLUS 命令查看 control_files 参数的值。例如：

```
SQL> show parameter control_files

NAME            TYPE      VALUE
-------------   -------   ------------------------------
control_files   string    /ora10/app/oracle/oradata/orcl/control01.ctl
                          /ora10/app/ora cle/oradata/orcl/control02.ctl
                          /ora10/app/oracle/oradata/or cl/control03.ctl
```

（2）数据文件存在性判断

在这个阶段，会根据控制文件的信息来验证数据文件是否存在，如果数据文件不存在，后台进程会将丢失的文件信息写到警告日志文件中，并结束启动。在成功启动到 MOUNT 状态后，可执行下面的视图来查看数据库文件的位置以及相应的文件名。

```
SQL> select name from v$datafile
NAME
--------------------------------------
```

```
/ora10/app/oracle/oradata/orcl/system01.dbf
/ora10/app/oracle/oradata/orcl/undotbs01.dbf
/ora10/app/oracle/oradata/orcl/sysaux01.dbf
/ora10/app/oracle/oradata/orcl/users01.dbf
/ora10/app/oracle/oradata/orcl/example01.dbf
/home/oracle/myspace01.dbf
/home/oracle/autospace01.dbf
/home/oracle/uniformSpace01.dbf
8 rows selected.
```

v$datafile 为动态视图，该视图包含数据文件的基本信息。

（3）启动心跳

在正常启动到 MOUNT 状态后，会在警告日志文件记录下 mount 编号（mount ID），并将其写到警告日志文件和控制文件中，然后启动心跳（heartbeat），并每隔 3 秒将心跳信息写到控制文件中。心跳信息主要用于 RAC 环境中。

（4）检查口令文件

在启动到 MOUNT 状态时，Oracle 10g 以前的版本必须要检查一个重要的口令文件，该文件位于$ORACLE_HOME/dbs 下，其文件名为 orapw$ORACLE_SID。此文件的作用是：当用户以 sysdba 或 sysoper 权限远程登录数据库服务器时，会从密码文件验证用户的合法性。也就是说，该文件记录了能以 sysdba 或 sysoper 权限远程启动数据库服务器的用户和密码。在 Oracle 10g 及以上的版本，该口令文件不是必需的，如果没有此文件，数据库仍能启动到 MOUNT 状态，但用户无法以 sysdba 或 sysoper 权限远程启动数据库服务器。

Oracle 提供了一个名为 orapwd 的 Linux 命令来创建密码文件。具体创建过程如下：

```
orapwd file=orapw$ORACLE_SID password=test entries=20
```

命令 "orapwd" 的 "file" 参数用来指定密码文件的名称，这里按标准密码文件的命名方式对其进行命名，该参数必选；参数 "password" 为用户密码，这里指定的密码为 "test"，该参数必选；参数 "entries" 表示此密码文件存放的最大用户数，该参数可选。

在默认情况下，创建该文件后只有一个 sys 用户和相应的密码。Oracle 数据库中其他具有 sysdba 或 sysoper 权限的用户并不在此文件中。下面将一个 Oracle 数据库用户加入到密码文件中。

① 创建用户 u1。

```
SQL> create user u1 identified by abc123;
User created.
SQL> select username from dba_user from dba_user;
```

命令 "create user" 是 Oracle 数据库的 SQL 命令（不是 SQL*PLUS 命令），它的后面紧跟用户名 "u1"；"identified by" 后面为用户密码，这里设置的密码为 "abc123"。该命令一定要在数据正常启动下才能执行（即要启动到 OPEN 状态下）。可通过查询视图 dba_users 来确定该用户是否已创建。视图 dba_users 的结构，可用 SQL*PLUS 命令 "desc" 查看。

② 授予 sysdba 系统权限给用户 u1。

```
SQL> grant sysdba to u1;
```

在启动到 MOUNT 状态后，可通过下列语句查看密码文件（文件名为 orapw$ORACLE_SID）中有多少用户：

```
SQL> select * from v$pwfile_users;
USERNAME     SYSDB        SYSOP
```

```
-------       ---------     ------
SYS           TRUE          TRUE
SYSTEM        TRUE          FALSE
SCOTT         TRUE          FALSE
U1            TRUE          FALSE
```

从查询结果可以看出：当前的密码文件有 4 个用户，其中用户 U1 是刚才加入的。

通过上面两个步骤可使用户 u1 以 "sysdba" 权限进入 SQL*PLUS，然后可远程执行一些重要的数据库操作，如启动或关闭数据库。关于如何远程连接到 Oracle 数据库将在本章最后一部分介绍。

命令 "grant" 是 SQL 命令，用来授予权限。通过查询视图 system_privilege_map 可查看到 sysdba 和 sysoper 是系统权限。系统权限的定义为：在系统级控制数据库的存取和使用的安全机制，即操作数据库（通过 SQL 实现操作）的能力。如启动、停止数据库、修改数据库参数、连接到数据库并创建、删除、更改数据库对象（如表、索引、视图、过程）等。在 Oracle 数据库中还有一类权限是对象权限，它是指从对象级控制数据库的存取和使用的安全机制，即访问用户拥有的数据库对象（如表、视图、存储过程、触发器等）的能力。例如，是否能对某个表进行查询、插入、更新等操作。对象权限一般是针对某个对象的局部操作能力。可从视图 dba_tab_privs 中查询 Oracle 数据库有哪些对象权限。

角色是 Oracle 数据库权限管理中一个重要概念，它是一组权限的集合，用户可通过执行下面的查询语句查看某个角色拥有的权限（以角色 RESOURCE 为例）。

```
SQL> select *  from dba_sys_privs where grantee='RESOURCE';
GRANTEE            PRIVILEGE              ADM
----------         ------------------     ---
RESOURCE           CREATE TRIGGER         NO
RESOURCE           CREATE SEQUENCE        NO
RESOURCE           CREATE TYPE            NO
RESOURCE           CREATE PROCEDURE       NO
RESOURCE           CREATE CLUSTER         NO
RESOURCE           CREATE OPERATOR        NO
RESOURCE           CREATE INDEXTYPE       NO
RESOURCE           CREATE TABLE           NO
```

从查询结果可以看出：角色 RESOURCE 有 8 个权限。也可通过查询视图 role_sys_privs 完成同样的功能。可通过视图 dba_roles 查看 Oracle 数据库有多少种角色。注意：在上面的查询语句中，角色名 RESOURCE 要大写，因为 Oracle 数据库对单引号中的字符要区分大小写。

下面再举几个与权限相关的例子。

查询 Oracle 数据库中对象（如表、视图等）拥有的权限：

```
SQL>select  table_name,privilege  from  dba_tab_privs    where  table_name=
'USER_TABLES'
```

这个查询语句将获得视图 USER_TABLES 上有哪些权限。注意：在单引号中间的视图名 USER_TABLES 要全部大写。

下面将查询某个用户拥有哪些角色。

```
SQL> select * from dba_role_privs where grantee='SCOTT'
GRANTEE       GRANTED_ROLE        ADM        DEF
-------       -------------       ---        ---
SCOTT         RESOURCE            NO         YES
SCOTT         DBA                 NO         YES
```

| SCOTT | PLUSTRACE | NO | YES |
| SCOTT | CONNECT | NO | YES |

从查询结果可以看出：用户 SCOTT 有 5 个角色。每个角色有哪些权限，可通过前面讲的方法进行查询。注意，在单引号中间的用户名 SCOTT 要全部大写。

（5）创建 lk$ORACLE_SID 文件

当启动到 MOUNT 状态时，Oracle 数据库的一些进程会锁定$ORACLE_HOME/dbs 目录下的 lk$ORACLE_SID 文件（若$ORACLE_SID 为 orcl，该文件名为 lkORCL）。若已经启动到 MOUNT 状态，此文件会被一些进程加锁，若想再次启动数据库，数据库进程对此文件加锁时会报错，从而无法再次启动数据库。

可通过 Linux 命令"fuser"查看哪些进程使用了 lk$ORACLE_SID。

```
SQL>shutdown immediate;
SQL> startup mount;
SQL> !
[oracle@DevServer ~]$ /sbin/fuser /ora10/app/oracle/product/10.2.0.1/dbs/ lkORCL
/ora10/app/oracle/product/10.2.0.1/dbs/lkORCL:    3469    3471    3473    3475
3477  3479  3481  3483  3485  3487  3489
```

上面的执行过程为：首先通过"shutdown immediate"命令关闭 Oracle 数据库；通过"startup mount;"命令启动数据库到 MOUNT 状态；执行 SQL*PLUS 命令"!"会转到 Linux 环境；然后执行"fuser"命令。这里需要注意两点：第一，"fuser"命令所在目录为"/sbin/fuser"，对于 Linux 用户 oracle 来说，这个目录没有加入到命令搜索路径中，所以在执行时要通过绝对路径来执行此命令；第二，若$ORACLE_SID 的值为 orcl，则 lk$ORACLE_SID 所指的文件名为 lkORCL，而不是 lkorcl，这与前面情形不一样。

上面介绍了启动到 MOUNT 状态的过程，启动到 MOUNT 状态的最主要步骤是读取控制文件信息。Oracle 数据库的控制文件相当重要，它是整个数据库的"大脑"。控制文件包含的重要信息有：

① 数据库名以及数据库创建时间。

② 数据库文件名和创建时间；重做日志文件名和创建时间。

③ 表空间信息。

④ 离线（off-line）数据库文件信息。

⑤ 重做日志及归档日志信息。

⑥ 备份集及备份文件信息。

⑦ 检查点（checkpoint）及 SCN 信息。

3. 启动到 OPEN 状态

当启动到 OPEN 状态后，整个数据库就启动成功。启动到 OPEN 状态有两种方法：直接执行 startup；通过 MOUNT 状态到 OPEN 状态。前一种启动方式前面已经介绍过，这里只介绍以 MOUNT 状态启动 OPEN 状态，具体操作如下：

```
SQL> alter database mount;
Database altered.
SQL> alter database open;
Database altered.
```

注意，不能在 NOMOUNT 状态下执行"alter database open;"命令。

由于控制文件记录数据文件、日志文件的位置信息及相应的文件名，检查点等重要信息。在数据库启动到 OPEN 状态时，Oracle 数据库根据控制文件中的信息找到相应文件，并执行检查点及完整性检查。检查若没有发现问题，则可直接启动数据库，如果出现相应文件丢失，则需进行恢复。

在启动到 OPEN 状态时，要进行两次检查。第一次查看数据文件中的检查点（checkpoint，CNT）是否和控制文件中的检查点一致，通过这种方式，就可确认数据文件是否来自同一版本。如果检查点不一致，则会停止启动；如果检查点一致，则会进行第二次检查。这次检查数据文件头开始的 SCN 和控制文件记录该文件的结束 SCN 是否一致，如果一致，则不需要对这个文件进行恢复；否则，需要对该文件恢复。对每个文件都检查完之后，且没有问题，则打开并锁定数据文件，然后启动即完成。

2.1.2　Oracle 数据库的关闭

启动 Oracle 数据库要经历三个状态：NOMOUNT 状态、MOUNT 状态、OPEN 状态。关闭 Oracle 数据库也要经历这三个状态的逆过程，即：CLOSE 状态、DISMOUNT 状态、SHUTDOWN 状态（关闭实例阶段）。

下面介绍关闭 Oracle 数据库的过程。

1. CLOSE 状态

将数据库转到 CLOSE 状态的具体操作如下：

```
SQL>alter database close;
Database altered.
```

注意，执行 CLOSE 数据库时，必须是在没有客户连接数据库的情况下才能执行成功，否则会出现如下错误：

```
ORA-01093:ALTER DATABASE CLOSE only permitted with no sessions connected
```

2. DISMOUNT 状态

将数据库转到 DISMOUNT 状态的具体操作如下：

```
SQL>alter database dismount;
Database altered.
```

3. SHUTDOWN 阶段

将数据库转到 SHUTDOWN 状态的具体操作如下：

```
SQL>shutdown;
ORA-01507: database not mounted
Oracle instance shut down.
```

在最后执行命令"shutdown"时，由于已经执行完 dismount 了，所以会报"database not mounted"错误。因此，在这种情况下执行"shutdown"命令只关闭了实例。

4. 直接用 shutdown 命令关闭数据库

若不想通过前面的三个步骤依次关闭数据库，则可直接执行"shutdown"命令一次性完成数据库的关闭。直接执行"shutdown"命令时，可跟一些参数，它们分别是 normal 参数、immediate 参数、transactional 参数、abort 参数。这些参数都有其含义，下面介绍各个参数的作用。

（1）normal 参数

命令"shutdown"的默认选项是"shutdown normal"。使用这个参数关闭数据库后，Oracle 数据库会拒绝新的数据库连接。但必须要等所有已经连接 Oracle 数据库的用户退出之后才能关闭数据库。采用这种方式关闭数据库后，下次启动时不再需要任何恢复。由于要等所有用户退出 Oracle 数据库，这种关闭方式有可能要等很长一段时间。

（2）immediate 参数

命令"shutdown immediate"是最常用的 Oracle 数据库关闭方式。用此参数关闭数据库会使所有正在执行的事务立即中断，未提交的事务将回滚，并强制断开所有用户的连接。然后执行检查点，将内存中已更新的数据全部写回数据文件。用这种方式关闭数据后，在下次启动时不需要进行实例恢复。若数据库中有大量事务在执行，使用这种关闭方式也会花费大量时间。

（3）transactional 参数

执行"shutdown transactional"命令后，Oracle 数据库将不允许建立新的连接，也不允许用户建立新的事务，但允许当前活动事务执行完后再关闭数据库。

（4）abort 参数

执行"shutdown abort"命令关闭数据库，数据库会终止所有用户连接，中断所有事务的执行，并立即关闭数据库。这种方式相当于服务器直接掉电。这种关闭方式可能带来数据不一致。因此，在不得已的情况下，不要轻易使用这种方式关闭数据库。在下面这些情况下可以执行"shutdown abort"命令：

① 在数据库出现异常，其他方式无法关闭数据库。

② 需要快速关闭数据库，如马上要断电等情况。

③ 启动异常后需要重新尝试启动。

④ 当执行"shutdown immediate"命令无法关闭数据库。

⑤ 需要快速重启数据库。

表 2-1 列举了 Oracle 数据库各种关闭方式的比较。

表 2-1　Oracle 数据库各种关闭方式的比较

关 闭 参 数	Abort	Immdiate	Transactional	Normal
允许建立连接	×	×	×	×
等待用户退出	×	×	×	√
等待事务结束	×	×	√	√
强制执行 checkpoint，关闭所有文件	×	√	√	√

2.1.3　Oracle 数据库启动与关闭小结

在启动和关闭 Oracle 数据库时，用户必须要有 sysdba 或 sysoper 权限。整个 Oracle 数据库的启动和关闭很复杂，会涉及很多 Oracle 数据库的基本概念，由于本书篇幅有限，仅介绍了一些最重要的内容。Oracle 数据库的启动和关闭可通过图 2-5 直观描述。

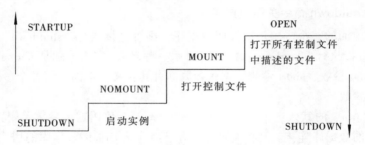

图 2-5　Oracle 数据库启动和关闭过程

2.2　Oracle 数据库的存储层次

　　数据库文件是 Oracle 数据库最重要的文件之一。所有数据都存储在数据文件中，每个数据库都有至少一个数据文件（经常有多个）。本节将讨论 Oracle 数据库如何组织这些文件，以及文件中数据的组织结构。

　　文件系统是专门用来组织和管理文件的软件。Oracle 数据库的数据文件存放在 4 种不同的文件系统中，它们分别是：Cooked 文件系统、原始分区（raw partitions，又称裸分区）、自动存储管理（automatic storage management，ASM）和集群文件系统。

2.2.1　表空间

　　Oracle 数据库由一个或多个表空间构成。表空间（tablesapce）是一个逻辑容器，位于整个 Oracle 数据库存储层次结构的最顶层。一个表空间包含一个或多个数据文件。表空间名就是这组数据文件集合的名称。表空间所包含的数据文件可以是文件系统的 Cooked 文件、原始分区、ASM 管理的数据库文件或集群文件系统上的文件。可通过下面的语句查看 Oracle 数据库有多少表空间。

```
SQL> select tablespace_name  from dba_tablespaces
TABLESPACE_NAME
----------------

SYSTEM
UNDOTBS1
SYSAUX
TEMP
USERS
EXAMPLE
MYSPACE
AUTOSPACE
UNIFORMSPACE
```

　　从上面的查询结果可以看出：当前数据库有 9 个表空间。

　　若要查看表空间拥有的数据文件，可以执行下面的查询：

```
SQL>col file_name format a45
SQL>col tablespace_name format a15
SQL> select file_id, tablespace_name, file_name from dba_data_files order by
file_id
FILE_ID   TABLESPACE_NAME   FILE_NAME
---       ---------------   ---------------------------------------------
1         SYSTEM            /ora10/app/oracle/oradata/orcl/system01.dbf
2         UNDOTBS1          /ora10/app/oracle/oradata/orcl/undotbs01.dbf
3         SYSAUX            /ora10/app/oracle/oradata/orcl/sysaux01.dbf
4         USERS             /ora10/app/oracle/oradata/orcl/users01.dbf
5         EXAMPLE           /ora10/app/oracle/oradata/orcl/example01.dbf
6         MYSPACE           /home/oracle/myspace01.dbf
7         AUTOSPACE         /home/oracle/autospace01.dbf
8         UNIFORMSPACE      /home/oracle/uniformSpace01.dbf
```

　　下面介绍如何创建表空间。

　　创建表空间的基本语法为：

```
create tablespace 表空间名 datafile '路径+文件名' size 文件大小;
```

例如：

```
SQL>create tablespace tb_test datafile '/ora10/app/oracle/oradata/orcl/tb_
test.dbf' size 200m
```

这个例子创建一个名为 tb_test 的表空间，该表空间有一个数据文件 tb_test.dbf，其大小为 200 MB。用命令"create tablespace"创建的表空间用来存放用户数据，还可用类似的命令创建 UNDO 表空间和临时表空间。关于命令"create tablespace"的更多用法，可参考 Oracle 数据库的 SQL Reference 帮助文档。

修改表空间的基本语法为：

```
alter tablespace 表空间名 datafile '路径+文件名' resize 文件大小;
```

例如：

```
SQL>alter tablespace tb_test '/ora10/app/oracle/oradata/orcl/tb_test.dbf'
resize 500m;
```

该例子修改表空间 tb_test，将表空间的大小由 200 MB 修改成 500 MB。其实修改表空间的语法非常复杂，本书只做简单介绍，其他的语法可参考 Oracle 数据库 SQL Reference 帮助文档。

删除表空间的语法为：

```
drop tablespace 表空间名 [including contents]|[and|keep datafiles]
```

例如：

```
drop tablespace tb_test;
```

删除表空间有一个"including contents"选项，它表示在删除表空间时，删除相应段。"including contents and datafiles"选项表示在删除表空间时删除相应的段和数据文件。

2.2.2　段

段（segment）是数据对象（如表、索引、回滚段、表分区等）分配的基本单位，当创建数据对象时，系统会为这些对象分配一个段。段也是逻辑概念，它属于表空间。通常段的类型有：表段、索引段（index segment）、分区段（创建表分区时建立）、回滚段（rollback segment）、临时段（temporary segment）、聚簇段（cluster segment）、CLOB 段。

注意，在创建一个表时，有可能分配多个段，例如创建如下的表会分配三个段：

```
create table t2_2_1(x int primary key, y clob)
```

clob 是 Oracle 数据库的一种类型，可一次存储 4 GB 数据。当执行创建表语句后，系统会分配一个表段、一个索引段（因为 x 列是主键，主键是索引）、clob 段。段的名称与数据对象的名称一致。下面举例说明如何查看段信息。

首先，创建一个名为 t2_2_2 的表。

```
SQL>create table t2_2_2 (x int);
```

然后执行下面的查询语句查看此表对应的段信息。

```
SQL> select owner, segment_name, segment_type from dba_segments where
segment_name= 'T_2_2_2';
OWNER           SEGMENT_NAME        SEGMENT_TYPE
-------         --------------      ------------
SYS             T_MYSEG             TABLE
```

从上面的查询结果可以看出：有一个名叫"T_MYSEG"的段，它的类型为"TABLE"，即表段，它属于"SYS"用户。视图 dba_segments 存放了很多关于段的信息，查看该视图必须要有较高的权限，一般"DBA"角色可以查看该视图。在第 7 章，会详细介绍 Oracle 数据库对段的管理方式。

注 意

在 Oracle 11g 及其以后的版本中，在创建数据对象后，段不会立即分配，而是要等到数据对象拥有数据时才分配段。例如，创建一个表之后，不会立即分配段，而是等到向表中插入行时才分配段。

2.2.3　区段

段包含多个区段。区段（extent）是在数据文件中逻辑上连续分配的空间（这里的空间其实是下一节要介绍的数据块）。如果数据对象所存储的数据超过了最初区段，Oracle 数据库会为该对象分配另一个区段，第二个区段不一定在第一个区段的附近，甚至它们有可能不在同一个数据文件中，但区段内的空间总是逻辑连续的。每个区段的大小可能不同，可以是一个数据块，也可以有 2 GB 大。

视图 dba_extents 保存了区段的分配情况。可通过数据对象名查询该对象拥有多少个区段。由于数据对象的段与数据对象同名，可通过段名来查询数据对象拥有多少个区段。具体的查询如下：

```
SQL> col segment_name format a30
SQL> select segment_name, file_id, extent_id, block_id, blocks from dba_
extents where segment_name='EMP';
SEGMENT_NAME          FILE_ID       EXTENT_ID    BLOCK_ID      BLOCKS
------------          -------       ----------   ----------    ----
EMP                   4             0            25            8
```

这个查询显示："EMP"表放在文件编号（FILE_ID）为 4 的数据文件中，区段编号（EXTENT_ID）为 0，即该区段是数据文件的第一个区段，从编号（BLOCK_ID）为 25 的数据块开始存放数据（25 也表示该区段的第一个数据块，前面 24 个数据块已经被系统占用），目前该区段有 8 个数据块。注意，以上查询必须以 scott 用户来执行。

区段管理十分复杂，但也很重要，下面介绍一些区段管理的重要内容。

在 Oracle 10g 中，创建表时默认第一个区段所包含 8 个连续数据块，表的第一个区段在表创建时（而不是在插入数据时）就分配了数据块。数据块大小一般为 8 KB，也可以取 2 KB、4 KB、16 KB 等值，为什么需要使用不同大小的数据块已超出本书的范围，读者若感兴趣，可参看 OCP 教材。

在 Oracle 8.15 之前，数据库对表空间的区段管理采用字典管理（dictionary manage）方式。该方法在每次分配或回收区段时，Oracle 数据库会更新相关的数据字典（又称系统表）。这种方法的缺点是：第一，整个分配过程串行进行，严重影响效率；第二，会产生递归 SQL（recursive SQL，递归 SQL 是指：执行 SQL 语句时，需要后台数据库执行另外的 SQL 来获得系统信息），从而导致开销大。例如，在执行 insert 语句，会去查询数据字典来获取存储空间，这个开销通常很大。

Oracle 8.15 之后，数据库对表空间的区段管理采用本地管理（local manage）方法。该方法在每个数据文件的开始处存储一个位图来管理区段，要申请一个区段时，只需将位图的相应位置为 1，回收区段时，将位图的相应位置为 0。这种方法消除了字典管理的串行问题和递归 SQL 问题，从而大大提高了区段管理效率。可通过下面的 SQL 查询当前表空间的区段管理方法。

```
SQL> select tablespace_name,extent_management,allocation_type from dba
_tablespaces
    TABLESPACE_NAME          EXTENT_MAN    ALLOCATIO
    ------------------       ----------    ----------
    SYSTEM                   LOCAL         SYSTEM
    UNDOTBS1                 LOCAL         SYSTEM
    SYSAUX                   LOCAL         SYSTEM
    TEMP                     LOCAL         UNIFORM
    USERS                    LOCAL         SYSTEM
    EXAMPLE                  LOCAL         SYSTEM
    MYSPACE                  LOCAL         UNIFORM
    AUTOSPACE                LOCAL         SYSTEM
    UNIFORMSPACE             LOCAL         UNIFORM
```

若查询结果第二列（列名为 EXTENT_MAN）的取值为 LOCAL，则表明段管理方式为"本地管理"。第三列（列名为 ALLOCATIO）有两种取值：SYSTEM 和 UNIFORM，其中 SYSTEM 表示每次分配区段时，其大小由 Oracle 数据库系统决定，可使每次分配的区段大小不一样；UNIFORM 表示每次分配区段的大小为固定值，通常为 1MB。下面通过实验说明区段的管理。以下操作应由 sys 用户或 system 用户来执行，当然，若用户为 dba 角色，也可以执行下面的操作。

（1）创建一个表空间

```
create tablespace uniform_space
Datafile '/home/oracle/ uniform_space01.dbf' size 10m
Extent management local uniform;
```

在创建表空间时，选项"extent management local uniform"表示每次分配区段的大小都为 1MB，若不指定此选项，则每次分配的区段大小由 Oracle 数据库系统决定。查询 dba_tablespaces 视图，可看到该表空间的 ALLOCATIO 列的值为 UNIFORM。

（2）在 uniform_space 上创建两个表

执行下面的 SQL 语句创建表 t2_2_3，然后查看该表的区段分配情况。

```
SQL>create table t2_2_3 (c1 int) tablespace uniform_space;
Table created.
SQL>select file_id, extent_id, block_id, blocks from dba_extents where
segment_name='T2_2_3' and tablespace_name='UNIFORM_SPACE';
    FILE_ID      EXTENT_ID     BLOCK_ID        BLOCKS
    ----------   ----------    ----------      ----------
    6            0             9               128
```

从此查询结果可以看出：为该表分配了一个区段，总共包含 128 个数据块，由于每个数据块的大小为 8KB，所以整个区段的大小为 1MB。

再创建一个表 t2_2_4，指定其初始区段大小为 3MB。

```
SQL>create table t2_2_4 (c1 int) storage (initial 3M) tablespace uniform_space;
Table created.
SQL>select file_id, extent_id, block_id, blocks from dba_extents where
segment_name='T2_2_4' and tablespace_name='UNIFORM_SPACE';
    FILE_ID      EXTENT_ID     BLOCK_ID        BLOCKS
    ----------   ----------    ----------      ----------
    6            0             265             128
    6            1             393             128
    6            2             521             128
```

在创建表 t2_2_4 时，通过选项"storage (initial 3M)"指定初始区段的大小为 3 MB。从查询结果可以看出 Oracle 数据库为该表分配了 3 个区段，每个区段大小为 1 MB。

从上面两个测试可以看出：当区段分配方式为 uniform 时，分配给数据对象的区段大小是固定的。在创建表空间时，指定 uniform 的大小是多少，则分配给表的每个区段大小就是多少（默认情况下是 1 MB）。读者可以试着创建一个表空间，指定 uniform 的大小。

（3）创建一个表空间，其区段大小由系统管理

创建表空间时，若指定选项"extent management local autoallocate"或根本不指定此选项，则区段大小由 Oracle 数据库自动管理。

```
SQL>create tablespace autospace datafile '/home/oracle/autospace01.dbf'
size 10m
  extent management local autoallocate;
```

查询 dba_tablespaces 视图，可看到该表空间的 ALLOCATIO 列的值为 SYSTEM。

（4）在表空间 autospace 上创建两个表

创建第一个表，表名为 t2_2_5，在创建时指定初始区段的大小为 200 KB。

```
SQL>create table t2_2_5 (c1 int) storage (initial 200k) tablespace autospace;
```
执行下面的查询：
```
SQL>select file_id, extent_id, block_id, blocks from dba_extentswhere
segment_name='T2_2_5' and tablespace_name='AUTOSPACE';
```

FILE_ID	EXTENT_ID	BLOCK_ID	BLOCKS
7	0	17	8
7	1	25	8
7	2	33	8
7	3	41	8

从查询结果可以看出：Oracle 数据库自动为表 t2_2_5 分配了 4 个区段，每个区段有 8 个数据块，即每个区段的大小为 64 KB。

再创建第二个表，表名为 t2_2_6，在创建时指定初始区段的大小为 2 MB。

```
SQL>create table t2_2_6 (c1 int) storage (initial 2M) tablespace autospace;
```
执行查询：
```
SQL>select file_id, extent_id, block_id, blocks from dba_extentswhere
segment_name='T2_2_6' and tablespace_name='AUTOSPACE';
```

FILE_ID	EXTENT_ID	BLOCK_ID	BLOCKS
7	0	393	128
7	1	521	128

从查询结果可以看出：Oracle 数据库系统自动为表 t2_2_6 分配了 2 个区段，每个区段有 128 个数据块，即每个区段的大小为 1 MB。

从上面的两个测试可以看出，当区段大小采用 autoallocate 方式分配时，分配给表的区段大小在不断变化，当初始化区段的大小超过 1 MB，则每个区段的大小为 1 MB（即 128 个 8 KB 的数据块），小于等于 1 MB，则区段的大小为 64 KB（即 8 个 8 KB 的数据块）。

区段与段、表空间的关系为：表空间是一个容器，它包含段；每个段只属于一个表空间；一个表空间中可能有多个段；一个给定段的所有区段都在与该段相关联的表空间中；段绝对不会跨表空间；表空间可以有一个或多个相关的数据文件；表空间中给定段的一个区段必须包含在一个数据文件中；段可以有来自多个不同数据文件的区段；它们之间的关系如图 2-6 所示。

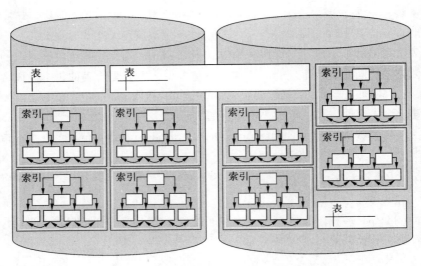

图 2-6　表空间、段、区段之间的关系

2.2.4　数据块

区段由数据块组成。数据块（data block）是 Oracle 中最小的 I/O 单位，它是一个逻辑概念。数据行、索引条目或临时排序结果都存储在数据块中。一个区段内的数据块必须连续。Oracle 中常见的数据块大小有 4 种：2 KB、4 KB、8KB 或 16 KB。Oracle 数据库中允许有不同大小的数据块是为了在传输表空间时，DBA 能将一个数据库的数据文件复制到另一个数据库中，例如，可以从一个联机事务处理（online transaction processing，OLTP）数据库中把所有表和索引复制到一个数据仓库（data warehouse，DW）中。通常用于 OLTP 系统的数据块比较小，只有 2 KB 或 4 KB，而 DW 使用的数据块可能较大，如 8 KB 或 16 KB。如果一个数据库中不支持多种数据块大小，就无法传输这些信息。数据块大小可在执行 create database 命令时指定，这个大小称为默认数据块大小。system 表空间总是使用默认数据块大小。原则上讲，其他表空间可以是任意大小的数据块，但建议用户在一般情况下尽量使所有表空间的大小一致，这样方便管理。段、区段、数据块之间的关系如图 2-7 所示。

在一个表空间中，数据块大小必须一致。对于一个多段对象，如一个包含 LOB 列的表，可能每个段在不同的表空间中，而这些表空间有不同的数据块大小，但每个段必须由相同大小的数据块组成。无论大小如何，所有数据块格式都一样，如图 2-8 所示。

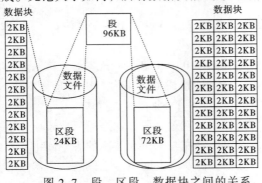

图 2-7　段、区段、数据块之间的关系

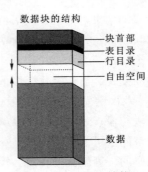

图 2-8　数据块结构

下面简单介绍一下数据块的各部分。块首部（block header）包含数据块类型（表块或索引块等）的相关信息、块上活动事务和已提交事务信息（关于事务会在第 5 章介绍），以及数据块在磁盘上的地址（位置）。块中接下来两部分是表目录和行目录，所有的数据块都有这两部分。表目录（table directory）包含行对应的表信息，因为一个块上可能存储多个表的行。行目录（row directory）包含数据块的行信息，这是一个指针数组，指向数据块中的行。块中的这 3 部分统称为块开销（block overhead），这部分空间并不用于存放数据，而是用于 Oracle 数据库管理数据块本身。数据块上可能有一个空闲空间（free space）和已用空间（used space）。

2.2.5　存储层次小结

Oracle 数据库的存储层次体系如下：

① 数据库由一个或多个表空间组成。

② 表空间由一个或多个数据文件组成。这些文件可以是 Cooked 文件系统中的文件、原始分区、ASM 管理的数据库文件或集群文件系统上的文件。表空间包含段。

③ 段由一个或多个区段组成。段在表空间中，段可跨不同的数据文件。

④ 区段是磁盘上一组逻辑连续的数据块。一个区段只能在一个文件中，即区段不能跨不同的数据文件。

⑤ 块是数据库中最小的分配单位，也是数据库使用的最小 I/O 单位。

这里所说的存储层次不仅包括 Oracle 数据库的逻辑存储层次，还包括物理存储层次。

2.3　Oracle 数据库的访问

前面的所有实验，都是直接通过 SQL*PLUS 连接到本地数据库进行操作，这种连接方式称为本地连接。而在数据库启动后，要通过网络远程连接访问，就必须启动 Oracle 数据库的监听器，同时客户端还需要配置相关参数文件才能实现远程网络访问。

整个远程访问的过程为：启动监听器（它涉及的配置文件为 listener.ora），监听器在特定的端口（通常是 1521）进行监听，接收客户端请求（客户端连接监听器的配置文件为 tnsnames.ora）。在专用连接模式下，监听器在客户端连接成功后，会专门开启一个新的进程来处理客户端请求。其工作原理如图 2-9 所示。

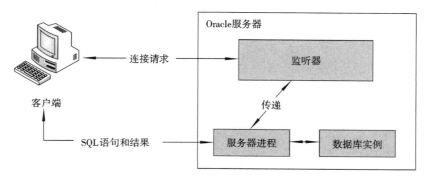

图 2-9　监听器工作原理示意图

2.3.1 配置客户端文件

在客户端连接数据库服务器时，需要安装 Oracle 数据库的客户端软件[①]。客户端处理远程连接的基础软件称为透明网络底层（transparent network substrate，TNS）。TNS 连接串告诉 Oracle 数据库如何与远程数据库连接。TNS 连接串存放在 $ORACLE_HOME/network/admin/ tnsnames.ora 文件中。在这个文件中的典型配置如下：

```
ORCL =
  (DESCRIPTION =
    (ADDRESS = (PROTOCOL = TCP)(HOST = DevServer)(PORT = 1521))
    (CONNECT_DATA =
      (SERVER = DEDICATED)
      (SERVICE_NAME = orcl)
    )
  )
```

这里的 ADDRESS 部分包含了 Oracle 数据库服务器的地址和监听端口，CONNECT_DATA 包含了连接信息，用于连接到服务器端监听器（listener）提供的服务名。这里的 SERVICE_NAME 必须是服务器端 listener.ora 文件中的全局数据库名（GLOBAL_DBNAME）中的某一个。也可以不要 SERVICE_NAME，而写成 SID，如果是这样，则 SID 的值一定要与已启动 Oracle 数据库的 SID 值一样。在一般情况下，推荐使用 SERVICE_NAME。

"SERVER = DEDICATED" 表示客户端以专用服务器方式连接数据库。当客户端采用这种方式与监听器建立好连接后，监听器会专门开启一个进程处理该客户端的请求。专用服务器与监听器之间的关系如图 2-10 所示。

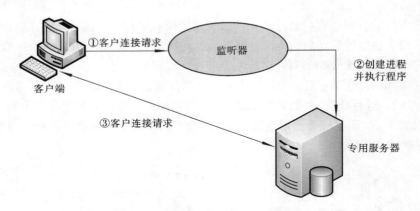

图 2-10　监听器进程和专用服务器连接

"SERVER =SHARED" 表示客户端以共享服务器的方式连接数据库服务器。通过这种方式与数据库建立连接后，监听器会从可用的调度器池中选择一个调度器进程，然后将该进程的信息和相应的端口号返回给客户。客户端收到监听器返回的连接信息后，与监听器断开连接，然后与调度器进程直接连接。这样就完成一个物理连接。整个过程如图 2-11 所示。

[①] 可根据不同的操作系统平台，在下面这个网址下载相应的 Oracle 数据库客户端安装程序：
http://www.oracle.com/technetwork/database/features/instant-client/index-097480.html?ssSourceSiteId=ocomen

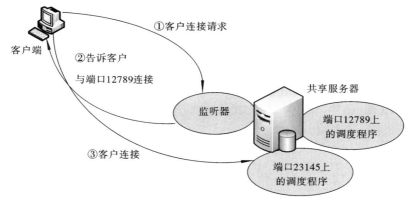

图 2-11　监听器进程和共享服务器连接

2.3.2　静态监听器注册

下面介绍服务器端监听器的配置。通过参数文件 listener.ora 启动监听器的过程称为静态监听器注册。listener.ora 文件存放在 Oracle 数据库所在的服务器上，具体存放的目录为:$ORACLE_HOME/network/admin。监听器在启动的时候，会去读 listener.ora 信息，并按全局数据库名（GLOBAL_NAME）向客户端提供连接服务。一个典型的 listener.ora 文件的内容如下:

```
LISTENER =
  (DESCRIPTION_LIST =
    (DESCRIPTION =
      (ADDRESS = (PROTOCOL = TCP)(HOST = DevServer)(PORT = 1521))
      (ADDRESS = (PROTOCOL = IPC)(KEY = EXTPROC0))
    )
  )
SID_LIST_LISTENER =
  (SID_LIST =
    (SID_DESC =
      (SID_NAME = PLSExtProc)
      (ORACLE_HOME = /ora10/app/oracle/product/10.2.0.1)
      (PROGRAM = extproc)
    )
    (SID_DESC =
        (GLOBAL_DBNAME = dbtest)
        (ORACLE_HOME = /ora10/app/oracle/product/10.2.0.1)
        (SID_NAME = dbtest)
    )
    (SID_DESC =
        (GLOBAL_DBNAME = orcl)
        (ORACLE_HOME = /ora10/app/oracle/product/10.2.0.1)
        (SID_NAME = orcl)
    )
  )
```

监听器文件 listener.ora 主要包括两部分:

① 第一部分为 LISTENER 信息。这部分包含监听协议、地址、端口等信息。

② 第二部分为 SID_LIST_LISTERNER 信息，这部分用于提供给客户端，让客户端知道

Oracle 数据库提供了多少 GLOBAL_DBNAME（在客户端称为 SERVICE_NAME）。这些信息的第一部分 SID_DESC 取值为 PLSExtProc，这是 Oracle 数据库默认对外部存储过程提供的本地监听。另外两部分 SID_DESC 是由用户编写。每个 SID_DESC 对应不同的实例，分别由三部分组成：GLOBAL_DBNAME；Oracle 数据库所在目录；实例名（Linux 环境变量$ORACLE_SID 的值）。当监听器接收客户端请求时，监听器首先尝试将客户端所提供的 SERVER_NAME 与文件 listener.ora 中的 GLOBAL_DBNAME 进行匹配。如果客户端提供的是 SID，则对监听器中设置的 SID_NAME 进行匹配。

下面的两个操作分别是启动和停止静态监听器。

```
[oracle@DevServer ~]$ lsnrctl start
..................................................
Services Summary...
Service "PLSExtProc" has 1 instance(s).
  Instance "PLSExtProc", status UNKNOWN, has 1 handler(s) for this service...
Service "dbtest" has 1 instance(s).
  Instance "dbtest", status UNKNOWN, has 1 handler(s) for this service...
Service "orcl" has 1 instance(s).
  Instance "orcl", status UNKNOWN, has 1 handler(s) for this service...
The command completed successfully
[oracle@DevServer ~]$ lsnrctl stop
..................................................
```

首先，通过 Linux 命令"lsnrctl"的参数"stop"停止监听服务，然后通过参数"start"启动服务。由于启动的信息较多，省略掉前面部分，从信息"Service "dbtest" has 1 instance(s)"和"Service "orcl" has 1 instance(s)"可以看出监听器准备好了两个 SERVICE_NAME：dbtest 和 orcl。由这两条信息的下一句可以看出，这两个 SERVICE_NAME 分别对应两个 SID：dbtest 和 orcl。

注意，这些信息中有这样一句话"Instance "orcl", status UNKNOWN"，这里的"UNKOWN"表示当前的监听器对每个 SID 对应的数据库状态无法判断，因为监听器只负责从 listener.ora 中读取信息，然后启动。

*2.3.3　动态注册监听器

在 SPFile 或初始化参数文件（也称 PFile）中，有一个参数叫 SERVICE_NAME，当启动 Oracle 数据库到实例状态时，会读取该参数。一般情况下，该参数的值与实例名（Linux 环境变量$ORACLE_SID 的值）一样，然后由 PMON 进程向监听器动态注册该监听。

注意，若实例名为 orcl，则一般情况下参数 SERVICE_NAME 的值也为 orcl，因此，PMON 进程向监听器动态注册时 GLOBAL_DBNAME 与 SERVICE_NAME 的值一样，也为 orcl，若 listener.ora 中有一个 GLOBAL_DBNAME 为 orcl，系统也不会报错，但监听器只提供一个 GLOBAL_DBNAME 给客户端（在这种情况下，客户端是无法分清楚这个 GLOBAL_DBNAME 是动态注册还是静态注册所产生的）。为了演示方便，删除 listen.ora 中 SID_DESC 为 orcl 的部分，然后再增加一个 SID_DESC，其 GLOBAL_DBNAME 的值为 static_orcl。然后重启监听器，再重启数据库，执行下面的操作。

```
SQL> show parameter service
NAME                 TYPE           VALUE
```

```
------------    -----------    ------
service_names    string         orcl
```

由上面的运行结果可以看出：当前监听器只监听了 orcl。注意，这种方式只能看到当前实例所对应的 SERVICE_NAME。另外，在 SQL*PLUS 中执行 show 命令时，参数名可以不写全，上面的例子中，不需要写 service_name，只写 service 即可。执行下面的命令查看监听器当前的情况。

```
[oracle@DevServer ~]$ lsnrctl status
Service "PLSExtProc" has 1 instance(s).
  Instance "PLSExtProc", status UNKNOWN, has 1 handler(s) for this service...
Service "dbtest" has 1 instance(s).
  Instance "dbtest", status UNKNOWN, has 1 handler(s) for this service...
Service "orcl" has 1 instance(s).
  Instance "orcl", status READY, has 2 handler(s) for this service...
Service "orcl_XPT" has 1 instance(s).
  Instance "orcl", status READY, has 2 handler(s) for this service...
Service "static_orcl" has 1 instance(s).
  Instance "orcl", status UNKNOWN, has 1 handler(s) for this service...
```

从此查询结果可以看出：服务名 static_orcl 对应的状态为 UNKNOWN，因为它是静态注册，监听器无法识别相应实例的状态。但服务名 orcl 对应的状态为 READY，因为是在 Oracle 数据库启动后，由 PMON 进程动态向监听器注册，监听器知道其状态。

下面再动态向监听器注册一个 SERVICE_NAME，并让其指向当前实例。

```
SQL> alter system set service_names='orcl,mytest' scope=both;
System altered.
```

在上面的 SQL 语句中，'orcl,mytest' 表示两个不同的 SERVICE_NAME，它们被逗号分开。通过执行上面的 SQL，会将两个 SERVICE_NAME 写到参数文件中，每次 Oracle 数据库启动，都会有两个 SERVICE_NAME（即 orcl 和 mytest）指向同一个实例（orcl）。

执行下面的命令可看到有两 SERVICE_NAME 指向当前实例。

```
SQL> show parameter service
NAME            TYPE          VALUE
-----------    -----------    -----------
service_names    string         orcl,mytest
```

然后再执行下面的命令查看当前监听器拥有的服务名（SERVICE_NAME）。

```
[oracle@DevServer ~]$ lsnrctl status
.........................................................
Service "mytest" has 1 instance(s).
  Instance "orcl", status READY, has 2 handler(s) for this service...
Service "orcl" has 1 instance(s).
  Instance "orcl", status READY, has 2 handler(s) for this service...
...................................
Service "static_orcl" has 1 instance(s).
  Instance "orcl", status UNKNOWN, has 1 handler(s) for this service...
```

从查询结果可以看出，有一个服务名"mytest"，它指向实例"orcl"。

动态注册的好处在于增加或删除一个 SERVICE_NAME 时，不需要重启监听器，这对于大规模生产系统非常有用。

*2.3.4　tnsping 命令的使用

在配置好服务器端的监听器和客户端的参数文件后，可用 tnsping（在 Windows 或 Linux 下，如果安装了 Oracle 数据库客户端，就会有这个可执行文件）测试客户端能否连接数据库。下面介绍该命令的使用。

（1）在服务器端启动监听服务

在 Linux 下，用"lsnrctl"命令启动监听服务。

```
[oracle@DevServer ~]$ lsnrctl stop

[oracle@DevServer ~]$ lsnrctl start
```

（2）配置客户端

由于当前数据库只启动了 SID 为 orcl 的服务，而该服务对应的 SERVICE_NAME 也为 orcl（可从启动信息和 listener.ora 中看出），因此，可在客户端的 tnsname.ora 中加入下面的代码（下面这段代码也称为 TNS 连接串）：

```
myorcl =
  (DESCRIPTION =
    (ADDRESS = (PROTOCOL = TCP)(HOST = 192.168.0.3)(PORT = 1521))
    (CONNECT_DATA =
      (SERVER = DEDICATED)
      (SERVICE_NAME = orcl)
    )
  )
```

如果找不到客户端的 tnsname.ora 文件，可通过各种操作系统提供的文件查找查找功能该文件。myorcl 为 TNS 连接串名称，可以是其他任意合法的命名。上面代码中的 HOST 中的 ip 地址为 Oracle 数据库服务器的 IP 地址。

（3）在 Windows 下执行 tnsping 命令

```
C:\Documents and Settings\Administrator>tnsping myorcl
TNS Ping Utility for 32-bit Windows: Version 10.2.0.1.0 - Production on 22-9月 -
2013 16:18:01
Copyright (c) 1997, 2005, Oracle.  All rights reserved.
已使用的参数文件：
E:\oracle\product\10.2.0\db_1\network\admin\sqlnet.ora
已使用 TNSNAMES 适配器解析别名：
Attempting to contact (DESCRIPTION = (ADDRESS_LIST = (ADDRESS = (PROTOCOL = TCP)
(HOST = 192.168.0.3)(PORT = 1521))) (CONNECT_DATA = (SERVER = DEDICATED)
(SERVICE_NAME = orcl)))
OK (50 毫秒)
```

命令 tnsping 后面的参数为 myorcl，它是刚才添加到 tnsname.ora 文件中的 TNS 连接串名。命令 tnsping 的执行过程为：首先找到 tnsname.ora，然后在此文件中通过给定的 TNS 连接串名搜索相应的 TNS 连接串，再通过 TNS 连接串中的 IP 地址找到 Oracle 数据库服务器，并通过端口号找到监听器服务程序，然后再由监听器通过客户端提供的 SERVICE_NAME 找到相应的数据库实例，如果能找到，监听器就会向客户端返回信息。"OK (50 毫秒)"表示整个过程花了50 ms，而且连接成功。当看到这样的信息后，客户端程序（如 SQL*PLUS）就可连接到远程服务器上。在 Windows 下执行下面的连接方式：

```
C:\Documents and Settings\Administrator>sqlplus scott/abc123@myorcl
SQL*Plus: Release 10.2.0.1.0 - Production on 星期日 9月 22 16:30:20 2013
Copyright (c) 1982, 2005, Oracle.  All rights reserved.
连接到：
```

```
Oracle Database 10g Enterprise Edition Release 10.2.0.1.0 - Production
With the Partitioning, OLAP and Data Mining options
SQL>
```

这次使用 SQL*PLUS 连接到远程数据库服务器时，在用户名和密码后面要加 TNS 连接串名，它们之间通过 "@" 符号连接起来。注意@前面一定不要有空格。Windows 下的 SQL*PLUS 操作方法与 Linux 下一样。整个连接过程与执行 "tnsping" 命令一样，只是增加了一个用户名和密码验证过程。

在 Oracle 10g 中，也可以不在 tnsname.ora 中增加 TNS 连接串，而是直接使用："Oracle 数据库的 IP：端口号/SERVICE_NAME" 完成客户端到服务器的连接。例如：

```
C:\Documents and Settings\Administrator>sqlplus scott/abc123@192.168.0.3:
1521/ orcl
SQL*Plus: Release 10.2.0.1.0 - Production on 星期日 9 月 22 16:30:20 2013
Copyright (c) 1982, 2005, Oracle.  All rights reserved.
连接到：
Oracle Database 10g Enterprise Edition Release 10.2.0.1.0 - Production
With the Partitioning, OLAP and Data Mining options
SQL>
```

上面命令中的 "192.168.0.3:1521/orcl" 也可看成是简化的 TNS 连接串，若服务器端监听器的端口号为 1521，则在这里可以省略端口号，可写成 "192.168.0.3/orcl"。每次这样写也比较麻烦，所以通过使用 tnsname.ora 中的 TNS 连接串名要方便很多。

小　　结

本章首先介绍了 Oracle 数据库的启动过程。启动共分 3 种状态：NOMOUNT 状态、MOUNT 状态、OPEN 状态。本章重点讨论了 NOMOUNT 状态和 MOUNT 状态的一些细节。然后介绍 Oracle 数据库的关闭过程，该过程可看作启动过程的逆过程。2.2 节介绍 Oracle 数据库的存储层次结构，重点介绍了表空间、段、区段、数据块等逻辑结构。其中区段是最重要的逻辑结构，它是数据分配的基本单位。数据块是 I/O 的基本单位。2.3 节介绍通过客户端工具对 Oracle 数据库的访问，主要介绍客户端访问 Oracle 数据库所需的配置、服务器端监听器的配置。在服务器端，动态注册监听器是很重要的一种方法。

习　　题

1. 在 NOMOUNT 状态下，如何查看参数 control_file 的内容。写出整个查看过程。

2. 修改一个数据文件名，然后启动到 MOUNT 状态，观察会报什么错？查看警告日志文件有怎样的错误信息？

3. 如何删除 SPFile 文件的参数？如何通过实验验证 SPFile 文件的某个参数被删除？

4. 给出三种判断 Oracle 数据库启动时读取的是 SPFile 文件的方法？

5. 恢复 SPFile 文件的方法有哪两种？通过实验验证这两种方法。

6. 如何查询一个用户表占了多少个数据块？

7. 创建一个表空间，指定区段的大小为 64 KB。然后在此表空间上创建两个表，第一个表的初始区段为 10 KB，第二个表的初始区段为 200 KB，写出创建表空间和表的 SQL 语句，并通过实验给出这两个表的区段分配情况。

8. 在 listener.ora 中增加两个 SID_DESC，它们的 GLOBAL_DBNAME 不同，一个叫 test1，一个叫 test2，但有相同的 SID_NAME。首先观察启动监听器时会输出什么信息。在客户的 tnsname.ora 增加两个 SERVICE_NAME，一个叫 test1，另一个叫 test2，然后通过这两个 SERVICE_NAME 从远程连接数据库。通过执行 show parameter service_name 可以看到什么结果？

9. 静态注册监听器和动态注册监听器的区别是什么？

第 3 章

Oracle数据库的锁机制

我所访问的数据，谁也不能动它！

本章主要内容：

- Oracle 数据库的锁类型及特点；
- Oracle 数据库的阻塞与死锁；
- 更新丢失的原因；
- 解决更新丢失的方法。

现代信息管理系统对多个用户的并发性要求很高，这给关系数据库管理系统提出了较高的要求：一方面要争取最大限度的并发访问，同时还要确保每个用户对数据访问的正确性。所有关系数据库管理系统都采用锁机制来满足该要求。Oracle 数据库在锁机制的实现上要比其他关系数据库系统更优秀。

在这一章，将详细介绍 Oracle 数据库的锁类型及实现机制，并重点介绍 Oracle 数据库行级锁的特点。最后介绍丢失更新问题产生的原因及解决方法。

数据库锁用于管理共享资源的并发访问，以保证共享资源的完整性和一致性。这里的"共享资源"不仅包括表的行，还包括 Oracle 数据库中其他的数据对象（如存储过程）。当存储过程在被用户使用时，该存储过程不能被其他用户修改，这就需要对存储过程加锁以保证其一致性。

本章重点要求掌握：

- DML 锁的原理；
- TM 锁的原理及查看方法；
- insert 语句产生阻塞的原因；
- 更新丢失的原因；
- 解决更新丢失的方法。

3.1 Oracle 数据库锁的类型

Oracle 数据库中主要有 3 种类型的锁。它们分别是：

① DML 锁（data manipulation lock），又称数据锁（data lock），它用来保证多个用户在并发

访问时数据的一致性。例如，在线购书系统中，DML 锁就会阻止两个用户同时购买最后一本书。它主要包括两种类型的行级锁和表级锁。其中，行级锁又称 TX 锁，它用来锁住表的数据行。表级锁又称 TM 锁，就是为整个表加锁。在语句 insert、delete、update、merge、select ……. for update 修改数据行时，事务就需要这样的锁，同时也需要 TM 锁来锁住整个表。

② DDL 锁（data directory lock）。以 create、alter 等开头的 SQL 语句都属于 DDL。Oracle 自动为需要 DDL 锁的事务加上相应的锁。这种类型的锁无法由用户手工加上。例如，若用户创建一个存储过程，在创建这个存储过程的过程中，Oracle 会自动为这个存储过程所涉及的所有数据对象加上 DDL 锁，DDL 锁会阻止这些数据对象在创建过程中被修改或删除。又如：当用 alter table 修改某个表的结构时，Oracle 数据库会为该表加一个 DDL 锁，使其他用户不能修改该表的结构。

③ 内部锁，又称闩（latch）。由于 Oracle 数据库进行自动管理时，需保护其内部数据库结构。例如，Oracle 数据库要把用户更新的数据写入缓冲区，这时 Oracle 数据库就会在该缓冲区上加内部锁（或闩），以防止 DBWR 进程在该缓冲区没有被写满时，将其写出到磁盘，如果没有这个闩，DBWR 进程写出的缓冲数据有可能没有完全更新。

3.1.1 DML 锁

Oracle 数据库的 DML 锁分为 TX 锁（又称事务锁）和 TM 锁两大类。需要注意：Oracle 数据库的事务与 SQL Server 等关系数据库管理系统不一样，在 Oracle 数据库中，当开始执行 insert、delete、update、merge 语句中的任意一条语句时，就认为是事务的开始，在其后执行的 DML 语句都认为是该事务的一部分，直到用户显式地执行 commit 或 rollback，该事务才结束。下面举例说明。

```
commit;
update t1 …
insert t2 value …
delete t3 …
……
select * from t4
update t2 …
commit;
```

第一个 commit 后面的 update 语句就是一个事务的开始，到最后一个 commit 执行完，整个事务才结束。在第一个 update 语句后面不管有多少个 DML 语句，都属于这个事务。

1. TX 锁

当一个事务出现时，就会产生一个事务锁，该锁会一直持续到这个事务结束才会释放。TX 锁采用排队机制，当其他会话在申请修改该事务所持有的数据时，会被阻塞，直到该事务提交或回滚。

Oracle 数据库的 TX 锁机制管理与传统的锁机制管理不一样。不管事务中的 DML 语句（很有可能是多个 DML 语句）锁定多少行数据，Oracle 数据库不会用表来记录下这些被锁定的行，所以 Oracle 数据库的 TX 锁管理机制相当优秀。

传统锁管理机制会将加锁的行插入到一个表中，这样会消耗很多系统资源。下面介绍这种锁机制的实现原理（为了表述方便，将用来存放被锁定行的表称为 record_lock_table）：

① 找到锁定的行。

② 在锁管理器中排队，这是必需的，因为可能有多个用户向锁管理器提出加锁请求，锁管理器必须串行执行这些请求。

③ 对 record_lock_table 加锁。

④ 搜索 record_lock_table，查看其他用户是否已锁定该行（如果 record_lock_table 有很多行，这个搜索比较耗时）。

⑤ 在 record_lock_table 中增加一条记录，表明这一行已经被锁定。

⑥ 对 record_lock_table 进行解锁。在这行锁定成功后，就可以修改这一行，再完成修改并提交，为了解除该行的锁，必须重复上面的过程：

⑦ 再次排队。

⑧ 对 record_lock_table 加锁。

⑨ 搜索 record_lock_table，找到要解锁的行，将该行删除（即完成解锁）。

⑩ 对 record_lock_table 进行解锁。

由此可见，传统锁管理器所管理的行越多，整个加锁和释放锁的效率就越低。

Oracle 数据库对 TX 锁的管理与传统锁管理器不同，其锁定过程如下：

① 找到要锁定行所在的数据块。

② 在数据块中找到要锁定的行。

③ 该行的第一个字节为锁定标志，将其置为"已锁定"。

④ 在该数据页的头部记录下引起该行被锁定的事务 ID（注意：对行的锁都由事务引起）。

从这个过程可以看出，不管事务锁定多少行，这些被锁定的行都不会记录在某个表中，这样加 TX 锁和释放 TX 锁时，其性能不会因为锁定行数的增加而变慢。这种管理方式还有一个优点是：并发性较高。如果一行数据被某个事务中的 DML 语句锁定，但该行所在页的其他行仍可被别的事务锁定。当其他事务试图对该行加锁时，才会被阻塞。

Oracle 数据库的每一行都有一个字节用来记录该行是否被锁定，该字节称为行锁定标志位，如果这个字节为 0，表示该行没有被锁定；如果其值大于 0，比如为 3，则表示访问该块的第 3 个事务锁定了这行。由于一个字节所表示的范围为 0～255，所以一个数据块最多可以被 255 个事务同时访问。如果该行被解锁，则行锁定标志位被置为 0。

在 Oracle 9i 中，创建表时可以指定参数 MAXTRANS，该参数用来指定表的数据块的最大并发事务数，默认值为 255。当在数据块上的事务数达到这个值后，再有新的事务需要对该块的某行加锁时，该事务会被阻塞。但是在 Oracle 数据库 10g 中，MAXTRANS 已不再有效，也就是说，只要数据块上有空闲空间，且事务数量没有达到 255，就可以对该数据块的行加锁。所以在本书中不再讨论 MAXTRANS 参数。

前面讨论了 TX 锁的实现原理。下面将通过例子来说明 TX 锁的管理过程。在介绍这些例子之前，需先介绍与 TX 锁相关的系统视图，这些视图的详细结构见附录 A。

① v$transaction，记录每个事务的信息。

② v$session，记录每个会话（即连接到 Oracle 数据库的每个链接）的信息。

③ v$lock，记录事务拥有的锁信息和等待其他事务释放锁的信息。如果某个事务持有锁或事务正在等待其他事务释放锁，都会在该表中产生一行记录。需注意，某个事务可以锁定很多行，但该事务在 v$lock 中只有一行记录，具体锁的信息存放在相应行上。下面举例说明如何查看事务和锁的信息。

① 首先以 scott 用户连接到 Oracle 上，并创建一个 dept 表的副本，名为 t3_1_1。

```
SQL> create table t3_1_1 as select * from dept;
   SQL> update  t3_1_1 set deptno=deptno+10;
4. rows updated.
```

② 当执行 update 语句时，一个事务就开始了，可以从 v$transaction 查找到这个事务的信息。

```
SQL> select XIDUSN,XIDSLOT,XIDSQN  from v$transaction;

XIDUSN          XIDSLOT         XIDSQN
----------      ----------      ----------
10              40              489
```

v$transaction 有很多列，这个查询只列出了该视图三个列。列 XIDUSN 存放回滚段编号（ID of undo segment number）；列 XIDSLOT 存放的是槽号（ID of slot number）；列 XIDSQN 存放的是事务的顺序号（ID of sequence number）。这三个列的信息加在一起，可以决定一个事务，本书将这三个列加在一起的信息称为事务的 ID。

③ 下面观察该事务所产生锁的情况。

```
select username,
    v$lock.seq,
    trunc(id1/power(2,16)) usn,
    bitand(id1,to_number('ffff','xxxx'))+0 slot,
    id2 seq,
    lmode,
    request
from v$lock, v$session
where v$lock.type = 'TX'
  and v$lock.sid = v$session.sid
  and v$session.username = USER;
```

此处的 USER 为 SQL*PLUS 的环境变量，用来返回当前登录用户的名称。

上面的查询结果为：

USERNAME	SID	**USN**	**SLOT**	**SEQ**	LMODE	REQUEST
SCOTT	139	**10**	**40**	**489**	6	0

在上面的查询结果中，注意观察粗体部分的值，它们刚好同上一个查询的三个列的值一一对应，下面对查询结果进行说明：

① v$lock 表中的 lmode 为 6 说明是一个排它锁。request 为 0 意味着该事务持有这个锁。关于 lmode 和 request 的其他取值的含义，可以参见附录 A 中关于 v$lock 的说明。

② v$lock 表中只有一行，很多人认为 v$lock 应该有 4 行，因为更新语句更新了 4 行。这种观点是错误的，Oracle 数据库不会用任何表来存放行级锁的信息，如果要查看一行是否被锁定，可以直接定位到该行，查看其锁定标志位是否为 0 即可。

③ v$lock 表的 ID1 和 ID2 这两个列所存储的信息比较复杂，在 ID1 中存储了 3 个 16 位的信息，前 2 个 16 位（4 B）保存事务的段号（相当于 v$transaction 视图的 XIDUSN 列），第 3 个 16 位保存事务的槽号（相当于 v$transaction 表的 XIDSLOT 列）。ID2 中存储事务的序列号（相当于 v$transaction 表的 XIDSQN 列）。因此，通过 trunc(id1/power(2,16))（该操作取 ID1 的前 2 个 16 位）就可以得到事务的段号，通过 bitand(id1,to_number('ffff','xxxx'))+0（该操作取 ID1 的第 3 个 16 位）可得到事务的槽号。

从上面的分析可以看出，每个事务在 v$lock 中都会有一行记录与之相对应。

下面将进一步讨论与锁和事务有关的内容。

① 在前面例子的基础上，同样以 scott 用户开启另外一个会话（简称为"第二个会话"），更新 emp 表中的某些行，然后再更新 t3_1_1 表中的行。

```
SQL> update emp set ename=upper(ename);
14 rows updated.
SQL> update t3_1_1 set deptno=deptno-10;
```

执行完第一个 update 之后，就会阻塞。

 注　意

开启终端有两种方法，在命令行方式下，可按【Alt+F2（或 F3，F4，…，F6）】组合键打开一个终端；在图形界面下，可在 Linux 桌面的空白处右击，在弹出的快捷菜单中选择 Open Terminal 命令开启一个终端。

② 再次运行下面的查询：

```
select username,
    v$lock.sid,
    trunc(id1/power(2,16)) usn,
    bitand(id1,to_number('ffff','xxxx'))+0 slot,
    id2 sqn,
    lmode,
    request
from v$lock, v$session
where v$lock.type = 'TX'
    and v$lock.sid = v$session.sid
    and v$session.username = USER;
```

USER 为 SQL*PLUS 的环境变量，用来返回当前登录用户的名称。

其结果为：

USERNAME	SID	USN	SLOT	SQN	LMODE	REQUEST
SCOTT	150	10	40	489	0	6
SCOTT	139	10	40	489	6	0
SCOTT	150	6	25	547	6	0

再执行下面的查询语句：

```
SQL> select XIDUSN, XIDSLOT, XIDSQN from v$transaction;
```

其结果为：

XIDUSN	XIDSLOT	XIDSQN
10	40	489
6	25	547

从查询 v$transaction 表的结果可以看出：此时增加了一个事务，该事务的 ID 为：6、25、547。

从查询 v$lock 表的结果可以看出，其结果增加了两行，这两行都是由第二个会话（其 SID 为 150），其中一行的 LMODE 为 6，表示该会话拥有一个排它锁。而另一行的 LMODE 为 0，REQUEST 为 6，表示请求（等待）一个排它锁，拥有这个排它锁的事务 ID 为 10、40、489（该编号由列 RBS、SLOT、SEQ 的值相加得到）。这也说明第一个会话（SID 为 139）的事务阻塞了第二个会话（SID 为 150）的事务。注意：事务由会话产生，例如，在一个会话中执行了 DML（如 update）之后，就开始一个事务，此时 Oracle 数据库会记录该事务是由哪个会话产生，即该事务对应的会话编号（SID，session ID）是多少。此时事务和会话是一一对应的。

事务之间的阻塞关系很复杂，可用下面的 SQL 语句更加清楚地显示事务之间的阻塞关系。该 SQL 语句通过自连接 v$lock 来实现。

```
select
    (select username from v$session where sid=a.sid) blocker,
    a.sid,
    ' is blocking ',
    (select username from v$session where sid=b.sid) blockee,
    b.sid
 from v$lock a, v$lock b
 where a.block = 1
    and b.request > 0
    and a.id1 = b.id1
    and a.id2 = b.id2;
```

其结果为：

BLOCKER	SID	'ISBLOCKING'	BLOCKEE	SID
SCOTT	139	is blocking	SCOTT	150

如果提交第一个会话（SID 为 139）所产生的事务，则在 v$lock 中的请求行会消失，可运行下面的 SQL 语句验证。

```
select username,
    v$lock.sid,
    trunc(id1/power(2,16)) usn,
    bitand(id1,to_number('ffff','xxxx'))+0 slot,
    id2 sqn,
    lmode,
    request
from v$lock, v$session
where v$lock.type = 'TX'
  and v$lock.sid = v$session.sid
  and v$session.username = USER;
```

其结果为：

USERNAME	SID	USN	SLOT	SQN	LMODE	REQUEST
SCOTT	150	6	25	547	6	0

再执行下面的查询语句：

```
SQL> select XIDUSN, XIDSLOT, XIDSQN from v$transaction;
```

其结果为：

XIDUSN	XIDSLOT	XIDSQN
6	25	547

从这里可以看出，一旦事务提交，其信息会从 v$transaction 视图中删除。

2. TM 锁

TM 锁用于确保在修改表的内容时，表的结构保持不变。例如：在更新（update）一个表时，为了防止在更新过程中，该表的结构被其他用户用 drop table 命令删除或用 alter table 命令修改，Oracle 数据库会为该表加一个 TM 锁。下面举例说明在什么时候会产生 TM 锁。

① 以 scott 登录 Oracle 数据库，并执行下面的更新语句。

```
SQL> update t3_1_1 set deptno=deptno;
4 rows updated.
```

② 以 scott 用户开启另一个会话，然后执行下面的语句。

```
SQL>drop table t3_1_1;
```

执行后会报下面的错误：

```
drop table t3_1_1
          *
ERROR at line 1:
ORA-00054: resource busy and acquire with NOWAIT specified
```

第一次看到这个错误信息时，会让人迷惑，因为并没有在 drop table 上指定 NOWAIT 或 WAIT，但由于第一个会话在更新 t3_1_1 时，除了在该表上加了 TX 锁，还在该表上加了 TM 锁。当另一个会话执行 drop table 时，发现表有 TM 锁，它不会阻塞而是立即返回，并给用户上面的错误消息。

下面通过例子来观察 TM 锁的信息。

① 先创建两个表 t3_1_2、t3_1_3：

```
SQL> create table t3_1_2 (c1 int);
Table created.
SQL> create table t3_1_3 (c1 int);
Table created.
```

② 然后向这两个表中插入两行数据：

```
SQL> insert into t3_1_2 values (1);
1 row created.
SQL> insert into t3_1_3 values(1);
1 row created.
```

第一条 insert 语句执行时，会产生一个事务，并产生相应的 TX 锁，由于该事务并没有提交，Oracle 数据库为了防止其他用户修改 t3_1_2 和 t3_1_3 表的结构，会在这两个表上添加一个 TM 锁。TM 锁可通过下面的查询语句查看。

```
select username, l.sid, id1, id2, lmode, request, block, l.type
    from v$lock l,v$session s
where (s.sid = l.sid) and l.sid = (select sid
    from v$mystat
    where rownum=1)
```

该 select 语句的 where 子句中有一个子查询，其作用是通过 v$mystat 视图找到当前会话的编号，即 session ID（简写为 sid），rownum 是 Oracle 数据库的函数，rownum=1 表示返回 v$mystat 视图的第一行数据，关于 v$mystat 的结构和详细说明，请参见附录 A。执行这个 select 语句的结果为：

USERNAME	SID	ID1	ID2	LMODE	REQUEST	BLOCK	TYPE
SCOTT	139	**53154**	0	3	0	0	TM
SCOTT	139	**53155**	0	3	0	0	TM
SCOTT	139	393223	548	6	0	0	TX

如果一个对象上有 TM 锁，则 v$lock 的 ID1 为对象编号（object ID），这与 TX 锁的 ID1 的值不一样。在上面的查询结果中，前两行 ID1 的值表示对象编号，因为在表 t3_1_2 和 t3_1_3 上分别有一个 TM 锁。可以通过下面的 SQL 语句查找 53154 和 53155 对应的数据对象名。

```
select object_name
from user_objects
 where object_id in (53154,53155);
```

在这个 SQL 语句中，user_objects 是一个视图，通过该视图可以查询到所有用户对象（如表、存储过程、触发器等）。其执行的结果为：

```
OBJECT_NAME
-----------
T3_1_2
T3_1_3
```

一般情况下，TM 锁总是与 TX 锁一起出现。TM 锁为轻量级锁，对并发性不会产生影响。这里需注意一点，在创建 t3_1_2 和 t3_1_3 表时，这两个表名都是用的小写字母，但 Oracle 数据库在保存这两个表名时，字母全部变成大写，Oracle 数据库会将所有对象名中的字母以大写的形式保存。

3.1.2　DDL 锁

在进行 DDL 操作时，Oracle 数据库会自动为所操作的对象加上 DDL 锁，以达到对该对象的保护作用。DDL 命令结束后，会自动释放这些锁。但不能显式地申请加一个 DDL 锁，只有当对象结构被修改或者被引用时，才会在对象上加 DDL 锁。例如，对表 T 执行 create view v1 as select * from t1 时，Oracle 数据库会为表 t1 加上一个 DDL 锁，防止其他用户对其加 TM 锁，在 DDL 执行期间会一直持有该锁，一旦 DDL 执行完成，该锁自动释放。在执行 DDL 命令之前，Oracle 会先隐式地执行提交命令，然后执行具体的 DDL 命令，在 DDL 命令执行结束之后，还会隐式地执行提交命令。实际上，Oracle 在执行 DDL 命令时，都会将其转换为对数据字典表的 DML 操作。例如，当执行创建视图的 DDL 命令时，Oracle 会将表名称插入数据字典 obj$ 里，同时将视图的列名以及列的类型插入 col$ 表里等。因此，在 DDL 命令中需要添加隐式的提交命令，从而提交这些对数据字典表的 DML 操作。即使 DDL 命令失败，最开始的隐式提交命令也会执行。下面举例说明这个过程。

① 在一个会话中创建一个表 t，然后插入一行，但不要提交。

```
SQL>create table t (c1 int);
 Table create.
SQL>insert into t values(1);
1 row created.
```

② 开启另一个会话，查询表 t 的内容。

```
SQL>select * from t;
no rows selected.
```

由于第①步中没有提交，在这个会话中查询不到数据。

③ 再回到第①步，执行下面的语句。

```
SQL> create view v1 as select * from emp;
create view v1 as select * from emp
              *
ERROR at line 1:
ORA-00955: name is already used by an existing object.
```

④ 然后再回到会话 2 中执行下面的查询语句。

```
SQL>select * from t;
  C1
  ---
   1
```

虽然在第③步创建视图没有成功（即便成功也是一样），但在执行创建视图的语句以前，Oracle 已经先隐式地做了提交。

DDL 执行的伪代码如下：

```
Begin
  Commit;
  DDL 语句
  Commit;
Exception
  When others then rollback;
End;
```

从上面的伪代码可以看出，当执行 DDL 失败后，系统会回滚 DDL 产生的所有操作，但不会回滚 DDL 之前其他语句所产生的操作。在执行 DDL 时，如果不想让 DDL 提交现有的事务，可采用自治事务达到这种效果。

DDL 有三种类型的锁：

1. 排它 DDL 锁（Exclusive DDL Lock）

大部分 DDL 操作都会为所操作的对象添加排它 DDL 锁，这使得在 DDL 命令执行期间，对象不被其他用户所修改。当加上排它的 DDL 锁以后，该对象上不能再添加任何其他的 DDL 锁。如果是对表执行 DDL 命令，则其他进程也不能修改其中的数据。

例如：

```
alter table t1 add new_column date;
```

在执行该语句期间，可使用 select 查询该表，但其他事务不可对该表执行 DDL 和 DML。在 Oracle 数据库中，有些 DDL 操作没有 DML 锁。例如：

```
create index t_idx on t1(x) online;
```

online 关键字会让 Oracle 数据库试图在表上加一个低级（lmode 的值为 2）的 TM 锁。这可防止其他 DDL 操作在该对象上执行，但允许执行 DML 操作执行。

2. 共享 DDL 锁（Shared DDL Lock）

共享 DDL 锁用来保护被 DDL 的对象不被其他事务更新，但是允许其他事务在对象上添加共享的 DDL 锁。如果是对表进行 DDL 命令，则其他事务可以同时修改表中的数据。例如，创建视图时，视图所引用的表上会添加共享的 DDL 锁。也就是说，在创建视图时，其他事务不能修改基表的结构，但是可以更新这些表中的数据。

3. 可中断解析锁

共享池中有一些对象，如执行计划、游标、统计信息等，会对依赖的对象（如表、索引等）加可中断解析锁。如果被依赖对象发生了变化（如对某个表增加或删除一个列、表被删除等），Oracle 数据库会查看对这些被修改对象注册了依赖性的对象列表，使共享池中相关的对象失效，当系统再次引用这些失效的对象时，Oracle 数据库会重新编译这些对象。可中断解析锁有效地保证了共享池中对象的正确性。

dba_ddl_locks 视图可以用来查询系统当前有哪些可中断解析锁，但数据库在默认情况下不会安装该视图，可在 SQL*PLUS 中执行下面的命令安装该视图。安装这个视图时，必须为 sys 用户。

```
SQL> conn sys/abc123 as sysdba
Connected.
SQL> start ?/rdbms/admin/catblock.sql
```

第二条语句中的问号（"?"）代表环境变量 $ORACLE_HOME 所指向的值。安装好之后，可以切换到 scott 用户（本书的 scott 用户拥有 dba 角色，如果 scott 不拥有 dba 角色，可以用 system 连接到 oracle，然后执行 grant dba to scott 授予 scott 用户 dba 角色）下，执行下面的 select 语句查询当前系统的可中断解析锁。

```
select session_id sid, owner, name, type,
    mode_held held, mode_requested request
from dba_ddl_locks;
```

其结果为：

SID	OWNER	NAME	TYPE	HELD	REQUEST
161	SYS	AQ$_ALERT_10	Null	None	QT_E
161	SYS	DBMS_OUTPUT	Body	None	None

··

由于篇幅的原因，大部分结果被省略了，从这些结果可以看出，Oracle 数据库的一些常用的包，如 DBMS_OUTPUT，都在共享池中，且被加了中断可解析锁。结果中 OWNER 列不是锁的拥有者，而是被锁定对象的拥有者。

下面以一个实际例子来理解可中断解析锁。

① 创建一个存储过程 p_null：

```
create or replace procedure p_null
    as
    begin
      null;
    end;
SQL> /
Procedure created.
```

注意，这个存储过程没有任何语句，但语句 null 不能省略，不然 oracle 会报错。

② 执行这个存储过程。

```
SQL> exec p_null;
PL/SQL procedure successfully completed.
```

③ 存储过程 p_null 会出现在视图 dba_ddl_locks 中，这说明存储过程 p_null 有一个可中断解析锁。可通过下面的语句查看。

```
select session_id sid, owner, name, type
from dba_ddl_locks
where name ='P_NULL';
```

 注 意

where 条件后面那个 P_NULL 表示存储过程名，一定要大写。Oracle 数据库对字符串中的字母要区分大小写。另外，SCOTT 用户必须要有 dba 角色。可用 sys 用户执行"grant dba to scott;"来授予 SCOTT 用户 dba 角色。

其查询结果为：

SID	OWNER	NAME	TYPE
139	SCOTT	P_NULL	Table/Procedure/Type

④ 将存储过程重新编译一次。重新编译存储过程之后，Oracle 数据库认为存储过程的结构有可能发生变化，会将缓冲区中该存储过程置为无效，因此无法在 dba_ddl_locks 中找到该存储过程。可通过下面的语句再次查看：

```
SQL> select session_id sid, owner, name, type
  2   from dba_ddl_locks
  3* where name ='P_NULL'
SQL> /
no rows selected
```

执行结果没有发现该存储过程，因为解析锁被中断了。

dba_ddl_locks 视图对查看所有的 DDL 锁的使用情况非常有用。例如，当重新编译或删除某个存储过程时，遇到阻塞，就可通过 dba_ddl_locks 视图了解该存储过程的 DDL 锁的使用情况。

下面通过例子说明 dba_ddl_locks 视图的这一功能。

① 创建一个存储过程。

```
SQL> create or replace procedure p_test
    as
    begin
     dbms_lock.sleep(60);
    end;
    /
Procedure created.
```

该存储过程只有一条语句，该语句的作用是让当前的会话挂起（暂停）60 秒。

② 以 scott 用户建立三个 Oracle 数据库连接，并得到每个连接的会话编号（简称为 sid）。

查看第一个连接的会话编号（sid）:

```
select sid from v$mystat where rownum=1;
SID
----------
144
```

查看第二个连接的会话编号（sid）:

```
select sid from v$mystat where rownum=1;
SID
----------
143
```

查看第三个连接的会话编号（sid）:

```
select sid from v$mystat where rownum=1;
SID
----------
154
```

这里开启了三个连接，其会话编号（sid）分别为 144、143、154（注意：不同的系统，得到的会话编号不一样）。

③ 在第一个连接（其 sid 为 144）中执行存储过程 p_test。

```
SQL> exec p_test;
```

执行后该会话会被挂起（暂停）。

在第二个连接（其 sid 为 143）中执行重编译存储过程 p_test。

```
SQL> alter procedure p_test compile;
```

会看见该 DDL 语句被阻塞。

在第三个连接（其 sid 为 154）中执行删除存储过程 p_test。

```
SQL> drop procedure p_test;
```

会看见该 DDL 语句被阻塞。

④ 执行下面的 SQL 语句可查看 DDL 锁的使用情况。

```
select session_id,type,mode_held,mode_requested from dba_ddl_locks where
name='P_TEST';
```

其结果为：

```
SESSION_ID    TYPE                    MODE_HELD    MODE_REQUESTED
----------    --------------------    ---------    --------------
154           Table/Procedure/Type    None         Exclusive
143           Table/Procedure/Type    Exclusive    None
```

从结果可以看出，第三个连接（sid=154）在请求一个 DDL 锁而被阻塞。第二个连接（sid=143）持有一个排它的 DDL 锁，但它必须要等待存储过程执行完之后才能继续执行。

从这个例子可以看出 dba_ddl_locks 视图非常重要，可以帮助用户理解 DDL 锁的使用情况。

*3.1.3　闩

闩（latch）与锁一样，也是用于保护数据的完整性与一致性。但闩是低级别、轻量级的锁，获得和释放的速度非常快，它是用于保护 SGA 区中共享数据结构的一种串行化锁定机制，属于系统锁（system lock），其实现与操作系统相关，它只工作在 SGA 中，通常用于保护缓存中数据块的数据结构。在一般的应用中，该锁持续时间较长，通过队列，按照先进先出的方式实现。下面举例说明闩的实现原理。

某个用户 A 连接到 Oracle 数据库上，执行一条 update 语句来更新 32 号数据块里的某行。Oracle 数据库会将该数据块从磁盘上读到内存中（数据块是 Oracle 数据库读/写的最小单位），Oracle 数据库根据 A 用户的 update 语句修改数据块中对应的行。在 Oracle 数据库修改 32 号数据块的过程中，另一个用户 B 连接到 Oracle 数据库上，执行 insert 语句向 32 号数据块中写入数据。如果没有一定的保护机制，就会造成向同一数据块写入数据混乱，从而造成数据的不一致。Oracle 数据库利用闩来保证这种写入的串行性。简单地讲，在任何进程中要写数据块时，都必须先获得闩，在写入过程中，一直持有该闩，写完以后，释放闩。对上面的例子来说，当 A 在写入 32 号数据块时，先获得闩，然后开始写。而当 A 正在写入的过程中，B 请求写 32 号数据块。这时 B 在尝试获得闩，发现该闩正被其他用户（也就是 A）持有，因此 B 进入等待状态。直到 A 写完数据块并释放闩以后，B 才能获得闩，获得闩以后，才能在 32 号数据块里写入数据。

Oracle 数据库在获取某个共享资源的闩时，一般都采用"愿意等待"（willing to wait）模式来请求闩。也就是说，如果闩不可用，请求会话会睡眠很短的一段时间后再次尝试请求闩的操作。还有一种是"立即"（immediate）模式来请求闩，该模式是指：如果请求闩不成功，进程就去做其他事情，而不是等待这个闩直到它可用。可能许多请求者会同时等待一个闩，这就会出现一些进程等待的时间比其他进程要长一些。闩分配是随机的，等待闩的会话不会排队，而是许多会话不断重试。Oracle 数据库采用"测试和设置"（test and set）和"比较和交换"（compare and swap）等原子指令来实现闩的请求和释放。由于请求和释放闩的指令是原子级的，尽管有多个进程在同时请求它，但操作系统本身可以保证只有一个进程能得到闩。一般持有闩的过程很短。Oracle 数据库提供了一种清理机制，万一某个闩的持有者在持有闩时意外地"死掉了"，Oracle 数据库的系统进程 PMON 会将其清理，即释放闩。

1. 闩的"自旋"

在多 CPU 的环境中，"愿意等待"模式会采用自旋（spin）方式来实现。可这样理解自旋：想得到闩的进程不释放当前的请求，不断尝试得到闩，可以看成是一直绕着闩旋转。由于闩操作本身是一个很快速的动作，因此可能等很短的时间就能获得闩。如果没获得闩就立刻放弃，那需要进行上下文切换，下次再次尝试获得闩时，又要进行上下文切换，这样反而会消耗更多的时间。所以对于闩来说，采取自旋来获得闩是非常有效的一种方式。当反复旋转来尝试获得闩的次数超过某个上限（该上限由隐藏参数_max_exponential_sleep 控制）时，进程会释放 CPU，并进入睡眠（sleep）状态。进程一旦进入睡眠状态，会抛出相应的等待事件，并记录在视图 v$session_wait 里。初始状态下，一个进程会睡眠 0.01 秒。然后再次尝试获得闩。如果自旋的次数达到上限以后，仍然不能获得闩，则再次进入睡眠，这时睡眠时间会加倍，依此类推，直到达到睡眠的最大值：2 秒。

可以用下面的伪代码来描述自旋的原理。

```
Attempt to get Latch
If Latch gotten
Then
    return SUCCESS
Else
    Misses on that Latch = Misses+1;
Loop
    Sleeps on Latch = Sleeps + 1
    For I in 1 .. 2000
    Loop
      Attempt to get Latch
      If Latch gotten
        Then
              Return SUCCESS
        End if
    End loop
  Go to sleep for short period
End loop
End if
```

2．闩和锁的区别

闩和锁的区别：

① 闩是对内存数据结构提供互斥访问的一种机制，而锁是以不同的模式来获取共享资源，各个模式间存在着兼容或排斥。

② 闩只作用于内存中，它只能被当前实例访问，而锁作用于数据库对象，在 RAC 体系中允许实例间检测锁和访问锁。

③ 闩是瞬间的占用，释放。锁的释放需要等到事务的结束，它占用的时间长短由事务大小决定。

④ 闩没有队列，不需排队访问资源。而锁有队列，互斥锁需要排队访问。

⑤ 闩不存在死锁，而锁有可能死锁。

3．闩对系统性能的影响

系统性能差的原因经常由于闩的争用引起。闩的争用主要分为两大类，即共享池的闩争用和数据缓冲池中的闩争用。

（1）共享池的闩争用

共享池（shared pool）是 SGA 中最关键的内存区域，共享池主要由库缓存（共享 SQL 区和

PL/SQL 区）和数据字典缓存组成。其中库缓存用来存放频繁使用的 SQL 语句，PL/SQL 代码以及查询计划。数据字典缓存用于存放数据字典。

共享池的组成：

① library cache（库缓存）：存放 SQL、PL/SQL 代码、命令块、解析代码、执行计划。

② data dictionary cache（数据字典缓存）：存放数据对象的数据字典信息。

③ user global area（UGA）for shared server session ：用于共享模式。

库缓存最容易引起闩的争用，因为执行的 SQL 存放在库缓存中，如果有很多 SQL 在库缓存中被反复解析，会有大量闩争用，从而影响系统。SQL 被反复解析的最常见原因是没有绑定变量。在讨论库缓存的闩争用前，先看一下库缓存的组成。本书重点讨论库缓存中的闩争用。

Library Cache 由以下四个部件组成：

- 共享 SQL 区（shared SQL areas）；
- 私有 SQL 区（private SQL areas）；
- PL/SQL 和包（PL/SQL procedures and packages）；
- 各种控制结构（various control structures）。

可用下面的 SQL 语句查看库缓存中的闩。

```
select * from v$latchname where name like 'lib%';
```

其结果为：

LATCH#	NAME	HASH
214	library cache	3055961779
215	library cache lock	916468430
216	library cache pin	2802704141
217	library cache pin allocation	4107073322
218	library cache lock allocation	3971284477
219	library cache load lock	2952162927
220	library cache hash chains	1130479025

（2）库缓冲池中的闩争用

下面以一个例子来说明在库缓存中，由于进行大量的 SQL 解析而带来闩争用。

① 创建一个表和存储过程。该存储过程对 select 语句采用动态执行。

```
create table t3_1_4_latch ( x int );
create or replace procedure p1 as
l_cnt number;
  begin
    for i in 1 .. 10000 loop
      execute immediate 'select count(*) from t3_1_4 where x = ' || i
        into l_cnt;
    end loop;
  end;
/
```

这个存储过程中的 execute immediate 表示执行动态 SQL 语句，动态 SQL 语句是指 SQL 的形式固定，但是表名、列名或查询条件没有固定，要依赖外部的参数传入，最终通过字符串的拼接形成一个完整的 SQL。l_cnt 是存储过程的局部变量，into l_cnt 的作用是在 execute immediate 执行完 SQL 之后，将结果存放到变量 l_cnt 中。整个存储过程的作用是执行 10 000 次动态 SQL 语句 "select count(*) from t3_1_4 where x =...."，并将每次执行的结果存到变量 l_cnt 中。

② 执行下面的 SQL 语句查看库缓存中各个统计量的值。

```
select name,gets,spin_gets,sleeps from v$Latch
where name like 'lib%'
```

执行的结果为：

NAME	GETS	SPIN_GETS	SLEEPS
library cache pin allocation	137	0	0
library cache lock allocation	204	0	0
library cache hash chains	0	0	0
library cache lock	13044	0	0
library cache	46525	0	2
library cache pin	22841	0	0
library cache load lock	1300	0	0

关于 v$latch 中各列的含义，可以参见附录 A。从这里可以看出，系统从启动到现在，总共进行 willing to wait 模式（见 GETS 列）的闩请求次数。

③ 执行存储过程 p1：

```
SQL> exec p1;
```

再次运行这条 SQL 语句：

```
select name,gets,spin_gets,sleeps from v$Latch
where name like 'lib%';
```

得到的结果是：

NAME	GETS	SPIN_GETS	SLEEPS
library cache pin allocation	157	0	0
library cache lock allocation	257	0	0
library cache hash chains	0	0	0
library cache lock	73718	0	0
library cache	255105	0	2
library cache pin	93671	0	0
library cache load lock	1338	0	0

注意观察 GETS 列的数据，都发生了变化，可以记录下变化情况（当然，靠人为记录这些变化，始终不太方便，读者可试着实现系统自动记录两次结果的变化情况）。

④ 创建一个存储过程 p2。该存储过程采用变量绑定方式来执行 select 语句。

```
create or replace procedure p2 as
  l_cnt number;
  begin
    for i in 1 .. 10000 loop
      select count(*) into l_cnt from test_latch
        where x = i; --变量绑定
    end loop;
  end;
/
```

该存储过程的形式与 p1 差不多，只是这里执行 SQL 语句时没有采用动态执行，这样，Oracle 数据库就会重用库缓存中的查询计划，而不是反复解析 SQL 语句生成查询计划，这种方法就减少了对库缓存的访问，其产生的闩的数量会明显减少。

⑤ 执行存储过程 p2。

```
SQL> exec p2;
```

再次运行这条 SQL 语句：

```
select name,gets,spin_gets,sleeps from v$Latch
where name like 'lib%'
```

得到的结果是：

```
NAME                              GETS      SPIN_GETS   SLEEPS
------------------------------    --------  ----------  ----------
library cache pin allocation      164       0           0
library cache lock allocation     276       0           0
library cache hash chains         0         0           0
library cache lock                73996     0           0
library cache                     275692    0           2
library cache pin                 113996    0           0
library cache load lock           1354      0           0
```

从这个结果可以看出，GETS 列的增加量比采用动态执行 select 的方法要小得多。说明变量绑定执行 SQL 的方式有较少的闩争用，因此其 SQL 语句执行的性能也会大大提高。

3.2　用户定义锁

Oracle 数据库支持用户为 SQL 语句加锁，主要有如下两种方式：

① 用手动的方式锁定一条 SQL 语句的数据。

② 通过 dbms_lock 包创建自己的锁。

3.2.1　用手动方式锁定一条 SQL 语句的数据

这种加锁方式用的很多。一般通过 select ...for update 语句实现。下面通过一系列例子来说明该语句的用法。

① 通过 select ...for update 语句锁定某一行。

```
select  * from emp where empno =7934 for update
```

执行上面的语句后，会查询出一行，同时将这一行加上 TX 锁，并对表加上 TM 锁。可以通过下面的方法来查看 TX 锁和 TM 锁。

```
select l.sid,trunc(id1/power(2,16)) rbs,
  bitand(id1,to_number('ffff','xxxx'))+0 slot,
  id2 seq,
  lmode, request, l.type
from v$lock l,v$session s
where (s.sid = l.sid) and l.sid = (select sid
                  from v$mystat
                  where rownum=1
                );
```

其结果为：

```
SID     RBS     SLOT    SEQ     LMODE     REQUEST     TYPE
------  ------  ------  -----   --------   ----------   --------
148     0       51148   0       3          0            TM
148     9       37      564     6          0            TX
```

从上面的结果可以看出， select 后面加一个 for update，就相当于为查询的行加 TX 锁，并对表加 TM 锁。

同时注意，在 v$transaction 表中也有一行记录。可执行下面的语句查看。

```
SQL> select xidusn,xidslot,xidsqn from v$transaction;
```

其结果为：

```
XIDUSN          XIDSLOT         XIDSQN
----------      ----------      ----------
9               37              564
```

这个结果与 v$lock 的事务 ID 完全吻合。

② 打开另外一个会话，执行下面的语句：

```
SQL> drop table emp;
drop table emp
            *
ERROR at line 1:
ORA-00054: resource busy and acquire with NOWAIT specified
```

产生错误信息的原因是由于 emp 上有一个 TM 锁，删除该表就会报错。

③ 在第二个会话（就是执行 drop table 那个会话）执行对表 emp 的查询。

```
SQL> select * from emp;
```

该查询可以顺利执行而不会被阻塞，Oracle 数据库的 select 语句永远不会阻塞。

④ 在第二个会话执行对表 emp 的某一行更新。

```
SQL> update emp set sal=sal+1 where empno=7934;
```

由于 empno 为 7934 这一行被前面的 for update 语句加了 TX 锁，因此这个更新会被阻塞。但是，如果更新其他行，则不会阻塞，因为其他行并没有加锁，读者可以自己验证。如何解除 select …for update 加的锁呢？答案就是显式用 commit 对加锁的语句进行提交，在第一个会话（就是执行 for update 的会话）里，执行 commit 语句。

```
SQL> commit;
Commit complete.
```

然后观察第二个会话，被阻塞的 update 语句被执行。

下面举例说明 for update nowait 语句的作用。

① 打开一个会话，执行下面的语句。

```
select * from emp where empno =7902 for update;
```

② 打开另外一个会话，执行下面的语句。

```
select * from emp where empno =7902 for update;
```

因为前一个 select …for update 已经对 empno 为 7902 的行加了 TX 锁，第二个会话试图再次对该行加 TX 锁并查询数据，结果会被阻塞。

③ 打开第三个会话，执行下面的语句。

```
select * from emp where empno =7902 for update nowait;
```

这条语句执行后不会阻塞，但是会出现下面的错误。

```
ERROR at line 1:
ORA-00054: resource busy and acquire with NOWAIT specified
```

select …for update nowait 的作用是：试图为查询的行加 TX 锁，如果这些行可以加 TX 锁，则为这些行加上 TX 锁，并将查询结果返回给用户，如果不能为这些行加锁（例如，这些行上已经有 TX 锁），则不会阻塞而是立即返回，并报一个错误。

④ 打开一个会话，然后执行下面的语句。

```
update emp set sal=sal+1 where empno=7844;
```

这样会为 empno 为 7844 的行加上 TX 锁。若执行 select ＊from emp where empno =7902 for update nowait，则也会报下面的错误信息。

```
ERROR at line 1:
ORA-00054: resource busy and acquire with NOWAIT specified
```

⑤ for update wait n 选项，其中，n 表示秒数，该选项的含义为：若对所查询的行加锁不成功，不立即返回，而是等待 *n* 秒，若 *n* 秒内加锁成功，则返回查询结果，否则返回错误。错误信息与前面的略有不同，其内容为 "ORA-30006: resource busy; acquire with WAIT timeout expired"。其用法如下：

```
select ＊ from emp where empno =7902 for update wait 5;
```

关于 select …for update 还有几种情形没有讨论，本书将其留作习题，读者可以通过本章的习题 2 了解这几种情形的用法及作用。

另外，还可以用 lock table 手动锁定数据，其语法为：

```
lock table 表名 in exclusive mode[nowait];
```

这个语句用得非常少，因为锁的粒度太大。它只是锁定表，而不是对表中的行锁定。这种方法很浪费资源。本书不讨论该方法。

*3.2.2　通过 dbms_lock 包创建自己的锁

dbms_lock 是 Oracle 向开发人员提供的包，它在内部使用队列锁机制。dbms_lock 包提供了如下几种方法：

（1）dbms_lock 提供的锁类型

dbms_lock 提供的锁类型如表 3-1 所示。

表 3-1　dbms_lock 提供的锁类型

锁 的 名 称	锁 的 描 述	锁的数据类型	值
nl_mode	空（NULL）	整型（integer）	1
ss_mode	用于聚合对象以表示对象的子部分具有共享锁	整型（integer）	2
sx_mode	用于聚合对象以表示对象的子部分具有排它锁	整型（integer）	3
s_mode	整个对象上有共享锁，但对象的某些部分有排它锁	整型（integer）	4
ssx_mode	共享次排它锁	整型（integer）	5
x_mode	排它（eXclusive）锁	整型（integer）	6

（2）allocate_unique 过程

该过程的作用是通过用户给定的锁名分配唯一的锁标识（lock identifier），其范围在 1 073 741 824～1 999 999 999 之间。注意：这里称 allocate_unique 为过程是因为它没有返回值，如果称为函数，则有返回值，下面介绍的 request 就是一个函数。

该过程的具体定义如下：

```
dbms_lock.allocate_unique
  (
  lockname          in   varchar2,
  lockhandle        out  varchar2,
  expiration_secs   In   integer   default 864000
  )
```

参数 lockname 为用户指定的一个锁名，该锁名必须是唯一的。参数 lockhandle 是该过程根据指定的锁名产生的锁的标识，这个标识可被 release() 函数和 request() 函数使用。注意：参数 lockhandle 后面有一个 OUT，它的作用是将 allocate_unique 执行的结果传递出来。参数 lockname 后面的 IN 表示将参数的值传到过程 allocate_unique 里面。

（3）release() 函数

该函数的作用是释放 request() 函数加的锁。当用 request 加锁的会话结束时，该锁自动释放。release() 函数只有一个参数，可以接收用户定义的锁标识或由 allocate_unique 过程产生的锁标识。

（4）request() 函数

该函数的作用是采用给定的 dbms_lock 锁类型（见表 3-1）申请一个锁。该函数的具体定义如下：

```
dbms_lock.request(
id                  in integer,
lockmode            in integer default x_mode,
timeout             in integer default maxwait,
release_on_commit   in boolean default FALSE
)
```

第一个参数 id 表示要为某个值加锁，这个值可以是 0～1 073 741 823 的任意整数或由 dbms_lock 的 allocate_unique() 函数所产生的 lockhandle 值，该值一般不要重复，可以用 Oracle 数据库提供的两种方法生成这个值，一种是用包 dbms_utility.get_hash_value() 函数产生，另一种方法是用 dbms_lock 的 allocate_unique() 函数产生。

第二个参数 lockmode 是指定要加锁类型（锁类型见表 3-1），默认的锁类型为 x_mode（其值为 6）。第三个参数为延迟时间，指加锁不成功之后，不立即返回，而是等待指定的秒数后再加锁，若不成功才返回，该参数的默认值为 maxwait，意思是一直等待。第四个参数 release_on_commit 表示是否通过提交（commit）来释放锁。默认值为 false，表示通过 release 方法或断开会话释放锁，如果为 true，则可通过 commit 或 rollback 释放锁。

request 方法的返回值及其代表含义如表 3-2 所示。

表 3-2　request 方法的返回值及其代表含义

返　回　值	代　表　含　义
0	成功
1	超时
2	死锁
3	参数错误
4	表示指定的 id 或 lockhandle 曾经被加过锁，虽然上面的锁已经释放，但不能再为这个值加锁
5	非法的锁句柄

下面举例说明 request 的用法。

有下面的匿名 PL/SQL 块。

```
SQL>set serveroutput on
SQL>declare
   v_result number ;
   begin
     v_result:= dbms_lock.request(123,dbms_lock.x_mode, 1000, false);
```

```
        dbms_output.put_line(v_result);
    end;
```

在执行该匿名 PL/SQL 块之前，必须先执行 set serveroutput on。这个 PL/SQL 块首先用 dbms_lock.request 为 123 这个数字加一个排它锁（x_mode），如果有另外的会话通过 dbms_lock.request 对 123 加锁，则该会话将被阻塞。这个 PL/SQL 块执行完之后，通过 dbms_output.put_line 显示 dbms_lock.request 的返回值，其值为 0，表示 request 方法成功执行。开启另外一个会话，再次执行该匿名 PL/SQL 块，则该会话将被阻塞。为了释放这个被锁定的值（123），可以用 dbms_lock 的 release()函数。执行下面的 PL/SQL 块即可释放第一个会话中由 request 对数值 123 所加的锁。

```
SQL>declare
    v_result number ;
    begin
        v_result:= dbms_lock.release(123);
        dbms_output.put_line(v_result);
    end;
    /
```

执行完这个 PL/SQL 块之后，第二个会话的 PL/SQL 块就会被顺利执行。注意：第一个会话用 request 请求锁时，release_on_commit 参数为 false，所以释放该锁需用 dbms_lock 的 release()函数，如果 release_on_commit 参数为 true，则可以用 commit 或 rollback 释放 request 加的锁。

关于 dbms_lock 包的其他过程和函数的介绍，可以参考 Oracle 的 PL/SQL Packages and Types Reference 文档。本书不再做详细讨论。

3.3　Oracle 数据库的阻塞与死锁

前面介绍 TX 锁和 select … for update 时，都遇到阻塞的情况。如果一个会话锁定某个资源，另一个会话试图对该资源加锁，但加锁不成功时，就会出现阻塞，直到持有锁的会话放弃锁定的资源。Oracle 数据库有 5 条 DML 语句可能会引起阻塞，它们分别是 insert、update、delete、merge 和 select … for update。对于一个 select … for update，解决阻塞很简单：只需增加 nowait 子句，就不会出现阻塞。下面将分析另外 4 条 DML 语句出现阻塞的情况以及出现阻塞之后如何解决。

3.3.1　insert 语句引起的阻塞

insert 语句通常不会引起阻塞。对于 insert 语句，一种引起阻塞最常见的情形是：两个会话对一个有主键（或唯一约束）的表插入相同的主键值或唯一约束值，其中一个会话会阻塞，直到另一个会话提交或回滚，阻塞的会话才得以执行。如果一个会话提交，则阻塞的会话会报错，因为有重复值出现；若一个会话回滚，阻塞的会话会成功执行。还有一种情况会引起 insert 阻塞，就是多个表通过引用完整性约束相互连接。如子表所依赖的父表正在修改数据，对子表的插入可能会阻塞，后面介绍的死锁就是这种原因引起的。

如果表的主键值或唯一约束列的值由用户自己产生，则很容易出现 insert 阻塞。为避免这种情况，最常用也是最有效的方法就是使用一个序列（sequence）生成主键/唯一列值。序列是 Oracle 数据库的一种对象，用来为多用户产生唯一的整数。本章习题 7 介绍了序列的使用，读者可以通过完成该习题学会使用序列解决 insert 阻塞。

也可用手工锁解决 insert 阻塞。所谓手工锁是通过前面介绍的 dbms_lock 包实现。一般不推荐使用这种方法，因为此方法只是一个临时解决方案，会增加系统开销。为了加深读者对 Oracle 数据库系统中锁的理解，下面详细介绍如何用 dbms_lock 防止 insert 阻塞。

通过 dbms_lock 解决 insert 阻塞问题时，需要借助触发器。在触发器中，使用包 dbms_utility 的 get_hash_value()函数生成主键的散列值，散列表的大小为 1024，然后通过 dbms_lock 的 request() 函数为得到的散列值加锁。如果会话表中插入相同的主键值，就会向它提示插入失败，立即返回并不阻塞该会话。具体实现过程如下：

① 创建一个表 t_dbms_lock，并在该表上创建一个触发器 tr_dbms_lock。

```
SQL> create table t_dbms_lock(cl int primary key);
Table created.
SQL> create or replace trigger tr_dbms_lock
before insert on t_dbms_lock
for each row
declare
    myErr   exception;
    pragma exception_init( myerr, -54 );
begin
if(dbms_lock.request(:new.c1,dbms_lock.x_mode,0,true)<>0)
    then
        raise myErr;
    end if;
end;
/
Trigger created.
```

该触发器为 before 触发器，即在向表插入行之前（before）就会触发，for each row 表示每向表中插入一行，就会触发。在触发器中定义一个异常，名为 myErr。并通过 pragma exception_init 向 Oracle 数据库注册这个异常，该异常的编号为–54。如果用 dbms_lock.request 请求加锁不成功，则通过 raise 抛出异常 myErr。

Oracle 数据库的触发器拥有两个临时表，分别为:new 和:old（注意前面的冒号不能丢掉），:new 存放的是插入表的行，:old 存放的是删除表的行。更新操作所产生的值会同时存放在这两个表中，更新前的旧值放在:old 表中，更新后的新值放在:new 表中。

② 开启第一个会话，执行下面的语句：

```
SQL> insert into t_dbms_lock values(10);
 1 row created.
```

开启第二个会话，执行下面的语句：

```
 SQL> insert into t_dbms_lock values(10);
```

则会报下面的错误：

```
insert into t_dbms_lock values ( 10 )
*
ERROR at line 1:
ORA-00054: resource busy and acquire with NOWAIT specified
ORA-06512: at " TR_DBMS_LOCK ", line 14
ORA-04088: error during execution of trigger 'TR_DBMS_LOCK'
```

这个错误是 dbms_lock 的 request()函数对即将插入的主键值进行加锁时，如果返回的值不等于 0，表示该主键已经被锁定，说明有会话已经插入了该值，触发器中的 raise myErr 就会被执行，从而报出这串错误信息。注意：第二个会话收到了错误信息，但不会阻塞而是立即返回。

最后，还要记住，如果 request() 函数加锁成功，则会在 v$lock 中增加一行记录（见习题 8）如果在会话中插入大量行，而没有提交，可能会发现 v$lock 中有很多行（超出了 ENQUEUE_RESOURCES 参数设置的最大值），从而耗尽系统资源。如果有这种情况出现，就需要增大 ENQUEUE_RESOURCES 参数的值。

3.3.2 死锁

当一个会话对数据库某个表的某一列做更新或删除等操作，执行完后该条语句不提交，另一会话对这一列数据做更新操作的语句在执行时就会处于等待状态，此时的现象是这条语句一直在执行，但一直没有执行成功，也没有报错，从而产生死锁。如果在会话中出现死锁，Oracle 数据库会提示如下错误信息：

```
ERROR at line 1:
  ORA-00060: deadlock detected while waiting for resource
```

在 Oracle 数据库中，可用有 dba 角色的用户执行如下 SQL 语句检测是否有死锁存在：

```
select username,lockwait,status,machine,program from v$session where sid in
(select session_id from v$locked_object)
```

如果这条 SQL 语句有输出的结果，则说明有死锁，否则表明没有死锁。在这个查询语句中，各列的含义如下：

username：哪个用户执行的语句产生了死锁。

lockwait：死锁的状态。

status：状态，active 表示有死锁。

machine：死锁语句所在的机器。

program：哪个应用程序引起死锁。

为了查测哪些语句引起的死锁，可以用有 dba 角色的用户执行以下语句：

```
select sql_text from v$sql where hash_value in
(select sql_hash_value from v$session where sid in
(select session_id from v$locked_object))
```

在 Oracle 数据库中，导致死锁最主要的原因是外键未加索引；其次是表上的位图索引被并发更新（这将在最后一章讨论）。下面讨论由于外键未加索引而导致死锁的原因。

下面两个原因会使 Oracle 数据库在修改父表时对子表加一个表级锁（整个表被锁定）：

① 如果更新了父表的主键（这种情况极其少见，因为按关系数据库理论，主键不允许更新），且没有对外键建立索引，子表会被锁住。

② 如果删除父表中的一行，且外键没有索引，整个子表会被锁住。

下面通过一个简单的例子说明在删除一行时，外键没有索引而使整个子表全被锁定。

① 创建两个表 parent 和 child，parent 中的列作为 child 的外键。

```
SQL> create table parent (c1 int primary key,c2 int);
SQL>create table child ( c1 references parent);
```

② 向表 parent 中插入两行数据并提交。

```
SQL>insert into parent values(10,1);
SQL>commit;
```

③ 然后向 child 表中插入一行数据，但不提交。

```
SQL>insert into child values(10);
```

此时 child 表上有一个 TX 和一个 TM 锁。

④ 开启另外一个会话，删除 parent 表中 c1 为 10 的行。

```
SQL>delete from parent where c1=10;
```

这个删除语句会被阻塞，因为执行删除之前试图对表 child 加一个表级排它锁，但是另一个会话已经在表 child 上加了一个 TX 锁。因此当前会话被阻塞。

删除父表的一行可能导致子表被全部锁住，这时如果有会话想修改子表中的行，就会出现阻塞并引起死锁问题。另外，由于这种情况会锁定整个子表，数据库的并发性就会大大降低。如果父表拥有大量数据，且操作父表的事务持续时间较长，则其他会话因为子表而阻塞的可能性就加大，会话只要试图修改子表就会被阻塞。数据库中大量会话被阻塞，这些会话持有另外一些资源的锁。如果因为子表而被阻塞的会话锁住了更新父表会话所需要的资源，就会出现死锁。所以在创建外键时，一定要加索引。可以通过连接查询视图 user_cons_columns、user_constraints、user_inde_columns 找出用户表中哪些外键没有索引。此查询语句比较复杂，有兴趣的读者可以查看参考文献[1]第 204 和 205 页，该书给出了实现的思路和具体的实现代码。

*3.4　丢　失　更　新

3.4.1　丢失更新产生的原因

丢失更新（lost update）是一个经典的数据库问题。在多用户的数据库管理系统中经常出现。下面描述丢失更新产生的原因。

① 用户 1 通过一个事务从表 T 中查询一行数据，放入本机的内存，并显示。

② 用户 2 通过另一个事务也从表 T 中查询了这一行，放入另一台计算机的内存，并显示。

③ 用户 1 修改这一行，并提交。

④ 用户 2 也修改这一行，并提交。

这个过程可能会出现"丢失更新"，因为第③步所做的修改可能会被第④步提交回来的内容覆盖，当用户 1 在完成第③步，然后等到第④步执行完后再去查看数据，发现自己更新的内容消失了（用户 1 感觉到自己刚才更新的内容已丢失，其实是被用户 2 覆盖掉了）。这种情况会经常出现。下面举例来说明。

用户 1 查询出一行包含学生信息的数据，这一行包括学生姓名、学号、年龄等信息，然后用户 2 也将这一行查询出来。接着用户 1 将学生姓名修改，并将整行保存回数据库；用户 2 将电话号码、年龄修改，并将整行保存回数据库，用户 2 保存的学生姓名仍是旧值，存回数据库就将用户 1 更新过的学生姓名覆盖，当用户 1 再次查询刚才那一行时，发现自己更新的内容又变成旧值，即丢失了更新的内容。

解决丢失更新有两种方法，一种是采用悲观锁定；另一种是乐观锁定。

3.4.2　悲观锁定的方法解决丢失更新

悲观锁定的思想为：在用户选择要更新行时（经常是从查询出的多行中选择一行来更新），就对这行进行锁定（即对该行进行再次查询，只是会添加一个 for update nowait 选项），这会出现三种可能：

① 如果该行数据没有被其他会话修改，再次查询就会得到该行并加锁，这时其他会话只

能查询、不能加锁。

② 如果另一个用户对这一行加锁，则会得到一个 ORA-00054：resource busy（ORA-00054：资源忙）错误。

③ 在两次查询之间，若有人已经修改了这一行，那第二次查询就会得到新结果，并用 select … for update nowait 试图锁定要更新的行。

这种方式称为悲观锁定的原因是：第一次查询数据后，悲观地认为这些数据会被人修改，所以为了保证数据的一致性，在选择要更新数据之前须确认数据是否被修改，如果没有修改，就要试图为这行数据加锁，可以更新该行，更新完成之后再将数据释放。

下面讨论三种乐观锁定方法，它们分别是：

- 使用一个特殊的列用来记录每行的"版本"。该列可由数据库触发器或应用程序来维护。
- 使用校验和或散列值。
- 使用 ORA_ROWSCN 函数。

3.4.3　乐观锁定的方法解决丢失更新

乐观锁定方式是把所有锁定都延迟到即将执行更新之前才做。这是一种乐观的态度，认为数据不会被其他用户修改。因此，会等到最后一刻才去看数据是否被修改。

这种锁定方法在所有情形下都可行。该方法在应用中同时保留旧值和新值，然后在更新数据时使用如下的更新语句：

```
Update T1
Set c1 = newVal, c2 = newVal, ....
Where primary_key =pk
And c1 = oldVal
And c2 = oldVal
…
```

在这种情况下，如果有一行被更新，则说明在读数据和提交更新数据之间没有其他用户修改这些数据。反之，则表示有人已经更新了数据，则需再次查询该行的新值，然后重新开始更新（但这一行仍可能又被修改了）。

1．使用版本列的乐观锁定

下面通过例子介绍版本列的使用。在这个例子中，会用到 hr 用户的 regions 表，这个表只有两个列，使得整个例子变得很简洁。

① 创建一个名为 myRegions 的表，该表只比 hr 的 regions 表多一个列（ver），该列是 timstamp 类型，在其上有一个默认（defualt），这个默认是 systimestamp 函数，该函数返回数据库服务器的系统日期和时间，时间可以精确到微秒（百万分之一秒）。如果不给 ver 赋值，系统会通过 systimestamp 函数得到一个时间并赋值该列。创建该表的语句如下：

```
create table myRegions
(
   region_id  number(2),
   region_name varchar2(25),
   ver timestamp with time zone
   default systimestamp
   not null,
constraint pk _region  primary key(region_id)
```

```
);
Table created.
```
② 向该表中插入值。
```
SQL>insert into myRegions (, region_name )
 select region_id , region_name
    from hr. myRegions;
SQL>commit;
```
这里采用的是 insert …select 方法向表中插入数据，这是一种非常重要的数据插入方法。这里需要说明两点：第一，insert 指定要为多少列赋值（本例中只为 myRegions 表的两个列赋值），select 语句就只能查询多少个列，且这些列的类型必须要和 insert 指定的列的类型一致（有些看似不一致的类型，Oracle 数据库可以隐式转换成一致也可以）。第二，并没有为 myRegions 的 ver 列赋值，且该列是 not null，所以 Oracle 数据库会自动将该列的默认值拿来当成该列的值。

③ 开启两个会话（称其中一个为会话 A，另一个为会话 B），都查询 myRegions 的同一行（region_id 为 1），将该行各列的值存入变量。也就是说，两个变量都执行下面的语句：
```
SQL> var region_id number
SQL> var region_name varchar2(25)
SQL> variable ver varchar2(50)
SQL> begin
 :region_id :=1;
 select region_name, ver
 into :region_name,:ver
 from myRegions
 where region_id = :region_id;
 end;
 /
```
sqlplus 的变量定义形式为：variable 变量名 类型。上面语句的前 4 行定义了 4 个 sqlplus 变量。在 PL/SQL 块中引用 sqlplus 的变量时，必须在 sqlplus 的变量名前加 ":"。begin 表示一个匿名 PL/SQL 块开始，语句：region_id := 1 表示将 1 赋值给 sqlplus 变量 region_id，PL/SQL 中的赋值语句是 ":="，region_id 前面的 ":" 表示在 PL/SQL 块中引用 sqlplus 的变量。接着的 select 语句将 region_id 为 1 的行的各列的值分别赋值给 sqlplus 变量 region_id、region_name、ver。

在执行完前面的匿名 PL/SQL 块之后，可以执行下面的语句查看 sqlplus 变量：region_id、region_ name、ver 的值。
```
SQL>select :region_id, :region_name, :ver  from dual;
```
④ 在会话 A 中执行下面的更新语句。
```
SQL>update regions
      set dname = initcap(:region_name),
         ver = systimestamp
   where region_id = :region_id
         and ver = to_timestamp_tz(:ver);
1 row updated.
```
这时会看到有一行被更新，注意，为了让 ver 列的数据能反映出更新该行的最新时间，每次更新时，ver 必须被更新。在更新语句的 where 条件中，也必须将 ver 作为条件，其条件值为第③步的 ver 列的值，该列的值在第③步已保存到 sqlplus 变量 ver 中。如果第③步已完成，有人按第④的方法更新了该行，则 ver 列的值不会等于第③步 sqlplus 变量 ver 的值，则不会有行被更新。下面第⑤步就说明了这一点。

⑤ 在执行完第④步，在会话 B 中执行下面的语句。

```
SQL>update myRegions
      set region_name = initcap(:region_name),
          ver = systimestamp
    where region_id = :region_id
          and ver = to_timestamp_tz(:ver);
0 row updated.
```

使用版本列的缺点是：代码维护复杂，凡需要防止丢失更新的表，都要增加一列，凡需要更新这些表的地方，都要在更新语句中对 ver 更新。在大型的应用中，可能表有上百个，这样维护量会相当大，如果稍不注意，就可能漏掉或忘记将 ver 列作为更新条件。

2. 使用校验和/散列值的乐观锁定

Oracle 数据库提供了计算校验和/散列值的函数。它们的作用及性质如下：

① owa_opt_lock 包的 checksum 函数。此函数有两个重载，其中一个只要给定一个串，就会返回一个 16 位的校验和。另一个需要表名，表的所有者，行的 ROWID，该函数会计算该行的 16 位校验和，并将该行锁定。用此函数计算出来的值出现冲突的可能性是 6 5536 分之一。第一种的语法格式为：

```
owa_opt_lock.checksum(
  p_buff          in          varchar2)
 return number;
```

② dbms_obfuscation_toolkit 包的 md5 函数。它用来计算一个 128 位加密信息摘要。该函数的常见使用格式有 4 种，它们分别为：

```
dbms_obfuscation_toolkit.md5(
   input            in    RAW,
   checksum         out   raw_checksum);
dbms_obfuscation_toolkit.md5(
   input_string     in    varchar2,
   checksum_string  out   varchar2_checksum);
dbms_obfuscation_toolkit.md5(
   input         in raw)
  RETURN raw_checksum;
dbms_obfuscation_toolkit.md5(
   input_string in varchar2)
  return varchar2_checksum;
```

③ dbms_crypto 包提供的多种 hash 函数。dbms_crypto 包含了多个 hash 加密函数和存储过程，这些函数和存储过程可对 Oracle 数据库的多种数据类型进行加密，包括 raw 类型和 lobs 类型。它所支持的加密算法有 des、aes 等。

关于这三个包的详细描述，参见 Oracle 数据库的官方文档 PL/SQL Packages and Types Reference。

通过校验和/散列值实现乐观锁定的思路如下：

① 查询一行，将该行的所有列通过校验和函数/散列函数计算一个校验和值/散列值。

② 修改数据时，再次用 select …for update nowait 查询该行，如果能得到该行，就转到第③步，否则就退出。

③ 用校验和函数/散列函数再次计算第②步得到的所有列的校验和值/散列值，将这个值与第①步的值进行比较，如果相同，就可以更新，如果不相同，则表示该值已经被修改，需要重

新查询或采取其他方式来解决该冲突。

采用校验和/散列值的乐观锁定也有不足之处：校验和/散列值的计算是 CPU 密集型操作，计算代价相当昂贵。

3. 使用 ora_rowscn 的乐观锁定

Oracle 10g 提供了一个内部函数 ora_rowscn。该函数是建立在内部 Oracle 数据库系统时钟（scn）基础上的，在默认情况下，每当数据块上的数据更新，该块上的 ora_rowscn 值就会增加，也就是说，Oracle 数据库会在块级维护 ora_rowscn 值。

下面通过例子演示查看数据块上的 ora_rowscn 值。

① 建立名为 test_rowscn 的表，让一个 8 KB 的数据块只能存下该表的 2 行数据。

```
SQL>create table test_rowscn
  (
     region_id,
     region_name,
     big_row varchar(3500),
     constraint test_rowscn_pk primary key(region_id)
  )
as
 select region_id, region_name, rpad('*',3500,'*') from hr.regions
```

该语句的作用是建立名为 test_rowscn 的表，在建表时，将 hr.regions 表（用户 hr 是 regions 表的拥有者）的内容复制给 test_rowscn。本书称这种创建表的方法为：create table … as select 方法。用该方法创建表，可以指定表中列的名称，但不能指定列的类型，列的类型由对应的 select 语句中各列的类型决定，同时指定列的数量要与 select 语句返回的列的数量一致。可以用下面的语句建立 test_rowscn 表：

```
SQL>create table test_rowscn as select region_id, region_name, rpad('*',
3500,'*')  data from hr.regions;
```

该方法与上面做法的不同之处在于：不能为 test_rowscn 表指定主键。可通过 alter table 为 test_rowscn 增加一个主键。

rpad 函数是 Oracle 数据库的字符串处理函数，其函数的调用形式为 rpad(str, n, str_pad)，其中参数 str_pad 为可选参数。该函数的作用是根据用户指定的长度 n（第二个参数），来截取 str（第一个参数）的子串，但如果给定的长度 n 大于 str（第一个参数）的长度，且指定了第三个参数，就会用第三个参数指定的字符追加到第一个参数的右边，使追加后的字符串长度为 n。所以 rpad('*',3500,'*') 的作用是生成长度为 3 500 的字符串，该字符串的内容全为 "*"。

由于一个数据块的大小为 8 KB，test_rowscn 的 big_row 列的长度为 3 500 字节，因此，一个数据块只能存放 test_rowscn 表的两行。hr.regions 总共有 4 行数据，用这些数据生成 test_rowscn 表的行，则 test_rowscn 表总共占 2 个数据块，前两行占一个数据块，后两行占另一个数据块，这两个数据块在最初拥有相同的 ora_rowscn 值。

② 读者可执行下面的 SQL 语句查看每个数据块上的 ora_rowscn 值。

```
SQL> select region_id,region_name,dbms_rowid.rowid_block_number(rowid)
blockno,ora_rowscn from test_rowscn;
```

这里需要对 select 中的 dbms_rowid.rowid_block_number(rowid) 语句进行说明，dbms_rowid. 是 Oracle 数据库提供的包，该包中有 rowid_block_number 函数，它的作用是将每一行的 rowid 值转换成该行所在的数据块编号。想了解关于包 dbms_rowid 的更多信息，可参见 Oracle 数据库的官方文档 PL/SQL Packages and Types Reference。

③ 更新 test_rowscn 中的一行。

```
SQL> update test_rowscn set region_name =lower(region_name) where region_id=1;
1 row updated.
SQL> commit; -- 注意：这里一定要提交
Commit complete.
```

④ 再次用下面的 select 语句查看 ora_rowscn 的变化情况。

```
SQL> select region_id,region_name,dbms_rowid.rowid_block_number(rowid) blockno,
ora_ rowscn from test_rowscn;
```

这时会看到前两行的 ora_rowscn 的值已经被更新，前两行在同一个数据块，当其中任意一行更新，ora_rowscn 的值就会改变，因为默认情况下 ora_rowscn 是对整个数据块起作用。

要想每一行都有一个 ora_rowscn 值，即更新一行，这一行的 ora_rowscn 就发生变化，则在创建表时指定关键值 RowDependencies。具体用法见下面的 SQL：

```
SQL>create table test_rowscn_independ
    (
    region_id,
    region_name,
    big_row varchar(3500),
    constraint test_rowscn_pk primary key(region_id))
RowDependencies
as
select region_id,region_name,rpad('*',3500,'*') from regions
```

然后重复之前的步骤，可以看出 test_rowscn_independ 表的每一行都有一个独立的 ora_rowscn。

通过 ora_rowscn 实现乐观锁定的思路如下：①查询一行，得到该行的 ora_rowscn 值；②修改数据后，在写回数据库之前，再次用 select … for update nowait 查询该行，如果能得到该行，就转到第③步，否则退出；③用这次查询得到的 ora_rowscn 值与第一次查询得到的 ora_rowscn 进行比较，如果相同，就可以更新，如果不相同，则表示该行已经被修改，需要重新查询或采取其他方式解决该冲突。

不管是用悲观锁定还是用乐观锁定，都有各自的优点和缺点，需根据具体的应用来确定采用哪种方法。

小　　结

锁是数据库系统的重要组成部分,是影响数据库并发性的重要因素。本章详细讨论了 Oracle 数据库的锁类型，由锁引起的阻塞和死锁问题，以及与锁相关的经典数据库问题：丢失更新，主要讨论两种解决丢失更新的方法：悲观锁定和乐观锁定，其中乐观锁定又讨论了 4 种不同的方法，这些方法有各自的优点和缺点。本章所涉及的知识面很广，有些内容非常复杂，但这些知识点在实际应用中都非常有用。本章还介绍了两种复制 Oracle 数据库表中数据的方法，一种是 insert into … as select；另一种是 create table … as select，这两种方法使用非常方便，在实际应用中经常用到，希望读者能熟练掌握。

习　题

1. 说明 Oracle 的 merge 语句的作用及用法。

2. 有这样一个查询语句：select * from T1,T2，在该查询中可否增加 for update 语句锁定表 T2 的所有行？如何用 for update 锁定表中的某列？

3. 验证 power()函数、trunc()函数以及 bitand()函数的作用。

4. 建一个存储过程，让它依附于某个表，然后验证可中断解析锁产生和消亡过程。

5. 写一个存储过程，其功能是删除一个表里的数据，表名由存储过程当作参数传入。

提示：

（1）用动态 SQL 的方法实现删除表的内容。

（2）要用到的存储过程的形式如下：

```
create or replace  procedure pp(tableName  varchar)
is
sqltext varchar(200);
    begin
        动态执行删除表内容命令
    end pp;
```

tableName 是存储过程的参数，是 varchar 类型，不能指定其长度，否则会报错；sqltext 是存储过程的局部变量，是 varchar 类型，这里可以指定其长度，它是用来存放动态拼接的 SQL 语句。

6. 视图 v\$lacth 的 gets 列的值随着 SQL 语句的执行而增加，如何得到每次执行完 SQL 语句之后 gets 列的增加量？请写出相关的 SQL 语句。如果需要同时记录 v\$lacth 多个列的增加量，又该如何实现？

提示：先创建一个表，将 v\$lacth 的数据放入其中。然后执行完 SQL 语句之后，将 v\$lacth 的数据再一次放入该表。查询这个表，将两次 v\$lacth 的数据相减就可以得到。

7. 创建一个表名叫 test，该表有一个列 c1，该列为主键。创建语句如下：

```
create table test
   (c1 int primary key,
    c2 int
   );
```

开启第一个会话，执行 insert into test values(1,2)。再开启第二个会话，执行 insert into test values(1,3)，这时第二个会话会被阻塞，如果在第一个会话提交，即执行 commit，在第二个会话中会出现什么情况？如果第一个会话回滚，即执行 rollback，在第二个会话中会出现什么情况？

解决这个问题的最重要的方法就是用序列。创建序列的语法如下：

```
create sequence 序列名
   [increment by n]
   [start with n]
   [{MaxValue/MinValue n |NoMaxValue}]
   [{Cycle|NoCycle}]
   [{Cache n|NoCache}]
```

increment by 表示每次增加步长，若 n 为负值，则代表序列的值是按照此步长递减。start with 表示初始值。MaxValue 定义序列能产生的最大值。MinValue 定义序列能产生的最小值。选项 NoMaxValue 是默认选项，代表没有最大值限制，这时对于递增序列，系统能够产生的最大值是 10^{27}；对于递减序列，最大值是-1。

Cycle 和 NoCycle 表示序列生成的值达到限制值后是否循环。Cycle 代表循环，NoCycle 代表不循环。如果循环，则当递增序列达到最大值时，则会从最小值重新开始产生序列值；对于递减序列达到最小值时，则会从最大值重新开始产生序列值。如果不循环，达到限制值后，继续产生新值就会发生错误。

Cache（缓冲）定义存放序列值的内存块的数量，默认值为 20。NoCache 表示不对序列进行缓存。若对序列进行内存缓存，可以改善序列的性能。

下面是一个创建序列的例子。

```
create sequence s1
    increment by 1
    start with 10
    MAXVALE 9999 NoCycle
```

该语句将生成一个名为 s1 的序列，该序列增加的步长为 1，从 10 开始增加。序列值最多只能达到 9999，达到这个值之后，如果再调用该序列来产生新值就会报错，因为指定序列为 NoCycle（即不能循环使用序列）。

以前面的 test 表为例，可以将序列值作为该表的主键值。具体使用方法如下：

```
insert into test
values
(s1.nextval,5)
/
```

也可以通过 select s1.nextval from dual 查看序列产生的值。dual 是 Oracle 数据库的系统表，该表只有一行一列，通常执行函数时，都要借助此表。

开启两个会话，分别向表 test 插入行，用 s1 产生的值作为 test 的主键，看是否会阻塞？

8. 在一个匿名的 PL/SQL 块中，用 dbms_lock 的 request 为某个整数（如 1234）加锁，然后查看 v$lock，是否 request 所请求的锁在 v$lock 中？如果在，请观察锁的模式（lmode 列），锁的类型（type），锁的槽号（列 ID1 的第 3 个 16 位）的值分别是多少？是否每次调用 dbms_lock 的 request 加锁，在成功之后（其返回的值为 0），都会在 v$lock 中增加一行？请用实验验证。

9. 写一个存储过程，用悲观锁定的方式实现对 emp 表某行的更新，不能出现丢失更新。

10. 用 dbms_crypto 包的 hash 函数解决丢失更新，要求用 PL/SQL 实现。

11. 用实验验证 lpad 函数和 rpad 函数的作用。

12. 自己建一个名称为 T1 的表，有两个列，分别为 C1、C2，其中 C1 为主键，T1 中插入多行数据，开启会话 1，更新 T1 的某一行，然后开启会话 2，更新其他行，查看是否能更新成功？在会话 2 中更新会话 1 的那一行，查看是否能更新成功？再开启会话 3，执行 select * from T1，会得到什么样的结果？试用本章所学的理论，解释前面出现的现象。

第 4 章

并发与多版本控制

多个人完成工作，需要很好的配合、协调才能做到高效。并发控制就是协调数据库的多个事务，使整个数据库系统效率最高。

本章主要内容：

- 事务隔离级别的作用；
- Oracle 数据库的隔离级别；
- Oracle 数据库读一致的基本原理及优点；
- Oracle 数据库写一致的基本原理；
- Oracle 数据库跟踪 SQL 语句的方法；
- 包的创建及调用；
- 更新语句产生重启动的原因；

目前，以大型数据库为基础的应用系统都是多用户系统，例如：民航机票系统、银行业务系统等。多用户系统的最大问题是：在力争最大的并发性时，要保证数据的一致性。因此，并发性一直是数据库领域研究的热点。1998 年的图灵奖（该奖被称为计算机界的诺贝尔奖）颁发给 Jim Gray 博士，以表彰他在数据库的并发性和事务处理方面的贡献。这是数据库领域的第三个图灵奖。Jim Gray 出了一本著名的书，名叫 *Transaction Processing: Concepts and Techniques*（中文版叫《事务处理概念与技术》），该书重点介绍并发控制、事务、备份与恢复等内容。Oracle 数据库在并发控制方面做得非常优秀，这也是 Oracle 数据库在性能上胜过其他数据库的关键。通过深入介绍 Oracle 数据库的并发控制机制，可对整个并发控制原理有较好的理解。这对从事分布式开发读者有较大的帮助。

本章将介绍 Oracle 数据库的多版本读一致（multi-version read consistency）原理，同时也会介绍写一致的基本概念。

本章重点要求掌握：

- Oracle 数据库的隔离级别及作用；
- 理解 Oracle 数据库读一致的基本原理；
- 能分析更新语句产生重启动的原因；
- 根据 Oracle 数据库多版本控制原理设计高性能应用程序。

4.1　并　发　控　制

并发控制（concurrency control）是多用户数据库系统的重要功能，这主要是为了实现数据共享时一致性控制。第 3 章中介绍的锁是 Oracle 数据库并发控制的核心机制之一。Oracle 数据库提供了多种锁，具体类型如下：

- DML 锁（Data Manipulation Lock，数据操作锁）。这种锁常用于保护表中数据的完整性和一致性。
- DDL 锁（Data Dictionary Locks，数据字典锁），这种锁常用于保护 Oracle 数据库中的数据字典以及内部数据对象（如保存视图、触发器的数据字典）的数据。
- 内部锁和闩（internal locks and latches）。用来保护内存中的数据结构。这类锁常见的一种情形为"闩"。

使用锁的问题在于容易产生阻塞。如果能很好设计代码，利用 Oracle 数据库的锁机制能建立具有良好并发性的应用。

在 Oracle 数据库中，不仅有非常优秀的锁机制，而且它还实现了一种多版本并发控制（multi version concurrency control，MVCC）机制。所谓的多版本并发控制是指在 Oracle 的 Undo 段中，保存着被不同时间点上修改数据的多个版本。若在查询数据时，Oracle 数据库会根据查询的时间点来获取相应时间点对应的那个版本的数据。多版本并发控制包括多版本读一致和写一致。它的优点在于：用户在读取数据时绝不会因其他用户在插入、修改、删除数据而阻塞。这是 Oracle 数据库的一个非常重要的特性，可称得上是 Oracle 数据库的一大特色。

多版本并发控制一般应用于两种情形：①语句级。在这种情形下，会应用于查询语句、更新语句、merge 语句等。这种情形在 Oracle 中是默认情形。②事务级。这种情形是对整个事务有效，也就是说，从用户开始一个事务（如执行 update、delete、insert、merge 语句就会开始一个事务）到事务结束（如显式执行 commit 或 rollback 语句），多版本并发控制会一直有效。

4.2　事务隔离级别

多个事务对同一数据进行修改会出现三种可能的情形，它们分别是：

① 脏读（dirty read）。当一个用户正在访问数据，并对数据进行修改，而这种修改还没有提交给数据库时，另外一个用户读取被修改的数据。由于这些数据未提交，它对于另一个用户来讲就是脏数据。读取脏数据的操作称为脏读。脏读可带来不正确的结果。比如按表 4-1 所示的操作顺序就会引起脏读。

表 4-1　引起脏读的操作顺序

时　间	事务 1	事务 2
t1 时刻	select name from student where stu_no=1	
t2 时刻		update student set name='Tom' where stu_no=1 /*不要提交！ */
t3 时刻	select name from student where stu_no=1	

② 不可重复读（nonrepeatable read）。不可重复读是指在一个事务内，多次读同一数据时所出现的问题。假设事务 t1 已经开始执行，且没有结束，这时事务 t2 开始执行并修改了事务

t1 曾经访问过的数据，当 t1 再次访问这些数据时，会发现此时所读取的数据与上次不一样（如上次访问的行已被删除）。这种在一个事务内两次读到的数据不一样，就称为不可重复读。比如按表 4-2 的操作顺序就会引起不可重复读。

表 4-2　引起不可重复读的操作顺序

时　　间	事务 1	事务 2
t1 时刻	select name from student where stu_no=1	
t2 时刻		update student set name='Tom' where stu_no=1; commit; /*这里要提交！ */
t3 时刻	select name from student where stu_no=1	

③ 虚读，又称幻象读（phantom read）。在一个事务 T 中，对同一查询执行两次或多次得到的结果不一样。比如按表 4-3 的操作顺序就会引起虚读。读者可以思考一下什么时候会出现这种情形？这种现象与前面讲的可重复读有什么区别？

表 4-3　引起幻象读的操作顺序

时　　间	事务 1	事务 2
t1 时刻	select name from student where stu_no=1	
t2 时刻		insert into student(name) values ('Jack'); commit; /*这里要提交！ */
t3 时刻	select name from student	

为了解决这 3 种情形出现的问题，会引入不同的事务隔离级别。在《数据库原理》中，已经对事务的基本概念作了介绍。事务（transaction）的基本作用是将数据库从一种一致状态转变为另一种一致状态。事务的基本操作和相关技术，在第 5 章进行详细介绍，本章只介绍与事务并发性有关的内容。SQL92 标准定义了多种事务隔离级别（transaction isolation level），这些隔离级别说明一个事务修改数据对其他事务影响有多大。

在 SQL92 标准中，总共有 4 种隔离级别，它们分别是：READ UNCOMMITTED（又称读未提交数据）；READ COMMITTED（又称读提交数据）；REPEATABLE READ（又称可重复读）；SERIALIZABLE（又称可串行读）。表 4-4 为 4 种隔离级别与脏读、不可重复读、幻象读之间的关系。

表 4-4　隔离级别与脏读、不可重复读、幻象读之间的关系

隔 离 级 别	脏　　读	不可重复读	幻　象　读
读未提交数据	可以	可以	可以
读提交数据	不可以	可以	可以
可重复读	不可以	不可以	可以
可串行读	不可以	不可以	不可以

对于这 4 个隔离级别，Oracle 数据库支持 READ COMMITTED 和 SERIALIZABLE 两种隔离级别。若采用 Oracle 数据库的 READ COMMITTED 隔离级别，可让每个查询所读取的数据是一致的，即查询从 t1 开始执行，到整个查询执行完，所读的数据都是 t1 时刻已经提交的数据，在此查询执行的过程中，若有数据被修改，不管此数据是否提交，当该查询读到这类数据时，都不会读被修改过的数据，而是去读该数据在 t1 时刻的"旧"数据，而且这样读数据不会产生阻塞。另外，Oracle 数据库还提供了一个 SQL92 标准中没有定义的隔离级别，即 READ ONLY（只读）。如果事务使用 READ ONLY 隔离级别，只能看到事务开始那一刻提交的数据，且当前事务不能执行插入、更新和删除。

下面讨论各种事务隔离级别所带来的问题，以及 Oracle 数据库对这些隔离级别的支持情况，并由此介绍 Oracle 数据库的多版本并发控制。

4.2.1　READ UNCOMMITTED 隔离级别

SQL 标准定义的 READ UNCOMMITTED 隔离级别允许脏读。Oracle 数据库从来都不允许做这样的操作，自然也就不支持 READ UNCOMMITTED 隔离级别。其他的数据库（如早期的 SQL Server 2005）的事务是允许有 READ UNCOMMITTED 隔离级别，即允许脏读。这些数据库引入 READ UNCOMMITTED 隔离级别的目标是：让查询不会因为对数据的修改和插入而阻塞。注意，这里的查询不仅仅是指 select 语句，对于 delete 语句和 update 语句也要用到查询，例如：update 语句就分为两步，第一步是查询到要更新的数据，然后才更新。因此，在 update 语句需要做查询操作。

为什么某些非 Oracle 数据库的查询会被阻塞呢？（Oracle 数据库的查询绝对不会阻塞）下面举例说明原因。

首先，创建一个名为 student 的表，此表用来模拟学生表，在这个表中，有一个列（grade）为学生成绩。

```
create table student
(
stu_no integer,
course_no integer,
grade number not null,
...
constraint pri_key primary key stu_no, course_no integer);
```

教务处要统计某个班的数学总成绩，会做如下查询（数学的 course_no 为 2）：

```
select sum(grade) from student where course_no=2;
```

假设在查询开始前，student 表的数据如表 4-5 所示。

表 4-5　student 表的数据

行	学　号	学 生 成 绩
1	A1	60
2	A2	80
……	……	……
100	A100	75
……	……	……

下面开始执行查询，假设整个查询执行很慢，在查询执行到某个时刻（在读完第 99 行，但还没有读取第 100 行时），任课老师发现将 A1 的成绩多加了 5 分，而 A100 的成绩少加了 5 分，现在他要纠正这一错误。该操作要完成两个更新：先要将 A1 的成绩减去 5，并将其加到 A100 上。用户执行完这两个更新后，并没提交。此时 student 表的数据如表 4-6 所示。

表 4-6　修改期间的 student 表的数据

行	学　号	学 生 成 绩
1	A1	55（由原来的 60 减 5 得到）
2	A2	80
……	……	……
100	A100	80（由原来的 75 加 5 得到）
……	……	……

在做这个修改操作时，这两行都被锁定。如果有人试图更新这两行，该用户会被阻塞。但要查询被锁定的这两行，不同数据库采用的策略就不一样。下面分别进行讨论。

若数据库允许脏读，当查询执行到第 100 行时，就会直接将已修改但没提交的数据（80 分）读取并统计。整个统计结果是错误的，因为多统计了 5 分。也许还有这种情况：直接将学生 A100 的成绩加 10 分，当读到 100 行时，正好就将这 85 分统计到了，这种情况看似合理，但若在完成统计后，增加成绩的操作不是提交而是回滚，也会出现多统计 10 分的情况。

某些允许脏读的操作，表面上看可以提高数据库查询的性能（因为查询没有阻塞），但实际这是一个很大的缺点。

对于 Oracle 数据库来讲，它不支持脏读，但却可以完全做到查询不受阻塞。对这种情形，Oracle 数据库处理过程为：设执行查询语句的开始时间为 t1，当读到 100 行时，发现数据已被修改，就不会读取这个被修改过的数据（即便该数据已经被提交），而是在 undo 段中读取该行在 t1 时刻及以前已经提交的"旧"数据。这样就可返回正确结果，且查询也不会被阻塞。

4.2.2　READ COMMITTED 隔离级别

READ COMMITTED 隔离级别是指在读取数据（注意：update 也会读取数据）时，只读那些由用户提交的数据。这种隔离级别不会出现脏读，但可能有不可重复读和幻象读。读者可以思考一下为什么会出现这两种情况。对于目前流行的大型关系数据库，READ COMMITTED 是最常用的隔离级别，Oracle 数据库默认的隔离级别也是 READ COMMITTED。有些数据库虽然采用了 READ COMMITTED 隔离级别，但仍有问题。下面以上面 4.2.1 节中统计学生数学成绩为例，来看一下这些数据库采用该隔离级别的问题，若在 t1 时刻有如下情形：

- 现在正处在表的中间。已经读取并统计了前 N 行（N<100）；
- 另一个事务将 5 分从学生 A1 加到了学生 A100；
- 用户由于某些原因仍没提交数据，但此时学生 A1 和 A100 对应的行分别被锁定。

在这种情形下，这些非 Oracle 数据库虽然用了 READ COMMITTED 隔离级别，也会得到错误的结果。具体分析见表 4-7。

表 4-7　非 Oracle 数据库使用 READ COMMITTED 隔离级别的情形

时间	查询	事务
t1	读取第一行,学生名为 A1,此时总成绩为 60 分	
t2	读取第二行,学生名为 A2,得到的总成绩:sum=140 分	
t3		更新第 1 行,并对第 1 行加一个排它锁,防止其他用户更新和读取。第 1 行原来的值为 60 分,现在的值为 55 分
t4	读取第三行,学生名为 A3,得到的总成绩:……	
t5	……	更新第 100 行,并对第 100 行加一个排它锁,防止其他用户更新和读取。第 100 行原来的值为 75 分,现在的值为 80 分
t6	试图读取第 100 行的数据,发现该被锁定,会话阻塞,等待该行被解锁	……
t7	……	提交事务
t8	读取第 100 行的数据,发现分数为 80 分,将该值计入总成绩中,最后求得的总成绩会多出 5 分	……

在整个查询过程中,读取学生名为 A100 的信息会被阻塞,直到事务被提交。很多大型关系数据库都是这样实现 READ COMMITTED 隔离级别,这样做的问题主要有:

- 会出现更新阻塞查询的情况。
- 为了解决更新阻塞查询的问题,很多用户养成每执行一条更新语句后就立即提交,而不是处理完一个合理的事务再提交。这会破坏事务的原子性。
- 从表 4-7 可看出,用户因为更新而阻塞,但最终仍得到一个错误结果。在这种情形下,还不如脏读,脏读虽没有得到正确结果,但没有阻塞。

对于 Oracle 数据库,当读到学生名为 A100 所在的行时,它会发现该数据已经被修改,就不会再读修改的数据,而是到 undo 段中去读原来的旧数据(t1 时刻及以前的已经提交的数据),发现最近已提交的数据为 75,就将 75 读取,然后继续进行统计。在每次删除或修改时,Oracle 都会在 undo 段中先保留下"旧"数据,然后才去将数据块上的"旧"数据修改成新的。

1. 查看当前 Oracle 数据库的事务隔离级别

如何查看当前 Oracle 数据库中的事务隔离级别是一件很重要的事情。但在 Oracle 数据库中要查询隔离级别比较麻烦。具体的操作过程如下:

① 以 system 用户连接到数据库。

```
SQL> conn system/abc123
Connected.
```

注　意

　　system 拥有 SYSDBA 权限,可以查看事务隔离级别,一般用户不能查看。修改事务隔离级别不能用 sys 用户。

② 执行一条更新语句，其目的是产生一个事务。也就是说，只要在系统中有一个事务产生就可以执行第三步来查看 Oracle 数据库系统默认的事务隔离级别。

```
SQL> update scott.emp set sal=sal;
```

③ 执行下面的查询语句就可查看到 Oracle 数据库默认的事务隔离级别。

```
SQL> select sid,serial#,flag,
  CASE WHEN bitand(FLAG,268435456) = 0 THEN 'READ COMMITTED'
                                  ELSE 'SERIALIZABLE'
                                  END AS ISOLATIONLEVEL
  from V$transaction t,v$session s
  where t.addr=s.taddr
  AND  audsid = USERENV('SESSIONID')
 /
 SID     SERIAL#  FLAG        ISOLATIONLEVEL
 -----   -------  -------     --------------
 148     20       3587        READ COMMITTED
```

这个查询语句比较复杂，我们对这个查询语句做一些解释。

where 子句里的 "userenv" 是 Oracle 数据库所特有的一个函数，它主要用来获取当前会话（session）的一些基本信息。该函数非常有用，经常在存储过程、触发器中使用。该函数执行的基本格式为：userenv(option)，其中 option 的取值及相应的含义如下：

- option='isdba' 判断当前用户是否为 DBA 角色，如果是则返回 TRUE，否则返回 FALSE；
- option='language' 返回数据库的字符集；
- option='sessionid' 返回当前会话标识符；
- option='entryid' 返回可审计的会话标识符；
- option='lang' 返回会话语言名称的 ISO 简记；
- option='instance' 返回当前实例名的编号；
- option='terminal' 返回当前计算机终端编号。

也可直接在 SQL 语句中调用 userenv 函数，例如：

```
SQL>select userenv('TERMINAL') from dual;
USERENV('TERMINAL')
-------------------
pts/0
```

 注 意

USERENV 函数里的参数值一定要大写。

还有一个函数 sys_context，其作用与 USERENV 函数一样，但功能要强大很多。例如，可用此函数来得到当前实例名。具体的 SQL 语句如下：

```
SQL> select sys_context('USERENV','INSTANCE_NAME') as INSTANCE_NAME from dual;
INSTANCE_NAME
---------------
orcl
```

关于函数 sys_context 的更多用法，可以查看 Oracle 数据库官方文档中 SQL Reference 里面的详细描述。Oracle 公司建议用户使用 sys_context 函数，保留 userenv 函数是为了与老版本兼容。

case when 语句。该语句为 Oracle 数据库所特有的分支语句。它的含义和使用方法与 C 语言的 switch 语句一样。case when 也可用在 where 子句后面。例如：

```
select *  from table1 t1, table2 t2
  where (case when t2.col1 = '1' and
```

```
                t1. col1 like 'strings%'
               then 'a'
            when t2. col1 != '1' and
                t1.col1 not like 'strings%'
               then 'a'
            else 'b'
         end)
```

注意，此例子需要有真实的表 Table1 和 Table2 表，且"T1.col1"要换成具体的列名才能正常执行。

④ bitand 函数。bitand 函数的调用格式为：bitand(表达式 1,表达式 2)，其作用是将"表达式 1"的值同"表达式 2"的值按位执行与操作。本例的"bitand(FLAG,268435456)"是将列"FLAG"的值与 268435456（该值的十六进制为 10000000）进行按位与操作，即列 FLAG 的最高位若为 1，则返回 1，否则返回 0。下面再举一个例子来说明 bitand 函数的用法。

```
SQL>select   bitand(1234,1)+0 bit1,
            bitand(1234,2)+0 bit2,
            bitand(1234,4)+0 bit3
     from dual
BIT1      BIT2      BIT3
------    ------    ------
0         2         0
```

上面所讲的两个函数：userenv（或 sys_context）和 bitand 在实际应用中大量用到，本章后面也会用到；Oracle 数据库的 case when 语句功能很强大，可用它来实现表的行转列的操作（交叉报表）。

2. 验证 READ COMMITTED 隔离级别

下面将通过实验验证 READ COMMITTED 隔离级别的作用。它是 Oracle 数据库的默认隔离级别，因此可以直接通过下面的实验验证。

在这个实验中，由于 sys 具有最高权限，可以访问任意用户表，为了简化实验，以 sys 用户连接到 Oracle 数据库系统中，然后访问 scott 的 emp 表，在访问时，必须在表名前加前缀"scott"，即"scott.emp"。

① 以 sys 用户登录进 SQL*PLUS 环境，并更新 scott 用户的 emp 表的某一行。

```
[oracle@DevServer ~]$ sqlplus / as sysdba
SQL> update scott.emp set sal=sal+1 where empno=7934;
1 row updated.
SQL>select empno,ename,sal from scott.emp where empno=7934;
 EMPNO    ENAME       SAL
 ------   --------    ------
 7934     MILLER      2912
```

② 开启终端有两种方法，在命令行方式下，可按【Alt+F2（或 F3，F4，…，F6）】组合键打开一个终端；在图形界面下，可在 Linux 桌面的空白处右击，再选择"Open Terminal"命令，可以开启一个终端。再打开一个新终端后，执行下面的查询。

```
[oracle@DevServer ~]$ sqlplus / as sysdba
SQL> select empno,ename ,sal from scott.emp where empno=7934;
EMPNO    ENAME      SAL
-----    -------    ----------
7934     MILLER     2911
```

在这个终端可以看到 empno 为 7934 的 sal 列并没有被加 1，仍为 2911。这说明当前读到的数据是原来的数据。虽然修改的行没有提交，但另一个会话对该行进行查询不会被阻塞。

③ 回到第 1 步所在的终端，执行 "commit;"。

④ 回到第 2 步所在的终端，执行下面的查询语句。

```
SQL>select empno,ename,sal from scott.emp where empno=7934;
EMPNO      ENAME        SAL
-------    -------      -----
7934       MILLER       2912
```

在第 4 步中，能读到提交的数据。整个过程验证了 READ COMMITTED 隔离级别的作用，即只有提交的数据才能看到。

4.2.3　REPEATABLE READ 隔离级别

REPEATABLE READ 隔离级别要求在某一段时间内执行同样查询所得查询结果要一样。通常的数据库系统会用共享读锁（share lock）来实现 REPEATABLE READ 隔离级别。下面仍以本章 4.2.1 节的例子来说明这些数据库如何实现 REPEATABLE READ 隔离级别，见表 4-8。

表 4-8　采用共享锁实现 REPEATABLE READ 隔离级别的例子

时　间	查　询	修改成绩的事务
t1	读取第一行，学生名为 A1，此时得到的总分数为 60 分（同时增加一个共享读锁）	
t2	读取第二行，学生名为 A2，此时总分数为 140 分（同时增加一个共享读锁）	
t3	……	更新第 1 行，但被阻塞。这个事务挂起，直到可以加排它锁为止
t4	读取第三行，学生名为 A3，此时得到的总分数为：……	……
t5	……	……
t6	读取第 100 行，学生名为 A100，然后求总分数	
t7	……	……
t8	整个查询完成，表上的锁释放	
t9	……	对第 1 行加排它锁，更新该行。更新后该行的值为 55
t10	……	对第 100 行加排它锁，更新该行。更新后该行的值为 80。然后提交事务

从表 4-8 可看出，这次查询可得到正确结果。但整个过程会阻塞一个事务，以便让查询操作与更新操作能顺序执行。这也是很多非 Oracle 数据库的通病，在这些数据库中，读取（查询）数据会产生共享锁，这些锁会阻塞更新操作，从而严重影响整个数据库系统的并发性。

使用共享锁除了会影响并发性以外，还会出现死锁。具体情况见表 4-9。下面的这个例子与前面几个例子稍有不同，即将学生名为 A100 的成绩减 5 分，并将学生 A1 的成绩加 5 分。

表 4-9　用共享锁实现可重复读时出现死锁的情形

时　间	查　询	修改学生成绩的事务
t1	读取第一行，学生名为 A1，此时的总分数为 60（同时增加一个共享读锁）	

续表

时 间	查 询	修改学生成绩的事务
t2	读取第二行，学生名为 A2，此时的总分数为 140（同时增加一个共享读锁）	
t3		更新第 100 行，将分数减 5，并对其加一个排它锁
t4	读取第三行，学生名为 A3，此时的总分数为：……	……
t5	……	对第 1 行加排它锁，更新该行时，由于该行已经加了共享锁而被阻塞
t6	读取第 100 行时，由于此行已经在 t3 时刻被其他事务加了排它锁，因此读取该行的操作会被阻塞	……

表 4-9 演示了一个死锁的例子。在这个例子中，可以看到死锁的原因：查询占用更新需要的资源，而更新事务也持有查询所需要的资源。为了消除死锁，必须要中止一个操作。因此，可看出，共享锁不仅影响并发性，而且会产生死锁。

在非 Oracle 数据库中，由于 REPEATABLE READ 隔离级别会对修改的数据加共享锁，使其他事务只能读取，不能修改。这种方式虽可用来解决更新丢失，但会牺牲数据库的并发性，且容易产生死锁。正因为如此，Oracle 数据库数不支持 REPEATABLE READ 隔离级别。

4.2.4 SERIALIZABLE 隔离级别

SERIALIZABLE 隔离级别有比较严格的隔离性。若采用此隔离级别，任何时候重新执行原来的查询都会得到一样的结果。Oracle 数据库支持该隔离级别。例如，在 Oracle 数据库中执行下面的查询：

```
SQL>select * from big_table;
SQL>begin
SQL> dbms_lock.sleep(100000) ;
SQL>end;
SQL> select * from big_table;
```

在 SERIALIZABLE 隔离级别中，虽然两次查询执行的间隔为 100 000 秒，但最终结果一样。这样做也许会产生一个 ORA-1555:snapshot too old 错误，产生这个错误的原因是 Oracle 在执行第二个查询时，会在 undo 段中去找 100 000 秒以前的"旧"数据，若 undo 段比较小，这个数据很有可能已经被覆盖，这时就会报该错误。

在 Oracle 数据库中 SERIALIZABLE 隔离级别的本质是：在事务级实现了读一致，即事务从 t1 开始，则后面查询所获得的数据必须是在 t1 时刻及以前提交的，若在 t1 时刻之后的内容被人修改，即使提交，查询也不会读这些数据。一般的读一致是语句级。

 注 意

> 注意 SERIALIZABLE 隔离级别对 sys 用户或拥有 sysdba 权限的用户无效。因此，在设置 SERIALIZABLE 隔离级别之前，建议用 SQL*PLUS 的 show user 命令查看当前用户是否为 sys 或其他具有 sysdba 权限的用户。

1. 设置 SERIALIZABLE 隔离级别

可对事务或会话设置 SERIALIZABLE 隔离级别，但不能对整个数据库系统设置此隔离级别。下面举例说明具体设置方法。

对事务设置 SERIALIZABLE 隔离级别。

```
SQL>set transaction isolation level serializable;
```
对会话（session）设置 SERIALIZABLE 隔离级别。

```
SQL>alter session set isolation_level= serializable;
```
这两种方式在语法规则上略有一点差异，读者在实际应用中需注意。不能为整个数据库系统设置 SERIALIZABLE 隔离级别，即不能执行 "alter system isolation_level= serializable;"。

例如：不能对数据库系统设置 SERIALIZABLE 隔离级别。

```
SQL> alter system isolation_level= serializable;
   ERROR at line 1:
   ORA-02065: illegal option for ALTER SYSTEM
```

2. 一个完整的 SERIALIZABLE 隔离级别的例子

下面的例子将演示 SERIALIZABLE 隔离级别的作用。请读者严格按下面步骤操作。

① 以 sys 用户进入 sqlplus。

```
[oracle@DevServer ~]$sqlplus / as sysdba
```
② 授予 scott 用户 dba 角色。

```
SQL>grant dba to scott
```
通常情况下，scott 是一般用户，不能设置隔离级别，即不能执行命令 "set transaction" 和 "alter system isolation_level"。但 SERIALIZABLE 隔离级别对 sys 用户无效，因此，为了操作方便，将 dba 角色授给 scott。

③ 以 scott 用户连接数据库。

```
SQL>conn scott/abc123
```
④ 执行下面的语句，建立一个表名为 t4_2_1 的用户表。

```
SQL>create table t4_2_1 as select * from emp;
```
这种创建表的方法会将 emp 表的结构（列名，列类型）和数据复制到 t4_2_1 表。这种创建表的方法在实际中大量使用，读者应学会此方法。

⑤ 在 Linux 环境中，开启另外一个终端（后面称该终端为第二个终端），并以 scott 用户连接到 Oracle 数据库中。

开启终端有两种方法，在命令行方式下，可以按【Alt+F2（或 F3，F4，…，F6）】组合键来打开一个终端；在图形界面下，可以在 Linux 桌面的空白处右击，在弹出的快捷菜单中选择 "Open Terminal" 命令即可。再打开终端后，依次执行下面的命令。

```
[oracle@DevServer ~]# su - oracle
[oracle@DevServer ~]$ sqlplus scott/abc123
```
⑥ 在第二个终端设置事务的隔离级别为 SERIALIZABLE，并查询表 t4_2_1。

```
SQL> set transaction isolation level serializable;
SQL>select count(*) from t4_2_1;

   COUNT(*)
   ----------
   14
```
⑦ 回到第④步的终端，删除表 t4_2_1，并提交。

```
SQL>delete from t4_2_1;
SQL>commit;
```
⑧ 在第二个终端执行下面的操作。

```
SQL>select count(*) from t4_2_1;
```

```
  COUNT(*)
----------
   14
```

从第⑧步的实验结果可看出，虽然第⑦步已经将表 t4_2_1 的数据删除并提交，但由于第⑧步中设置事务的隔离级别为 SERIALIZABLE，因此，不管什么时候，都会看到与最初（第⑥步）执行的 SQL 一样的结果。从这里可看出 SERIALIZABLE 隔离级别的作用。

⑨ 在第二个终端执行 commit 来结束 SERIALIZABLE 隔离级别。

```
SQL>commit;
SQL>select count(*) from t4_2_1;
  COUNT(*)
----------
   0
```

由于执行 commit，会使 SERIALIZABLE 隔离级别的事务结束。因此，再次执行查询时，就会看到 t4_2_1 中的没有数据。

⑩ 恢复 t4_2_1 表中的数据。

```
SQL>insert into t4_2_1 select * from emp;
```

上面这种 insert 语句是另一种快速插入多行数据的巧妙方法，经常在实际应用中用到。这种方法必须要求目标表（本例中为 t4_2_1）存在，且 select 语句的列数和类型必须与目标表一一匹配，否则会报错。

 注 意

注意 commit 或 rollback 都可结束 SERIALIZABLE 隔离级别的事务或使会话不再具有此隔离级别。

3. SERIALIZABLE 隔离级别所产生的 ORA-08177 错误

若事务或会话采用 SERIALIZABLE 隔离级别，经常会出现"ORA-08177: can't serialize access for this transaction"错误。

下面演示一个会产生"ORA-08177"错误的例子。

请严格按下面的步骤进行操作。

① 按照上例步骤⑤开启一个终端，以 scott 登录进 SQL*PLUS 环境。然后执行下面的 SQL 语句。

```
SQL>update t4_2_1 set sal=sal where empno=7934;
1 row updated.
```

② 按照上例步骤⑤开启另一个终端，以 scott 登录进 SQL*PLUS 环境。然后执行下面的 SQL 语句。

```
SQL> set transaction isolation level serializable;
SQL> update t4_2_1 set sal=sal where empno=7934;
```

这时会发现更新语句被阻塞，因为 empno=7934 的行被另外一个会话（步骤①）中的 update 语句加了排它锁。

③ 回到第①步所在的终端，执行 commit。

```
SQL>commit;
Commit complete.
```

④ 回到第②步所在的终端，会看到如下信息。

```
update t4_2_1 set sal=sal where empno=7934
```

```
               *
ERROR at line 1:
ORA-08177: can't serialize access for this transaction
```

"ORA-08177"错误产生的原因是：若在 SERIALIZABLE 隔离级别的事务或会话中修改数据，若此数据被别的事务修改，就会产生该错误。

在一些事务小且能很快被提交的管理系统中（如超市收银系统），若采用 SERIALIZABLE 隔离级别会提高并发性；另外，若系统经常执行长时间的查询（如数据库中的统计），且需要保证每次查询的数据一致，这时采用 SERIALIZABLE 隔离级别也是恰当的。但若采用 SERIALIZABLE 隔离级别时，查询的数据刚好被其他事务更新，则会报上面的那个错误。

4.2.5　READ ONLY 隔离级别

使用 READ ONLY 隔离级别时，在事务中不能有修改操作（即不能执行增加、删除、插入、merge 操作）。这种隔离级别的主要用途是：统计从某个时间开始数据库的内容，且要求多次报告的内容一致时，就可以采用这种隔离级别，在数据库中经常用到这样的隔离级别。读者可以思考一下，在这种隔离级别下会不会出现前面介绍的"ORA-08177"错误？

1. 设置 READ ONLY 隔离级别

可对事务设置 READ ONLY 隔离级别，但不能对整个数据库系统和会话设置此事务隔离级别。下面举例说明具体设置方法。

对事务设置 READ ONLY 隔离级别。

```
SQL>set transaction READ ONLY;
```

对会话（session）设置 READ ONLY 隔离级别会报错。

```
SQL> alter session set isolation_level=read only;
   ERROR at line 1:
   ORA-02183: valid options: ISOLATION_LEVEL { SERIALIZABLE | READ COMMITTED }
```

不能对会话设置 READ ONLY 隔离级别，这与 SERIALIZABLE 隔离级别不同。另外，注意对事务设置 READ ONLY 隔离级别的语法，它与 SERIALIZABLE 隔离级别略有差异。也不能为整个数据库系统设置 READ ONLY 隔离级别，即不能执行"alter system isolation_level= read only;"。

例如：不能对数据库系统设置 READ ONLY 隔离级别。

```
SQL> alter system isolation_level= read only;
   ERROR at line 1:
   ORA-02065: illegal option for ALTER SYSTEM
```

 注 意

READ ONLY 隔离级别对 sys 用户或拥有 sysdba 权限的用户无效。因此，在设置 READ ONLY 隔离级别之前，建议用 SQL*PLUS 的 show user 命令查看当前用户是否为 sys 或其他具有 sysdba 权限的用户。

2. 一个 READ ONLY 隔离级别的例子

为了完成 READ ONLY 隔离级别的实验，用 scott 用户来进行操作，它是普通用户。

① 以 scott 用户连接数据库。

```
SQL>conn scott/abc123
Connected.
```

② 设置事务的隔离级别为 READ ONLY

```
SQL> set transaction READ ONLY;
Transaction set.
```

当 scott 用户只是一般用户，不拥有 sysdba 权限时，也执行此操作。

③ 执行增加、删除、修改等操作，系统会报错。

```
SQL> update emp set sal=sal;
update emp set sal=sal
       *
ERROR at line 1:
ORA-01456: may not perform insert/delete/update operation inside a READ ONLY
transaction
```

从上面的例子可以看出，若事务设置 READ ONLY 隔离级别，在此事务中不能执行修改操作。因此，在这种隔离级别下不会出现"ORA-08177"错误。

4.3　多版本并发控制的缺点

前面两节讨论了 Oracle 数据库多版并发控制的优点，即所有查询不会因更新而阻塞，从而大大提高数据库的并发操作，另外还极少出现死锁。这些优点使得 Oracle 数据库性能非常好。但 Oracle 数据库的多版并发控制也有缺点，下面从两方面来分析这些缺点。

4.3.1　查询中会出现过多的 I/O 操作

实际的生产环境中，经常会出现大负载的情况，在这种情况下，执行一个查询有时会得到较多的 I/O 操作，但在测试环境中这样的查询会产生极少的 I/O 操作。在大负载的情况下查询出现较多 I/O 操作的原因是：查询为了保证读一致（它是多版本控制的具体实现），需要多次访问 undo 段，从而产生大量的 I/O 操作。

假如要查询一个表，但在查询期间，多个并发事务修改了表中的数据。为了维持查询的读一致，需要不断访问 undo 段。下面通过一个例子来演示这种现象（读者请严格按照下面的步骤进行操作）。

① 以 scott 用户进入 SQL*PLUS 环境，然后创建表 t4_3_1。

```
[oracle@DevServer ~]$ sqlplus scott/abc123
  SQL>create table t4_3_1 (c1 varchar(10));
Table created.
```

② 向表 t4_3_1 中插入一行。

```
  SQL>insert into t4_3_1 values('a');
  1 row created.
```

③ 执行下面的语句。

```
SQL>exec dbms_stats.gather_table_stats(user,'T4_3_1');
  PL/SQL procedure successfully completed.
```

dbms_stats 是 Oracle 数据库提供的包（package），又称程序包。包是一组相关过程、函数、变量、常量和游标等 PL/SQL 程序设计元素的集合。它具有面向对象程序设计语言的特点，是对 PL/SQL 程序设计语言元素的封装。包类似于 C++和 Java 语言中的类，其变量相当于类中的成员变量，存储过程和函数相当于类方法。把相关的模块归类成为包，可使开发人员利用面向对象的方法进行存储过程的开发，从而提高系统可维护性和可扩展性。Oracle 数据库的包分为两类：用户定义的包和 Oracle 数据库所带的包，又称系统包。

dbms_stats 是 Oracle 数据库中的一个系统包。它的作用是：提供一组收集 Oracle 数据库统计信息的存储过程和函数，管理员可使用这些存储过程或函数来优化数据库系统。

gather_table_stats 是包 dbms_stats 的一个存储过程。它用来收集表、表的列（或列上索引）的统计信息。该存储过程在默认情况下以直方图方式对表进行统计，包含该表的行数、数据块数、行长等信息；收集某列的信息主要包括：列值的重复数、列上的空值情况、数据在列上的分布情况；收集索引的信息主要包括：索引页块的数量、索引的深度、索引聚合因子。

虽然第②步插入了数据，但这些数据（虽然只有一行）的分布情况对 Oracle 数据库来讲仍未知，因此，需通过执行 gather_table_stats 存储过程让 Oracle 数据库得到插入数据的统计信息。

 注 意

> 统计信息是优化数据库的重要信息，但本书不重点讨论 Oracle 数据库优化，不会详细介绍统计信息的作用。

dbms_stats.gather_table_stats(user,'T4_3_1')的作用是收集表"T4_3_1"的统计信息。传给此存储过程的第一个参数 user 是 SQL*PLUS 的变量，它保存着当前进入 SQL*PLUS 的用户名，与"show user"的结果一样。如果当前用户是"scott"，则此语句与下面语句等价：

```
SQL> exec dbms_stats.gather_table_stats('SCOTT', ' T4_3_1');
```

 注 意

> 传给存储过程 dbms_stats.gather_table_stats 的两个参数（表名和用户名）都要大写。另外，存储过程 dbms_stats.gather_table_stats 的第一个参数是方案（scheme）名，但在 Oracle 数据库中，方案名与用户相同，因此，在上面的叙述中，为了便于理解，称第一个参数为用户名。

④ 将当前会话的隔离级别设置为 SERIALIZABLE（执行这个操作的 scott 用户需要是 dba 角色）。在此隔离级别下，不管执行多少次查询，都会返回最初的结果：

```
SQL>alter session set isolation_level=serializable;
Session altered.
```

⑤ 将当前会话的统计信息打开，并执行查询。

```
SQL>set autotrace on statistics
SQL>select * from t4_3_1;
 C1
 ---------------------------
  a
Statistics
 ---------------------------
  0  recursive calls
  0  db block gets
  7  consistent gets
  ................
```

从这个结果可以看出，该查询用了 7 个 I/O 一致获取（consistent gets）。关于 I/O 一致获取将在下一节中详细介绍。

⑥ 开启另外一个终端，然后以 scott 登录进 SQL*PLUS 环境，并执行下面的操作。

```
SQL>begin
2 for i in 1.. 999
3 loop
```

```
4    update t4_3_1 set c1='a'||i;
5    commit;
6 end loop;
7 end;
8 /
PL/SQL procedure successfully completed.
```

上面的整段代码被称为匿名 PL/SQL 块。通过一个 for 循环语句去不断更新表 t4_3_1 中的值，然后提交。

 提 示

> 在 Oracle 数据库中，存储过程或函数的实现代码又称 PL/SQL 块（都是用 PL/SQL 语句实现的），但这些 PL/SQL 块有相应的名称（存储过程名或函数名），因此，这些实现代码称为非匿名 PL/SQL 块。

⑦ 回到第⑤步开启的那个终端中，再次执行"select * from t4_3_1"，会得到如下结果：

```
SQL>select * from t4_3_1;
 C1
-------------------
 a
Statistics
---------------------------
 0  recursive calls
 0  db block gets
 1002  consistent gets
.................
```

从上面结果可以看出：查询总共产生了 1002 次 I/O，因为 Oracle 数据库必须获取和处理的所有块都必须针对事务开始的那个时刻。首先，Oracle 数据库会在缓冲区中查看是否有满足要求的数据，由于缓冲区中的数据"太新"（被 update 语句更新了很多次），它会从 undo 段中去寻找"更旧"的数据。这样一直在 undo 段中查询，直到最后找到所需要的数据。

动态视图 v\$bh 用于保存 SGA 中被缓存的数据块状态信息。该视图的列 file# 表示数据文件的编号，若需查看数据文件编号所对应的数据文件名，可以查询 v\$dbfile 或 dba_data_files（需要 dba 权限的用户才能查看此视图）；block# 数据块的编号。可通过该视图来查看数据块在缓冲区中的多个版本。Oracle 数据库在执行查询时，都会查看缓冲区中数据块的版本，Oracle 数据库只读取与查询开始的时间对应的数据块。读者可试着写一个 SQL 语句来统计缓冲区中版本数大于 3 的数据块。

4.3.2 写一致问题

4.3.1 节中介绍了 Oracle 数据库为保持读一致有可能会出现过多的 I/O 问题。若是更新数据，会出现什么情况呢？请看下面的例子，这个例子的 myTab 为假设的表名。

执行这样一条更新语句：

```
SQL>update myTab set c1=3 where c2=6;
```

在执行此语句的过程中，会读取 c2=6 的行，另外开启新的会话来更新这些行，即执行下面的语句：

```
SQL>update myTab set c1=8 where c2=6;
```

即把 c1 的值修改成 8。这两条语句无论哪个先执行，并不提交，则另一个语句都会阻塞。

在这种情形下，被阻塞的 update 操作有可能会重新启动一次查询，然后再完成更新操作。

在介绍 Oracle 数据库更新语句的重启动问题之前，先介绍更新语句的处理过程。

1. 一致读和当前读

Oracle 数据库的更新语句有两种数据块的获取方式，也就是说，它会执行下面的两步操作。

- 一致读（consistent read）：这种方式是为了"发现"要修改的行而采用，即查看满足条件的行在哪些数据块上，这个过程并不会开始事务。

- 当前读（current read）：把找到的数据块读到内存中，开始修改数据块上的行，这时事务才开始。

下面通过例子来介绍更新语句的这两个处理步骤。在介绍例子之前，需先介绍 Oracle 数据库的跟踪文件及相关知识。

（1）Oracle 数据库的跟踪方法

为了能清楚地观察到这两种数据获取方式，需要使用 Oracle 数据库所特有的 SQL 语句跟踪技术。如果该跟踪方法被启动，它会将整个 SQL 语句的执行过程全部转储到一个跟踪文件中。Oracle 数据库跟踪方法比较多，常见的方式有：sql_trace 方法；dbms_monitor.session_trace_enable 方法；通过 10046 事件方法等。下面先讨论跟踪技术的第一个问题：跟踪文件位置。

① 跟踪文件位置。无论采用 sql_trace 方法、dbms_monitor.session_trace_enable 方法还是通过 10046 事件方法，Oracle 数据库都会将这些方法所产生的跟踪文件放到某个目录下。不同的客户端连接方式其跟踪文件所放置的目录不一样。这些目录的具体位置会存放在参数中。若客户端采用共享服务器连接，则跟踪文件存放的目录由参数 background_dump_dest 决定；若客户端采用共享服务器连接，则跟踪文件存放的目录由参数 user_dump_dest 决定。

在 Oracle 数据库中，参数信息存放在 v$parameter 中。可通过下面的查询得到这两个参数的具体内容（它们所指向的目录）：

```
SQL> select name,value from v$parameter where name like '%dump_dest%';
NAME                          VALUE
----------------              ----------------------------------------
background_dump_dest          /ora10/app/oracle/admin/orcl/bdump
user_dump_dest               /ora10/app/oracle/admin/orcl/udump
core_dump_dest               /ora10/app/oracle/admin/orcl/cdump
```

这里显示了三个参数名以及对应的值，列 name 对应的值为参数名，列 value 对应的值为参数值。其中 core_dump_dest 所指向的目录用来保存 Oracle 数据库内核出现严重错误（如进程崩溃等）的跟踪文件，这是非常有用的诊断信息；参数 user_dump_dest 的值为"/ora10/app/oracle/admin/orcl/udump"，这表示客户端采用共享服务器连接所产生的跟踪文件存放在此目录下；同理，专用服务器连接所产生的跟踪文件存放在"/ora10/app/oracle/admin/orcl/bdump"下。另外也可用 SQL*PLUS 的"show parameter dump_dest"命令得到同样的结果，读者可自行尝试。

可修改参数"user_dump_dest"和"background_dump_dest"的值，使跟踪文件保存到用户指定的目录。修改参数的值已经在前面讨论，读者可参考第 2 章。

② 跟踪文件的命名。所有跟踪方法所产生的跟踪文件都采用同样的命令规则，即：

- 文件名的第一部分是当前的 SID 值（可通过执行 Linux 命令 echo $ORACLE_SID 得到）。

- 文件名的第二部分为固定字符串"ora"。

- 文件名的最后一部分为专用服务器的进程 ID，这些 ID 值可查询 v$process 视图得到，具体做法是：select username,spid,serial# from v$process。这里的 spid 就是专用进程编号。

例如：在笔者机器上，其中就有一个跟踪文件为 orcl_ora_27029.trc。

在跟踪文件名的三个部分中，最难获取的是专用服务器进程 ID。为了得到跟踪文件名，需要通过连接查询 v$process 和 v$session 得到。具体操作步骤如下：

a. 假定某个会话的 id 为 169，则可执行下面的操作：

```
SQL>  select p.spid,s.sid,s.serial# from v$session s,v$process p where
s.paddr=p.addr and s.sid=169;
  SPID    SID    SERIAL#
  -----   -----  ----------
  3746    169    1
```

b. 从查询结果可知，会话 id 为 169 的会话对应的跟踪文件名为 orcl_ora_3746.trc。可用下面的方法查看该文件是否存在。

首先，由 background_dump_dest 参数的值得到跟踪文件所在目录。然后查看此目录下是否有这样的文件。在笔者的机器上，background_dump_dest 的值为 "/ora10/app/oracle/admin/orcl/bdump"，因此，可在此目录下查看有没有文件 orcl_ora_3746.trc。具体操作如下：

```
SQL> !ls /ora10/app/oracle/admin/orcl/bdump |grep 3746
orcl_arc1_3746.trc
```

"!" 表示在 SQL*PLUS 环境中执行 Linux 命令。若执行时报一个错误，则表明跟踪文件 orcl_ora_3746 并不存在，这是因为现在还没有启用 SQL 跟踪。通过下面的方法启动 SQL 跟踪，然后再次查看跟踪文件。

```
SQL> exec dbms_monitor.session_trace_enable;
 PL/SQL procedure successfully completed.
```

然后再次执行上面的操作。

③ 对跟踪文件加标记。当用户无法访问动态视图 v$process 和 v$session 时，按上面的方法就不能找到跟踪文件。这时可对跟踪文件加标记来标识当前会话产生的跟踪文件。给跟踪文件加标识只需要在当前会话设置参数 tracefile_indentifier 即可。具体做法为：

```
[oracle@DevServer ~]$ sqlplus / as sysdba
SQL>alter session set tracefile_indentifier='myTrace';
Session altered.
```

执行 SQL 命令 "alter session" 必须要有 dba 角色或 sysdba 权限。

执行下面的语句开启对 SQL 的跟踪。

```
SQL> exec dbms_monitor.session_trace_enable;
PL/SQL procedure successfully completed.
```

然后执行下面的命令就可查看到当前会话的跟踪文件。

```
[oracle@DevServer ~]$ ls $ORACLE_BASE/admin/orcl/udump/*myTrace*
```

这条 Linux 命令中的 "*" 是通配符，表示任意字符。

（2）验证更新语句的一致读和当前读

按下列步骤验证更新语句的一致读和当前读。

① sql_trace 方法跟踪 SQL 语句。

```
SQL>alter session set sql_trace=true;
Session altered.
```

执行 "exec dbms_monitor.session_trace_enable;" 可启动对 SQL 的跟踪。

② 按下面顺序执行 SQL 语句。

```
SQL>Create table t4_3_2;
```

```
2 as
3 select 'aa' c1 from dual
4 /
SQL>select * from t4_3_2;
c1
---------
aa
```

如果得到其他查询结果也没有关系，不影响整个实验。

```
SQL>update t4_3_2 t1 set c1='b'||'1';
1 row updated.
SQL>update t4_3_2 t2 set c1='b'||'1';
1 row updated.
```

 注 意

> Oracle 数据库中字符串相加不是用"+"，而是用"||"。

③ 关闭 sql_trace 方法。

```
SQL> alter session set sql_trace=false;
Session altered.
```

这步必须执行，否则在跟踪文件中看不到 SQL 执行的过程。执行"exec dbms_ monitor. session_trace_disable;"可关闭对 SQL 的跟踪。

④ 查找当前会话的跟踪文件。

前面只介绍了如何根据会话来得到跟踪文件名。要得到当前会话的跟踪文件名，必须要知道当前会话的 id。可通过下面的方法得到当前会话的 id。

```
SQL> select userenv('SID') from dual;
USERENV('SID')
---------------
143
```

userenv 为 Oracle 数据库所特有的系统函数，userenv('sessionid')用来返回当前会话的编号。接下来即可利用上一节介绍的方法得到跟踪文件所在位置以及相应的名称。当然，读者也可执行下面的操作得到当前会话的 id。

```
SQL> select sid from v$mystat where rownum=1;

SID
----
143
```

⑤ 通过 kprof 命令格式化跟踪文件。

通常所得的跟踪文件若用 vi 等编辑工具打开，所看到的内容比较混乱，难以阅读。kprof（Linux 环境下的一个命令）是一个专门用来分析 Oracle 跟踪文件并且能产生清晰结果的工具。

kprof 命令语法：

```
kprof  filename1, filename2 [ SORT = [ opion][,option] ]
[PRINT = integer ]  [ AGGREGATE = [ YES | NO ] ]
[ INSERT = filename3 ] [ SYS = [ YES | NO ] ]
[ [ TABLE = schema.table ] | [ EXPLAIN = user/password ] ]
[ RECORD = filename ]
```

在上面的语法中，中括号（"[]"）中的内容为可选；竖杠（"|"）左右两边的内容为可选。

tkprof 命令相关参数说明：

● 参数 filename1 表示输入文件名，可以是多个文件名，每个文件名用空格分开。

- 参数 filename2 表示被 tkprof 工具格式化后的输出文件的名称。
- 参数 SORT 表示在生成输出文件前，先进行排序。如果省去，则按照实际使用的顺序生成输出文件。排序选项有多种，例如：prscpu 表示按花费的 CPU 时间排序。更多的选项及作用见 Oracle 数据库的帮助文档"Oracle Database Performance Tuning Guide"。
- 参数 PRINT 用于指定格式化某一范围的 SQL 语句。其使用格式为：print=10，数字 10 表示只将前 10 个 SQL 语句格式化并输出到文件中。默认为格式化所有的 SQL 语句并输出到文件中。
- 参数 AGGREGATE 表示是否对相同 SQL 进行汇总。例如 AGGREGATE=NO 表示不对多个相同的 SQL 进行汇总。
- 参数 INSERT 用于将跟踪文件的统计信息存储到数据库中。在 kprof 创建脚本后将结果输入到数据库中。
- 参数 SYS 表示禁止或启用将 SYS 用户执行的 SQL 语句输出到文件中。调用格式为：SYS=NO，即不将 SYS 用户执行的 SQL 语句输出到文件中。
- 参数 TABLE 表示在生成输出文件前，指定存放临时数据的表名。
- 参数 EXPLAIN 会对每条 SQL 语句获取其执行计划，并将其输出至文件中。

具体的 kprof 命令执行如下：

```
[oracle@DevServer~]$tkprof $ORACLE_BASE/admin/orcl/udump/orcl_ora_30236.trc
mytrace.prf
```

这样执行之后会在当前目录生成一个 mytrace.prf 文件，该文件就是经过 tkprof 命令格式化后的跟踪文件。可用下面的命令查看生成的跟踪文件。

```
[oracle@DevServer ~]$ ls mytrace.prf -l
-rw-r--r-- 1 oracle oinstall 10534 Sep 12 04:19 mytrace.prf
```

⑥ 查看格式化后的跟踪文件内容。可通过下面的命令打开跟踪文件。

```
[oracle@DevServer ~]$ vi mytrace.prf
```

其部分内容显示如下（去掉了原文件中的 ELAPSED、CPU 和 DISK 列）。

```
select * from t4_3_2
call     count  query       current     rows
-------  ------ ----------  ----------  ----------
Parse    1      0           0           0
Execute  1      0           0           0
Fetch    2      7           0           1
-------  ------ ----------  ----------  ----------
total    4      1           0           1

update t4_3_2 t1 set c1='b'||'1'
call     count  query       current     rows
-------  ------ ----------  ----------  ----------
Parse    1      0           0           0
Execute  1      7           3           1
Fetch    0      0           0           0
-------  ------ ----------  ----------  ----------
total    2      7           3           1

 update t4_3_2 t2 set c1='b'||'1'
call      count   query       current     rows
-------   ------ ----------  ----------  ----------
Parse     1       0           0           0
Execute   1       7           1           1
```

```
Fetch        0        0          0          0
-------    ------   ----------  ----------  ----------
total        2        7          1          1
```

下面对输出结果的各列含义进行解释：

- 列 call 包含 SQL 语句被执行的 3 个阶段，即 parse、execute、fetch。其中，parse 阶段将 SQL 语句转换成执行计划，包括检查 SQL 需要访问的表是否存在，列以及其他引用到的对象是否存在，用户在这些表上是否有相应的操作权限。execute 阶段是指 Oracle 执行 SQL 语句。对于 insert、update、delete 操作，此阶段会修改数据，对于 select 操作，会在此阶段确定要选择的行。fetch 阶段会返回获得的记录，只有 select 语句才有这个阶段。
- 列 count 表示执行 parse、execute、fetch 的次数。
- 列 query 表示在三个阶段（parse、execute、fetch）中，按一致读原则在缓冲区中访问的数据块数量。
- 列 current 是指在 current 模式（也称当前读）下访问的缓冲区的数据块数量。一般在 current 模式下执行 insert、update、delete 操作都会访问缓冲区的数据块。
- 列 rows 是指 SQL 语句影响的行数。

从上面 3 个结果可以看出：查询语句只有一致读，没有当前读；更新语句（不只是 update 语句，delete 语句也是一样）不仅有一致读，而且还有当前读。当前读是在一致读的基础上，对读回到缓冲区中的数据块进行修改。当前读才会开始事务，因此，当前读还会将 undo 段块（即 undo 段的第一个数据块，存放 undo 块的使用情况）和一个 undo 块（undo block）读到缓冲区中，以便存放与事务相关的 undo 信息。因此，会看到第一个更新语句的当前读的次数为 3，而第二个更新语句由于 undo 段块和 undo 块已经在缓冲区中，其当前读的次数为 1。

上面的更新语句在当前读时，若有另外的会话已经将此行信息更新，并提交，这时出现什么样的结果呢？表 4-10 描述了这个执行过程。

表 4-10　更新序列

时　间	会话 1	会话 2	注　释
t1	delete table1 where c1=5;		删除满足 where 条件的行
t2		delete table1 where c1>=5;	使用一致读，找到满足 where 条件的行，但无法更新该记录，因为 c1 为 5 满足条件，但这一行此时被会话 1 锁定
t3	commit;		提交会话 1 的事务，这使表中的锁被释放，使会话 2 中的事务继续执行。会话 2 在继续执行时，发现 c1=5 的行已经被删除

从表 4-10 中可看出，对于会话 2，采用一致读时，会获取 c1=5 的行，在采用当前读时，发现这一行已经被删除，这与一致读时的情况不一样了。如果跳过该行，会得到一个不确定的更新，有可能导致数据不一致。

在这种情况下，Oracle 数据库会选择"重启删除"。若当前的隔离级别为 READ COMMITTED（这是 Oracle 数据库的默认隔离级别），则 Oracle 数据库会回滚前面所有已经删除的数据，然后重新执行该操作（相当于此操作重启了一次），这次先用 select ... for upsdate 对要删除的行加锁，一旦完成这个锁定，就会对这些锁定的数据进行删除，这样就可保证不会出现重启。但 select ... for update 与 delete 一样，都会采用一致读和当前读两个操作，若 select ... for update 的当前读发现 c1=8 不存在，则 select ... for update 又会重启，直到最后加锁成功。这种重启操作有可能很耗资源。因为要回滚已删除的行并逐行加锁，还有再次重启的可能。这应该算是 Oracle 数据库的缺点。不过该缺点相对于查询不阻塞来说，并不严重。

若当前的隔离级别为 SERIALIZABLE，则表 4-10 的操作过程最终会报 ORA-08177:can't serialize access for this transaction 错误，更新被中止。

2. 查看更新语句的重启

可以观察到 update 语句和 delete 语句（为了本章后面叙述方便，称这两种语句为更新语句）的重启。下面以 delete 语句为例，介绍观察其重启的步骤。

① 创建一个名为 t4_3_3 的表，并插入数据。

```
SQL>conn scott/abc123
Connected.
SQL>create table t4_3_3 as select * from emp;
 Table created.
```

② 创建触发器。

为了观察重启动，只需创建触发器来打印一些信息即可。下面是创建触发器的语句：

```
SQL>create or replace trigger tr_t4_3_3
    before delete on t4_3_3 for each row
        begin
        dbms_output.put_line('deleted ename is ' ||:old.ename||', deleted
        empno is '||:old.empno);
    end;
Trigger created.
```

Oracle 数据库的存储过程比 SQL Server 要复杂。"or replace"表示如果触发器存在，则用新的定义替换原有的触发器内容，"before"表示在更新操作执行前触发，"after"表示在更新操作执行后触发。"for each row"表示每更新一行触发一次，如果不加这些选项，则在整个更新操作完成后触发。有两个临时表":new"和":old"，它们只在触发器中可用。":new"用来存放更新后的"新"数据或插入的数据（由于这里是针对 delete 语句的触发器，":new"没有任务内容）。":old"用来存放更新前的"旧"数据或删除的数据。

③ 执行更新。

```
SQL>set serveroutput on
SQL> delete t4_3_3 where empno=7934;
deleted ename is MILLER, deleted empno is 7934
1 row deleted.
```

这个删除会使触发器被触发一次，从输出结果可看到被删除行的信息。

④ 在另外的会话中也执行删除。

开启另外一个会话，然后执行下面的语句。

```
SQL>set serveroutput on
SQL> delete t4_3_3 where empno in(7902,7934);
```

此时，该会话会被阻塞。因为第③步的会话锁住了表中的 empno 为 7934 的行，现在回到第③步的会话，并提交，然后回到第④步的会话中，会看到如下结果：

```
deleted ename is MILLER, deleted empno is 7902
deleted ename is MILLER, deleted empno is 7934
deleted ename is MILLER, deleted empno is 7902
1 row deleted.
```

从这个结果可看出，触发器被触发了两次，一次是在删除前，触发器打印出列 ename 和 empno

的"旧"数据，但通过当前读来更新时，发现原来的 empno=7934 的行已经被删除，于是 Oracle 数据库会重启删除操作，这样会再次触发触发器，再次将列 ename 和 empno 的"旧"数据打印出来。

对于 update 语句，也可用上面类似的过程来查看其重启的问题。

 注 意

从上面的讨论可看出，Oracle 数据库的 after for each row 触发器有可能比 before for each row 的效率高。

3. 更新操作重启的缺点总结

（1）更新重启会得到错误信息

从上面的例子可看出，若在触发器中包含了一些非事务功能（如修改操作系统中的文件内容等），可能有相当严重的问题，例如，若想将表中原来的数据和更新后的数据写到一个文件中进行保存，有可能会出现重复内容，其中一些内容可能是因为重启操作产生的，这样的文件内容会让人感到迷惑。总的来说，在触发器中处理下列非事务的情形时，会受重启动的影响。尤其是下面这几种情况一定要小心。

- 通过定义全局变量来记录触发器中处理数据的行数。若相应的操作重启，从而导致计数不准。
- 几乎所有以"UTL_"开头的包（如 UTL_FILE、UTL_HTTP、UTL_SMTP 等）都会受到重启更新的影响。在触发器中使用这些包时要特别小心。建议尽量少用。
- 重启相应的操作时，会使自治事务无法回滚。

（2）重启操作会严重影响性能

假设某个更新语句已经更新了 900 行，若出现重启动这 900 行需要全部回滚，从而大大影响性能。本来 1 小时可完成的工作，由于重启操作（有时甚至要多次重启操作）需要几小时才能完成。

基于上述原因，可禁止以下操作来保证信息完整以提高数据库性能：

- 尽量不要在触发器中使用自治事务。
- 不要在触发器中使用"UTL_"开头的包（例如：不在触发器中发送邮件）。
- 尽量使用 AFTER 触发器。
- 在触发器中尽量不使用全局变量来计数。
- 在触发器中尽量不引用被更新的列。

小   结

本章所介绍的内容非常重要，但难度也很大。理解这些内容，对开发高性能应用至关重要。例如，若不知道 update 和 delete 语句有时会出现重启，就会对某些情况下所出现的问题搞不明白，会导致错误判断。

本章介绍 SQL 标准的隔离级别，并详细介绍了 Oracle 数据库如何实现这些隔离级别。另外还将 Oracle 数据库的隔离级别与其他数据库进行了比较。在其他数据库中，并发性和一致性不可兼得，即为了得到较高的并发性，需要降低一致性要求；要想得到一致、正确的数据，需要降低并发性。但 Oracle 数据库通过多版本控制却能让并发性和一致性同时共存。

虽然 Oracle 数据库的多版本控制大大提高了并发性，并能很好地保证数据的一致性，但其主要缺点在于更新语句会出现重启动，这有可能导致应用性能很低，必须对更新重启要深入理解并灵活掌握。不过，更新语句会出现重启动的可能性相对较小。

习　　题

1. 创建一个 Oracle 数据库函数，实现十进制转二进制功能。

2. 如果 t1 表有三个列，t2 表有两个列，写一个 SQL 语句将 t2 表的数据一次性复制到 t1 表中。

3. ORA-08177 错误产生的原因是什么？举例说明。

4. 以 scott 用户连接到 Oracle 数据库中，设置当前事务隔离级别为 READ ONLY，然后执行 merge 语句来更新某个表的数据，会得到什么结果？提示：merge 语句是 Oracle 数据库所特有的一种数据更新操作。通过 merge 语句，可以同时在一个 SQL 语句中执行增加、删除、修改操作。

5. 以 scott 用户连接到 Oracle 数据库中，写一个 SQL 语句查询 emp 表的第 3 行至 5 行。

提示：Oracle 数据库有一个被称为 rownum 的伪列（pseudo column），可用它来为获取的数据加上行号。其行号的产生过程为：查询先返回一行，然后给该行加上行号（行号为 1），如果有 where 子句，则会查看该行是否满足 where 子句条件，若满足，该列和相应的行号会保留下来；否则，该行被丢弃。然后 Oracle 数据库再取一行，若上一行（行号为 1）被保留，则此行的行号为 2，否则此行的行号为 1。这样依次进行，直到得到所有结果。若查询语句有 order by 或 group by，则还需在这些结果上进行排序或聚合操作。rownum 产生的过程如图 4-1 所示。

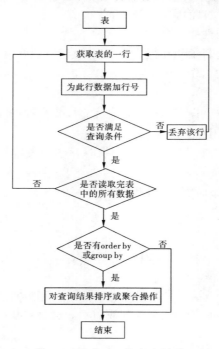

图 4-1　rownum 的产生过程

从这个过程可以得出如下结论：

● 查询语句"select * from t1 where rownum=1"可以得到表 t1 的第一行。

● 查询语句"select * from t1 where rownum=2"不会返回结果，这里不仅仅是"rownum=2"没有结果返回，而且"rownum=N"，N>1 都没有结果返回。

- 查询语句"select * from t1 where rownum>1"不会返回结果。
- 查询语句"select * from t1 where rownum<=N"，N 取自然数，会返回 N 行记录（假设表中的记录数有 N 行及以上）。

下面举一个简单例子来说明 rownum 的用法。

（1）以 scott 用户连接到数据库中。

```
    SQL> conn scott/abc123
Connected.
```

（2）建立一个名为 emp_load 的表，将 emp 表中的前 6 行数据复制到 emp_load 中，且使 emp_load 的 sal 列的值比 emp 表 sal 列的值多 100。

```
SQL> create table emp_load
2  as
3    select empno, ename, job, mgr, hiredate, sal+100 as sal, comm, deptno from
emp where rownum<=7;
```

6. 以 scott 用户的 emp 表为基础，创建包 MANAGE_EMP_PKG，对该表的员工进行管理，要求实现新增员工、新增部门、删除指定员工、删除指定部门、增加指定员工的工资与奖金。

提示：

（1）Oracle 数据库的包由两部分组成，即：

① 包说明（package）：该部分声明包的公用组件，如变量、常量、自定义数据类型、异常、过程、函数、游标等。包中定义的公有组件不仅可在包内使用，还可由包外其他过程、函数调用。但需要说明：为了实现信息隐藏，建议不要将所有组件都放在包说明处声明，只应把公共组件放在包声明部分。包的名称必须唯一，但对于不同包的公有组件名可相同，调用时可通过"包名.公有组件名"加以区分。

② 包体（package body）：包体是包定义部分的具体实现，它实现包定义部分所声明的游标和子程序，在包体中还可声明包的私有元素。包说明和包体分开编译，并作为两部分存放在数据字典中，可查看数据字典 user_source、all_source、dba_source 来了解包说明与包体信息。定义包体需要注意以下几点：

- 包体只能在包说明被创建或编译成功后才能进行创建或编译。
- 在包体中实现存储过程、函数、游标的名称必须与包说明中的过程、函数、游标一致，包括名称、参数名称以及参数模式（IN、OUT、IN OUT），并按包说明中的次序来实现。
- 在包体中声明数据类型、变量、常量都为私有，它们只能在包体中使用而不能被其他的包访问。
- 在包体执行部分，可对包进行说明，也可对包体中声明的公有或私有变量进行初始化或其他操作。

（2）创建包说明和包体的语法。

创建包说明的语法如下：

```
create [or replace] package  package_name
  [authid {current_user | definer}]
  {is | as}
  [公有数据类型定义[公有数据类型定义]…]
  [公有游标声明[公有游标声明]…]
  [公有变量、常量声明[公有变量、常量声明]…]
  [公有函数声明[公有函数声明]…]
```

```
      [公有过程声明[公有过程声明]…]
end [package_name];
```

创建包体的语法如下：

```
     create [or replace] package body package_name
            {is | as}
            [私有数据类型定义[私有数据类型定义]…]
            [私有变量、常量声明[私有变量、常量声明]…]
            [私有异常错误声明[私有异常错误声明]…]
            [私有函数声明和定义[私有函数声明和定义]…]
            [私有过程声明和定义[私有过程声明和定义]…]
            [公有游标定义[公有游标定义]…]
            [公有函数定义[公有函数定义]…]
            [公有过程定义[公有过程定义]…]
            begin
            执行部分(初始化部分)
            end package_name;
```

在这两种语法中，中括号（[]）中的内容为可选；大括号（{}）中的内容必选其一，它一般与竖杠配合使用；竖杠（|）将要选择的内容分开。

（3）举例说明创建包说明和包体。

该例子通过一个包来管理 scott 用户的 bonus 表。具体要求为：向 bonus 表插入一行；根据 ename 删除相应行；根据 ename 获得相应行。

首先，创建包说明。

```
create or replace package bonus_pkg
IS
  bonusrec bonus%rowtype;
  --向 bonus 表增加一行
  function insert_bonus (
        v_ename   varchar,
        v_job varchar2,
        v_sal number )
  return number;
  --删除 dept 表中的一行
  function del_bonus( v_ename varchar)
  return number;
  --查询 dept 表
  procedure retrive_bonus(v_ename in varchar);
end bonus_pkg;
```

下面对上述创建包定义的重要语句进行解释。

"replace" 是指如果包名 "bonus_pkg" 存在，就用新的包定义语句替换原来的包定义。然后，定义一个名为 "bonusrec" 的变量，它是行类型（row type），该变量能存放 bonus 表的一行内容。行类型变量具有相应表的结构。例如，"bonusrec" 变量有三个属性：ename、job、sal，这三个属性的类型与表 bonus 相应列的类型一致。可通过 bonusrec.ename 得到属性 ename 的值。

最后定义了两个函数：insert_bonus 和 del_bonus。它们的作用分别为：向表 bonus 中增加一行；根据指定的 ename 的值删除 bouns 表中的某一行。这两个函数都定义了返回值的类型。另外，还定义了一个存储过程 retrive_bonus，它根据 ename 的值查询 bonus 表。

下面举例说明如何实现包体。

```
create or replace package body bonus_pkg
is
function insert_dept(v_ename varchar, v_job varchar2, v_sal number)
return number
is
  bonus_remaining exception; --自定义异常
  pragma exception_init(empno_remaining, -1);
   /* 这里的-1是违反唯一约束条件的错误代码 */
begin
  insert into bonus(ename,job,sal) values(v_ename, v_job, v_sal);
  if sql%found then
    return 1;
  end if;
exception
    when bonus_remaining then
       return 0;
    when others then
       return -1;
end insert_bonus;
function del_bonus(number_name varchar)
return number
is
begin
  delete from bonus where ename = v_name;
  if sql%found then
    return 1;
  else
    return 0;
   end if;
exception
  when others then
    return -1;
end del_bonus;
procedure retrive_bonus (v_ename varchar)
is
begin
     select * into bonusrec from bonus where ename=v_ename;
exception
    when no_data_found then
     dbms_output.put_line('表中没有雇员名为'||dept_no||'的员工');
    when too_many_rows then
        dbms_output.put_line('查询的行不唯一!');
    when others then
        dbms_output.put_line(sqlcode||'----'||sqlerrm);
end retrive_bonus;
begin
```

```
        null;
    end bonus_pkg;
```

下面对上述创建包定义的重要语句进行解释。

变量"bonus_remaining"的类型为 exception。说明该变量是一个自定义异常。pragma exception_init 的作用是将用户定义的异常变量与某个异常编号关联。这里是将异常变量 bonus_remaining 与异常编号-1 关联，即-1 表示违反唯一约束时 Oracle 数据会产生一个异常。

在 Oracle 数据库中，修改语句（删除语句、更新语句、插入语句）是否执行成功分别通过 sql%found 和 sql%notfound 的取值来表示。sql%found 为 true，则表示离它最近的修改语句执行成功。sql%notfound 为 false，则表示离它最近的修改语句没执行成功。sql%rowcount 表示离它最近的修改语句对多少行产生了影响。

Oracle 数据库标准的异常处理形式为：

```
exception
    when 异常名 1 then
            异常处理过程;
    when 异常名 2 then
            异常处理过程;
    ...
    when others then
            异常处理过程;
```

其中，others 没有指定的其他异常。

（4）调用包的例子。

首先以 scott 用户进入 SQL*PLUS 环境。

```
[oracle@DevServer ~]$ sqlplus scott/abc123
```

然后执行下面的操作。

```
SQL>set serveroutput on
SQL>exec bonus_pkg.retrive_bonus('SMITH');
SQL>dbms_output.put_line(bonus_pkg.bonusrec.ename||'---'||
      2    bonus_pkg. bonusrec.job);
```

这里的"set serveroutput on"是一个 SQL*PLUS 命令，执行该命令后，dbms_output.put_line 所输出的内容才能在屏幕上显示。最后输出的结果为：SMITH ---CLERK。

7. 有一个表 ex_1，包括两个列 x、y，这两个列都是整型，表 ex_1 的数据见表 4-11。在会话 1 中执行：update ex_1 set y=10 where y=5，然后在会话 2 中执行：update ex_1 set y=y+1，然后在会话 1 提交，如果想在会话 2 中查看重启动，该如何实现？写出实现的代码并简述这个重启动的过程？分析输出的结果。

表 4-11　表 ex_1 的结构和数据

x	y	x	y
1	2	200	5
7	8	400	5
100	5		

8. 分别创建名为 ex_1 和 ex_2 的两个表，这两个表都只有一个列，列的类型都为整型，然后开启两个会话，并将这两个会话的隔离级别设置为 SERIALIZABLE。在这两个会话中分别执

行如下语句:

```
insert into ex_1 select count(1) from ex_2;
commit;
```
　和
```
insert into ex_2 select count(1) from ex_1;
commit;
```
　然后再查询表 ex_1 和 ex_2 的行，会得到什么结果？请解释所得结果。

第 5 章

事务的原子性

很多年前在学习数据库理论时，就知道事务的概念和特性，后来使用SQL Server和Sybase的过程中，总觉得事务很神秘、很抽象，因为在这些数据库中很少使用事务。当接触Oracle数据库后，才发现事务与每个数据操作息息相关，曾经觉得很抽象的概念变得如此具体和有用。

本章主要内容：

- 事务的作用及特征；
- Oracle 数据库控制事务的方法；
- Oracle 数据库中，事务原子性的基本概念及应用；
- Oracle 数据库中，事务持久性的基本概念；
- 事务与完整性约束的关系；
- 自治事务。

事务（Transaction）是数据库区别于文件系统的重要特性之一。在文件系统中，如果用户把文件写到一半，操作系统突然崩溃，这个文件就很可能会被破坏。目前出现了一些日志式文件系统（如 Linux 的 EXT4 文件系统）能把文件恢复到某个时间点。但它们都无法保证两个文件同步，即若更新一个文件后，再更新完第二个文件之前，系统突然崩溃，就会出现两个文件内容不同步。

大型数据库管理系统中引入事务的主要目的是：事务会把数据库从一种一致状态转变为另一种一致状态，这也是事务的主要任务。数据库的事务可确保所有修改要么都成功，要么都失败。另外还可保证数据完整性的各种规则和检查。

Oracle 数据库的事务具有 4 个特性，即：

- 原子性（Atomicity）：事务是数据库的逻辑工作单位，事务中包括的操作要么都发生，要么都不发生。本章会重点介绍这一性质。
- 一致性（Consistency）：事务执行的结果必须是使数据库从一种一致状态转变到另一种一致状态。因此，当数据库只包含事务提交的结果时，数据库就处于一致状态。若事务对数据的修改并没有提交，就会让一部分修改写入数据库中，而另一些没有写入，这时数据库就处于不一致状态。在这种不一致状态下对事务进行提交或回滚都会处于一致状态。在本章会介绍这一性质。

- 隔离性（Isolation）：事务的执行不被其他事务干扰。即一个事务内部的操作及使用的数据对其他并发事务是隔离的，在并发执行的各个事务之间不互相干扰。第 4 章重点介绍事务的隔离性。

- 持久性（Durability）：事务一旦提交，其结果是永久性的。这将在第 6 章介绍。

这 4 个特性简称 ACID。

本章重点要求掌握：

- Oracle 数据库中事务的原子性；
- 理解完整性约束检查的机制以及它与事务之间的关系；
- 根据 Oracle 数据库事务的特性，设计高性能应用系统。

5.1　事务的概念及相关控制语句

在 Oracle 数据库中，开始一个事务不需要显式声明，即不需用 "begin transaction"，这与 SQL Server 数据库和 Sybase 数据库不一样。只要当用户第一次执行 update 语句、delete 语句、insert 语句、merge 语句中任何一个，Oracle 数据库就会隐式地开始一个事务（即产生 TX 锁的第一条语句），直到用户用 commit 或 rollback 来显式结束事务。也可以显式地开始一个事务，即用 set transaction 语句和 dbms_transaction 包来开始一个事务。显式开始一个事务不是必需的。SQL Server 和 Sybase 必须要显式地开始一个事务。

 注　意

> 不是所有的 rollback 语句都可结束事务，比如 rollback to savepoint 命令就不会结束事务。只有执行 rollback 才能结束事务。

Oracle 数据库隐式开始的事务，需要用 commit 或 rollback 来显式结束，这种做法与其他数据库都不一样。不同的客户端工具（如 PL/SQL developer、toad、SQL*PLUS、Pro*C[①]等）在处理没有显式提交或回滚的事务时会采取不同的方式。用户在使用这些工具时，需要根据自己的情况来设置对事务的默认处理方式，即在退出时，对未提交或回滚的事务采取什么样的事务操作来结束事务，使数据库保持一致状态。不要依赖这些工具默认的行为，因为这些行为随着版本的不同会不一样，这容易让用户对某些结果感到迷惑。因此，在 Oracle 数据库中，对事务显式提交或回滚是一个好习惯。

下面介绍与 Oracle 数据库相关的事务控制语句。

5.1.1　commit 语句

commit 语句用来提交事务。它会结束当前事务，并使得已做的所有修改成为永久性修改（让数据库的状态保持一致）。下面举一个 commit 的简单例子。

```
SQL> delete from emp ;          --开始一个事务
```

---

① 一种开发 Oracle 数据库的客户端语言，与 C 语言有些类似。

```
13 rows deleted.
SQL> commit;--显式提交事务
Commit complete.
```

在 Oracle 数据库 10g 的 Release 2 及以上版本，执行 commit 时有 4 个选项：write wait、write nowait、write batch 和 write immediate。其中，默认选项是 write wait，即等事务所生成的 redo 数据写回磁盘之后再执行 commit，这使得 commit 操作与写 redo 数据到磁盘的操作为同步操作；若采用选项"write nowait"，则不等 redo 数据写回磁盘就执行 commit 操作，这使 commit 操作与写 redo 数据到磁盘的操作为异步操作；write batch 选项不会让 redo 日志立即写到磁盘上，而是缓存到一定时候批量写入；write immediate 选项表示将缓冲区中的日志 redo 立即写到磁盘上。下面举例说明这些选项的用法。

```
SQL>commit write nowait;
Commit complete.
```

显然，如果在提交时加了选项"write nowait"，会提高执行 commit 命令的效率，但带来的问题是：不能保证数据库的一致性。也就是说，用户采用这种方式提交事务，但与事务相关的数据有可能在系统出现故障时会丢失。Oracle 数据库在一般情况下都采用"write wait"（这是默认选项），但在如下情形中可采用"write nowait"选项：

- 用户用 SQL*LOADER 或用 Java 等开发工具编写的数据加载程序时。可自定义加载数据的流程，在这些流程中，可用程序来处理没有正确提交时如何进行处理的程序。这种情形用 write nowait，那些没有来得及提交的数据可由应用程序来处理。

- 在一些实时性很强的应用（如移动公司的通话计费系统、大型购物网站的交易系统、大型超市的交易系统等）中，会得到大量与时间相关的信息。新数据会在很短的时间内覆盖旧数据。因此，这种情况下不考虑数据持久性也是可行的。

- 应用程序自己实现排队机制，例如机票订购系统或火车票订购系统。这些系统对实时性要求很高，采用 write nowait 来进行异步提交可提交实时性。一般情况下，这类系统都会用到一个标志来表示用户的购买请求是否被处理。当有用户产生新的订单时，这个标志设为 false，表示新订单没有被处理。处理完后，会将标志修改为 true。若因"write nowait"造成某种提交不成功，只需将标志再次修改成 false 即可。

从上面三种情形所涉及的应用来看，它们都属于后台非交互式应用，这说明异步提交（执行 commit 加上 write nowait）只适用于面向批处理的后台应用，若提交出现问题，可进行及时处理，从而保证数据的一致性。

总的来说，使用 write nowait 选项一定要小心，必须先搞清楚应用的具体情况才能使用这个选项。

下面介绍一个复杂的例子，它主要用来测试 commit 的这几个选项对 Oracle 数据库性能的影响。

① 创建一个表 t5_1_1。

```
SQL> create table t5_1_1
  2  (c1 int,
  3   c2 varchar(60))
  4  /
Table created.
```

② 创建一个名为 test_commit 的存储过程。然后再按不同的 commit 方式来调用 test_commit。

```
SQL> create or replace procedure test_commit (commit_type in varchar2) as
```

```
 2    start_time  number;
 3    loop_num  number := 2000;
 4  begin
 5    execute immediate ' truncate table t5_1_1';
 6    start_time := dbms_utility.get_time;
 7    for i in 1 .. loop_num loop
 8      insert into t5_1_1
 9      values (i, 'test ' || i);
10      case commit_type
11        when 'wait'              then commit write wait;
12        when 'nowait'            then commit write nowait;
13        when 'batch'             then commit write batch;
14        when 'immediate'         then commit write immediate;
15        when 'batch,wait'        then commit write batch wait;
16        when 'batch,nowait'      then commit write batch nowait;
17        when 'immediate,wait'    then commit write immediate wait;
18        when 'immediate,nowait'  then commit write immediate nowait;
19      end case;
20    end loop;
21    dbms_output.put_line('commit type: ' || commit_type || ': ' || (dbms_utility.
get_time - start_time));
22  end;
```

在上面的存储过程中，命令 execute immediate 后面会跟字符串，其作用是将后面的字符串当成 SQL 来执行。这个字符串由用户拼接而成，这是很方便、很灵活的一种 SQL 执行方式。例如，可创建一个存储过程，它能根据用户输入的表名来获取表的行数，并将行数显示出来。具体实现代码如下：

```
SQL> create or replace procedure query_table(name in varchar)
 2  as
 3  v_cnt number;
 4  begin
 5    execute immediate 'select count(*) from '||name||' where empno>7400' into v_cnt;
 6    dbms_output.put_line(v_cnt);
 7  end;
```

存储过程中的变量 v_cnt 用来存放查询的返回结果。

③ 按下列方式调用存储过程，并得到相应的结果。

```
SQL>exec test_commit('wait');
 commit type: WAIT: 89
 PL/SQL procedure successfully completed.
SQL>exec test_commit('nowait');
 commit type: NOWAIT: 6
 PL/SQL procedure successfully completed.
SQL>exec test_commit('batch');
 commit type: BATCH: 84
 PL/SQL procedure successfully completed.
SQL>exec test_commit('immediate');
 commit type: IMMEDIATE: 77
 PL/SQL procedure successfully completed.
SQL>exec test_commit('batch,wait');
 commit type: BATCH,WAIT: 86
 PL/SQL procedure successfully completed.
```

```
SQL>exec test_commit('batch,nowait');
 commit type: BATCH,NOWAIT: 6
 PL/SQL procedure successfully completed.
SQL>exec test_commit('immediate,wait');
 commit type: IMMEDIATE,WAIT: 90
 PL/SQL procedure successfully completed.
SQL>exec test_commit('immediate,nowait');
 commit type: IMMEDIATE,NOWAIT: 7
 PL/SQL procedure successfully completed.
```

从这 8 个运行结果可看出，nowait 选项会让执行时间变得最短。

对于 commit 语句，需要注意：在使用客户端开发语言（如 Java、C#等）开发基于 Oracle 数据库的应用时，会使用 JDBC 或 ODBC 与数据库服务器进行通信。JDBC 或 ODBC 所提供与数据库通信的 API 在默认情况下会采取"自动提交"的方式来提交事务。例如，若将下面两条语句通过 JDBC 或 ODBC 提交给 Oracle 数据库服务器执行：

```
update student set grade = grade-5 where name = 'Jack';
update student set grade = grade+5 where name = 'Smith';
```

由于采用自动提交，在第一个 update 语句执行完之后，JDBC 或 ODBC 就会提交数据，在第一个 update 提交完成后，第二个 update 还没有执行时，系统崩溃，这就会使名为 Jack 的学生的成绩少 5 分。

因此，若通过 JDBC 或 ODBC 与 Oracle 数据库交互时，不应采用默认的自动事务提交。若是采用 JDBC 与数据库交互，可通过如下方式将事务提交修改为非自动提交。

```
 connection conn = DriverManager.getConnection
("jdbc:oracle:oci:@test","hr","abc123");
conn.setAutoCommit (false);
```

对于 ODBC，也有类似的修改方法。

这种非自动提交事务是将事务提交的主动权交给开发人员，这是一种非常合理的做法。

5.1.2 rollback 语句与 savepoint 语句

rollback 语句与 savepoint 语句有着很紧密的联系。rollback 操作会回滚（撤销）一个事务。直接执行 rollback 就会回滚当前事务。rollback 在结束事务时会撤销所有未提交的修改。因此要读取存储在回滚段（undo 段）中的信息，并把数据块恢复到事务开始之前的状态；savepoint 允许在事务中做一个标识，可在同一事务中创建多个 savepoint。可将 rollback 的作用范围从当前开始，回溯到指定的某个时间点而不是整个事务，这时需要执行 rollback to <savepoint>；可以执行两条 update 语句，后面跟一个 savepoint，然后又执行两条 delete 语句。如果执行 delete 语句期间出现了某种异常情况，在捕获该异常后，执行 rollback to <savepoint> 命令，事务就会回滚到指定的 savepoint，撤销 delete 完成的所有工作，而两条 update 语句完成的工作不受影响。下面举例说明 rollback 与 savepoint 配合使用。

```
update employees
   set salary = 6000
   where last_name = 'ande ';
savepoint ande_sal;
update employees
   set salary = 7500
   where last_name = 'lee';
savepoint  lee _sal;
```

```
select sum(salary) from employees;
rollback to savepoint ande_sal;
update employees
    set salary = 9000
    where last_name = 'ozer';
commit;
```

在上面的 SQL 语句中，有两个 savepoint：ande_sal 和 lee_sal。rollback 回滚到 ande_sal，也就是说第一个 update 语句没有被回滚。最后执行 commit 后，会让第一个和最后一个 update 语句有效。

set transaction 语句用来设置当前事务为 read only 或其他的隔离级别。此语句只能对当前的事务有效，对其他事务或其他用户的事务都不起作用。注意，这个语句并不是开始一个事务。比如设置事务隔离性的语法为：

```
set set transaction isolation level {serializable|read committed}
    或者
```

```
set set transaction {read only|write}
```
其中，"|" 表示两个选项只能选其中一个。

5.2　原　子　性

下面将通过例子来介绍 Oracle 数据库事务的原子性。此性质为 Oracle 数据库事务的基本特性之一。在 Oracle 数据库中，原子性分为三大类：语句级原子性、过程级原子性、DDL 的原子性。下面将分别介绍这三类原子性。

5.2.1　语句级原子性

语句级原子性是指一条语句（如常见的 update、insert、delete 语句等）的执行过程具有原子性，也就是说这样的语句要么执行成功，要么执行失败。例如，当用 update 更新多行时，此更新操作要么将这些行全部更新，若在更新过程中有错误产生，则会回滚。下面的例子是为更新表创建一个触发器，当用户更新这个表时，让触发器中的语句出错。Oracle 将触发器当成是更新语句的一部分，触发器出错表示更新语句出错，Oracle 会立即回滚整个更新语句。

① 建立一个名为 t5_2_1 的表。

```
SQL>create table  t5_2_1 (c1 int not null);
Table created.
```
② 建立一个名为 t5_2_2 的表，向其中插入一行，然后提交。

```
SQL>create table t5_2_2 (c1 int);
Table created.
SQL> insert into  t5_2_2 values(1);
1 row created.
```
提交上面的插入操作。

```
SQL>commit;
Commit complete.
```
③ 在第②步所创建的 t5_2_2 表中建立一个触发器。

```
    SQL> create or replace trigger tr_t5_2_2
  2  after update on t5_2_2 for each row
  3  begin
```

```
4   if (updating) then
5     insert into t5_2_1 values(null);
6   end if ;
7  end;
8  /
Trigger created.
```

该触发器在对表 t5_2_2 执行 update 操作时触发，each row 表示每行数据被修改（删除或更新）或插入一行时都会触发。其中，updating 语句只能在触发器中使用，它表示当前的操作是否为 update 操作。

现在的问题是：如果更新 t5_2_2 表中的数据，由于该表上面有 after 触发器，在数据真正插入表中后，触发器才执行。在执行触发器时，会向表 t5_2_1 中 c1 列插入"null"，但此列在定义时设置为"not null"。因此，当 Oracle 数据库发现插入表 t5_2_1 的数据有错误，这时触发器已经执行的语句是否仍有效？答案是：当插入语句执行错误，触发器所执行的内容会全部回滚，而且对表 t5_2_1 更新的所有行都会回滚。下面通过第④步进行验证。

④ 向 t5_2_1 表中插入违反约束的行。

```
SQL>update t5_2_2 set c1=c1+1;

update t5_2_2 set c1=c1+1
     *
ERROR at line 1:
ORA-01400: cannot insert NULL into ("SCOTT"."T5_2_1"."C1")
ORA-06512: at "SCOTT.TR_T5_2_2", line 3
ORA-04088: error during execution of trigger 'SCOTT.TR_T5_2_2'
SQL>select * from t5_2_2;
CNT
-----------------
1
```

在触发器中向表 t5_2_1 插入违反约束的数据，虽然更新表 t5_2_2 的操作先执行，但紧接着插入失败，Oracle 数据库会回滚触发器执行过的操作。因此，再次查询 t5_2_2 表时，会发现 cnt 列的值仍为 1。

从这个例子可看出，Oracle 数据库会保证 update 语句（引起触发器触发的语句）的原子性，即 update 语句引起的任何连带操作都被认为是该语句的一部分。

为了保证这种语句级原子性，Oracle 数据库在执行每个这样的语句时，都在前面加了一个 savepoint。第④步的 update 语句实际处理过程如下：

```
savepoint sp1;
   update t5_2_2 set c1=c1+1;
exception
when others then
  rollback to sp1;
```

SQL Server 用户会很不习惯 Oracle 数据库的这种做法，因为 SQL Server 在处理这种情况时，刚好得到相反的结果。

上面的例子还可以进行扩展。如果更新表 t5_2_2 中的数据会让触发器去更新 t5_2_1 表，而 t5_2_1 表上又有触发器会去删除第三个表的内容，在更新第三个表时若出现错误，则整个更新操作会回滚。也就是说，不管这个更新过程多复杂，Oracle 数据库都会保证整个过程要么成功，要么失败。

对于语句级原子性而言，作为管理系统的开发人员必须要明白一件非常重要的事情：尽量用一条 SQL 语句完成的工作。也就是说要避免将一条 SQL 语句拆分成多条 SQL 语句来完成，即保持语句的原子性；如果不这样做，会大大降低效率。下面通过例子来说明本来可以用一条语句完成的功能，用游标将其拆分成多条语来完成后，其效率大大降低。

先建立一个表，然后向表中插入较多行，通过比较用 update 与用游标按行更新该表数据的性能，来说明频繁提交会严重影响数据库性能。

① 创建表 t5_2_3，并向表中插入大量数据。

```
 SQL>create table t5_2_3 as select * from customer;
Table created.
 SQL>exec dbms_stats.gather_table_stats(user,'T5_2_3');
 PL/SQL procedure successfully completed.
```

表 customer 的结构见附录 B，它有 50 多万行。表 t5_2_3 相当于是 customer 的副本，它与customer 有一样的列和一样的数据。

② 获取 update 语句的执行时间。

```
 SQL>set serveroutput on
 SQL>variable time_num number
 SQL>exec :time_num:=dbms_utility.get_cpu_time;
    PL/SQL procedure successfully completed.
  SQL >update t5_2_3 set custname =lower (custname);
    524288  rows updated.
  SQL> exec dbms_output.put_line((dbms_utility.get_cpu_time-:time_num)||
 'cpu seconds');
    345 cpu seconds
```

语句 "variable time_num number" 的作用是定义一个 SQL*PLUS 变量 time_num，其类型为number。该变量与 PL/SQL 的变量不一样，它只能在 SQL*PLUS 环境中使用。对 SQL*PLUS 变量赋值时，变量名前要加 ":"，而且赋值符号不是 "="，而是要用 ":="。"dbms_utility" 是 Oracle数据库提供的系统包，"get_cpu_time" 是这个包中的一个函数，该函数用来获取从用户登录Oracle 数据库以来 CPU 执行 SQL 花费总时间，以 0.01 秒为单位，若函数返回的值为 100，表示用户登录 Oracle 数据库以来 CPU 执行 SQL 花费的总时间为 1 秒。

从最后的结果可看出，执行 update 语句所花费的 CPU 时间为 345，即 3.45 秒。

 注 意

　　函数 get_cpu_time 的执行方式有两种，一种是 exec　:time_num:= dbms_utility.get_cpu_time；另一种是 select dbms_utility.get_cpu_time from dual。Oracle 数据库的所有函数都可通过这两种方式执行。但绝不能像这样执行：exec dbms_utility.get_cpu_time。这种方式可用于执行存储过程。

③ 通过游标逐行更新表 t5_2_3。

```
 SQL>exec :time_num:=dbms_utility.get_cpu_time;
 PL/SQL procedure successfully completed.
```

注意，time_num 为 SQL*PLUS 变量，在引用这种类型的变量时，前面要加 ":"，另外赋值语句是 ":="，而不像 C 语言那样直接是等号。

```
 SQL>drop table t5_2_3;
 Table dropped.
 SQL>create table t5_2_3  as select * from customer;
```

```
   Table created.
   SQL>exec dbms_stats.gather_table_stats( user, 'T5_2_3' );
   PL/SQL procedure successfully completed.
   SQL>exec : time_num := dbms_utility.get_cpu_time;
   PL/SQL procedure successfully completed.
   SQL> begin
     2 for x in ( select rowid rid, custname, rownum r  from t5_2_3 )
     3  loop
     4     update t5_2_3 set custname = lower(x.custname)
     5        where rowid = x.rid;
     6     if ( mod(x.r,100) = 0 ) then
     7        commit;
     8      end if;
     9  end loop;
    10   commit;
    11  end;
    12  /
   PL/SQL procedure successfully completed.
   SQL> exec dbms_output.put_line((dbms_utility.get_cpu_time-:time_num)||'cpu
seconds');
     1021 cpu seconds
```

上面的代码是一个匿名 PL/SQL 块，其中"rownum"用来获取行号，函数"mod"是取余，即行号为 100 的整数倍时，就做一次提交。通过 for 循环游标(它是隐式游标)逐行提取表 t5_2_3 的数据，从最后的结果可看出，这种多次提交的更新方式会比直接用 update 语句慢很多。这种逐行更新并提交的方法还有一个问题：若在更新过程中，出现系统失败，则无法判断哪些行被更新，而哪些行没有更新，从而造成数据不一致。

总之，在能够用 SQL 语句一次完成的操作，就尽量不要用这种逐行操作并提交的方式，这会大大降低效率，并有可能带来数据不一致。

5.2.2　过程级原子性

在 Oracle 数据库中，会将存储过程、函数等对象当成一个语句来执行，并维持整个对象的原子性，这称为过程级原子性。可通过下面的例子来理解过程级原子性。它以存储过程为例，但对函数也一样适用。

（1）建立存储过程 p_test1，并执行相应的操作

下面操作涉及的 t5_2_1 表，来自 5.2.1 节。

```
   SQL>create or replace procedure p_test1
     2 as
     3 begin
     4     insert into t5_2_1 values(1);
     5     insert into t5_2_1 values(null);
     6 end;
     7 /
Procedure created.
```

下面先删除表 t5_2_1 的内容，这是为第（2）步做准备。

```
SQL>delete from  t5_2_1;
1 rows deleted.
```

```
SQL>commit;
Commit complete.
```

下面查看 t5_2_1 是否还有数据。

```
SQL>select * from t5_2_1;
no rows selected.
```

（2）执行存储过程 p_test1

```
SQL>exec p_test1;
    BEGIN p_test1; END;

    *
    ERROR at line 1:
    ORA-01400: cannot insert NULL into ("SCOTT"."T5_2_1"."C1")
    ORA-06512: at "SCOTT.P_TEST", line 5
ORA-06512: at line 1
```

再次查看表 t5_2_1 的数据。

```
SQL>select * from t5_2_1;
no rows selected.
```

在 SQL*PLUS 中执行用户定义的存储过程或系统存储过程必须要用 exec 命令。存储过程在执行第二个 insert 操作时，由于插入的数据违反表 t5_2_1 上的约束条件而导致插入失败，其执行操作会被回滚，虽然第一个 insert 语句插入成功，但 Oracle 数据库为了保证整个存储过程的原子性（这就是过程级原子性），使得第一个 insert 操作执行的结果也会被回滚。存储过程的实际执行过程如下：

```
savepoint sp1;
   exec p_test1;
if error then
     rollback to sp1;
```

对于函数，也有类似的情况。

注意

在存储过程或函数的实现中一般不使用 commit 或 rollback。因为只有存储过程的调用者才知道事务何时完成。若在存储过程或函数中有 commit 或 rollback，可能会造成未知结果。

稍微修改上面存储过程的执行过程，即在执行过程中，为存储过程加上异常处理，则会得到完全不同的结果。

```
SQL>begin
2   p_test1;
3   exception
4       When others then
5           dbms_output.put_line('raising a error !'||sqlerrm);
6   end;
7   /
raising a errorORA-01400: cannot insert NULL into ("SCOTT"."T5_2_1"."C1")
PL/SQL procedure successfully completed.
```

再次查看表 t5_2_1 的数据。

```
SQL>select * from t5_2_1;
C1
----
1
```

从对表 t5_2_1 的查询结果可看出，存储过程的第一个 insert 操作没有因为第二个 insert 操作执行错误而被撤销。因此 t5_2_1 表中有一行数据。

由于对存储过程 p_test1 的执行过程增加了异常处理，第二个 insert 操作引起的异常并没有传递给 Oracle 数据库。虽然在执行存储过程 p_test1 时，Oracle 数据库会在存储过程前加上 savepoint，但并没有执行 "if error then rollback"。在执行失败后，Oracle 数据库并没有回滚到 savepoint 处。因此，第一个 insert 语句的内容被保留下来。为什么第一个 insert 语句的内容会被保留呢？因为存储过程 p_test1 中的每条语句都具有原子性，当 p_test1 向 Oracle 数据库提交两条 insert 语句时是以客户端-服务器模式提交数据。在这种模式下，存储过程中若有语句执行失败，且在用户没有处理异常的情况下，Oracle 数据库会回滚已执行的所有操作；若用户处理了异常，则仅回滚出错的语句，其他已执行的语句会提交。但用户在处理异常时，可显式地指定回滚到具体的 savepoint。下面的例子将演示用户调用存储过程时，如果执行失败，回滚到指定的 savepoint。

```
SQL> begin
2      savepoint sp1;
3       p_test1;
4    exception
5      when others then
6          rollback to sp1;
7          dbms_output.put_line('raising a error!'||sqlerrm);
8    end;
9    /
raising a errorORA-01400: cannot insert NULL into ("SCOTT"."T5_2_1"."C1")

          PL/SQL procedure successfully completed.
```
再次查看表 t5_2_1 的数据。
```
SQL>select * from t5_2_1;

C1
-----

1
```

从这段代码的执行结果可以看出，在存储过程 p_test1 的第二个 insert 语句执行失败后，会抛出异常，在处理异常时，会执行 "rollback to sp1"，即回滚到指定的 savepoint。上面定义的 savepoint 包含了整个存储过程 p_test1，当回滚到该 savepoint 时，存储过程的所有操作都会被回滚。读者可以思考一下，将此处的 "rollback to sp1" 换成 "commit"，会得到怎样的结果？

注意

在 Oracle 数据库的异常处理过程中，若 "when others" 子句没有通过 RAISE 或 RAISE_APPLICATION_ERROR 来重新抛出异常经常会出问题。因为这样会使得 SQL 语句执行的错误信息会 "悄无声息地消失"，同时也会破坏过程级的原子性（见刚才所讨论的内容）。

其实在真正的 PL/SQL 编程中，异常处理根本不应该用 "when others" 子句。上面的例子采用 "when others" 子句是为了方便说明问题。应用 "when others" 子句代码很糟糕。这一点请读者务必注意。

5.2.3　DDL 的原子性

Oracle 数据库的 DDL（data definition language）也具有原子性，这种原子性是语句级原子性。DDL 原子性在第 3 章的 3.1.3 节，这里不再详细介绍。

DDL 可将当前事务提交，并完成后面的 DDL 命令。这些后来执行的 DDL 命令可能提交，也可能因为错误回滚。在实际应用中需注意：在执行 DDL 命令时，先执行提交工作。

5.3　事务与完整性约束的关系

Oracle 数据库的完整性约束与事务的原子性（尤其是语句级原子性和过程级原子性）有紧密的联系。本节主要讨论 Oracle 数据库在什么时候做约束检查（如数据的唯一性、用户规定某列的值不小于零等）以及与事务之间的关系。在默认情况下，约束在整个 SQL 语句被处理之后才进行检查。也可将约束检查推迟到用户发出 set constraints all immediate 命令时才检查，或推迟到用户发出 commit 命令时检查。

5.3.1　immediate 约束

通常情况下，Oracle 数据库对约束检查都是采用 immediate 模式，即在 SQL 语句处理完之后就检查数据是否满足约束。PL/SQL 块中（如函数的实现代码）的每条 SQL 语句是执行完之后就会立即验证约束。

对单条 SQL 语句在执行完成后检查约束的原因是：有可能在执行期间数据"暂时"出现违反约束的现象。例如，执行下面的语句。

① 创建表 t5_4_1，然后向表中插入两行数据，并提交。

```
SQL>create table t5_4_1 (x int unique);
    Table created.
```

unique 选项表示列 x 中的值不能重复，即该列上有唯一性约束，但该列的值可为空。下面向表中插入数据并提交。

```
SQL>insert into t5_4_1 values(4);
1 row created.
SQL>insert into t5_4_1 values(5);
1 row created.
```

② 提交事务。

```
SQL>commit;
Commit complete.
```

③ 更新 t5_4_1 表的数据。

```
SQL>update t5_4_1 set x=x-1;
2 rows updated.
```

如果 Oracle 数据库在 update 执行期间，每更新一行后就检查约束，若更新是从第二行开始，则在第二行更新完后就会发现有违反唯一约束的数据。因为第二行的值为 5，被减 1 之后，第二行数据变为 4，而第一行数据此时也为 4，此时两行数据一样，这就违反该列的唯一（unique）约束，为了保证语句级原子性，就会让整个更新操作回滚，但这样的更新本身是没有问题的，因此 Oracle 数据库会在整个 update 执行完再进行约束检查，从而不会出现这种情况。

*5.3.2 事务与延迟约束

延迟约束检查是 Oracle 数据库保证数据完整性的重要方法。在数据库应用中，经常会使用级联更新（cascade update）。级联更新是指在更新主表的主键时，同时也更新与此主键有联系（这种联系通常由外键建立）的子表。同样也有级联删除（cascade delete），其作用与级联更新类似。下面以级联删除为例，来介绍 Oracle 数据库的延迟约束与事务原子性的关系。

① 创建一个名为 class 的主表（课程表）和一个名为 student 的子表（学生表），并向这两个表插入数据。

```
SQL> create table class
  2  ( id varchar(10) primary key,
  3  class_name varchar(30));
Table created.
  SQL> create table student
  2  ( id varchar(10) primary key,
  3  class_id varchar(10),
  4  stu_name varchar(10))
  5  /
Table created.
```

下面在表 student 上增加一个删除级联约束。

```
SQL> alter table student add constraint fk_stu_class foreign key(class_id)
  2  references class(id) on delete cascade deferrable initially immediate;
Table altered.
```

下面向各表插入数据。

```
SQL> insert into class values(1,'math');
1 row created.
SQL> insert into student values(1,1,'Tom');
1 row created.
```

在表 student 的列 class_id 上有一个叫 fk_stu_class 的外键，"foreign key(class_id) references class(id)" 语句表示列 class_id 需参照主表 class 的 id 列，即在列 class_id 与 id 之间建立了一个删除级联约束，也就是说，在删除 class 中的行时，与这些行的 id 列对应的 student 表中的行也要被自动（级联）删除，这种约束是参照完整性约束的一种形式。若列 class_id 中某些值在列 id 中没有，则会违反这个约束。这个约束的名字叫 "fk_stu_class"，"deferrable" 表明可延迟检查该约束，"initially immediate" 表示若没指定延迟检查约束，则执行完操作这两个表的 SQL 后，立即检查约束。

② 下面来更新表 student。

```
SQL> update class set id=2;
update class set id=2
 *
 ERROR at line 1:
 ORA-02292:integrity constraint(SCOTT.FK_STU_CLASS)violated - child record
found.
```

由于更新时，没有指定约束 fk_stu_class 为延迟更新，Oracle 数据库会在执行完 update 语句后，立即检查此约束，但 class 表的 id 列没有值为 2 的行，因此会报错，并将 update 所做的操作全部回滚。这实际上是语句级原子性的一种表现。Oracle 始终会维持 update 语句的原子性，在 update 执行的过程中，若出现错误，比如，像上面那样违反了参照完整性约束，整个更新操作为回滚。

③ 对约束 fk_stu_class 设置延迟更新，并再次更新 student 表。

```
SQL>set constraint fk_stu_class deferred;
Constraint set.
```

该命令告诉 Oracle 数据库延迟对约束 "fk_stu_class" 的检查。其中 set constraint 是 SQL 命令，它用来设置约束的相关属性。

```
SQL> upate student set class_id=2;
1 row updated.
```

这次更新成功了。因为 Oracle 数据库延迟对约束 "fk_stu_class" 的检查。

④ 再次让数据库检查 fk_stu_class 约束。

```
SQL>set constraint fk_stu_class immediate;
set constraint fk_stu_class immediate
*
ERROR at line 1:
ORA-02292:integrity constraint(SCOTT. .FK_STU_CLASS)violated -parent key
not found.
```

重启约束检查来用 "set constraint ...immediate" 命令。虽然检查约束时会报错，但不会回滚第 3 步所做的更新操作，也就是说，此时 student 中的 class_id 为 2，但第 3 步 update 开始的事务无法提交，若用户要 commit，会得到第④步一样的错误。

⑤ 若更新 class 表，并再次检查 fk_stu_class 约束。

```
SQL>update class set id=2;
1 row updated.
SQL>set constraint fk_stu_class immediate;
Constraint set.
SQL>commit;
Commit complete.
```

这次重新检查约束不会报错，是因为表 class 的 id 列仅有一行，其值为 2，而 student 表的 class_id 列仅有一行，其值也为 2。

 注 意

　　不应将每个约束都指定为 "deferrable initially immediate"。因为推迟约束检查会带来一些让人不易察觉的问题。例如，推迟 unique 或 primary key 约束检查，会让 Oracle 数据库创建一个非唯一索引，这会对优化器（optimizer）产生影响。只有在真正需要推迟约束检查才可启用 "deferrable initially immediate" 选项。

对于延迟约束来讲，若采用 "set constraint ...immediate" 命令检查约束，在出错的情况下不会回滚事务；若在 SQL 语句执行后立即检查约束，在出错的情况下会回滚事务。这需要开发人员引起注意。

*5.4　自　治　事　务

事务的原子性使得要记录下 SQL 操作所产生的错误原因非常困难。例如，在一个存储过程中某条语句错了，这时整个存储过程所执行的操作都会回滚，用户通常没有机会记录下这些错误信息。也许读者会说可用异常处理来记录这些错误，但异常会破坏事务的原子性，若想用户自己来保证事务原子性，则需要进行比较复杂的编程处理（需要设置 savepoint）。自治事务

（autonomous transaction）是指在事务中再创建一个或多个子事务，这些子事务可以单独提交或回滚而不对父事务造成影响。

下列情形可使用自治事务：

① 在某些审计无法回滚时，可用自治事务。通过触发器来记录对表的某些操作时，则在触发器抛出异常时会造成日志回滚。利用自治事务就不会出现这种情况。

② 避免在触发器中再次触发此触发器的表。

③ 在触发器中使用 DDL 操作数据。存储过程或函数对数据库有写操作（insert、update、delete、create、alter、commit）时，可用自治事务来避免 ora-14552（无法在一个查询或 dml 中执行 ddl、commit、rollback）、ora-14551（无法在一个查询中执行 dml 操作）等错误。

④ 开发更模块化的代码。在大型应用系统的开发中，自治事务可以将代码更加模块化，失败或成功时不会影响调用者的其他操作，代价是调用者失去了对此模块的控制，并且模块内部无法引用调用者未提交的数据。

自治事务是一种功能非常强大的工具，但如果使用不当会相当危险。在实际应用中使用自治事务的情形非常少见。下面先介绍自治事务的工作原理。

5.4.1 自治事务工作原理

为了解释自治事务的工作原理，需要建立一个表和两个存储过程，一个存储过程是普通存储过程，另一个则是带有自治事务的存储过程，然后通过调用存储过程来观察自治事务的工作原理。

（1）建立一个名为 t5_6_1 的表

```
SQL>create table t5_6_1 (c1 int);
Table created.
```

（2）建立一个普通存储过程和一个拥有自治事务的存储过程

```
 SQL> create or replace procedure p_non_auto
  2 as
  3 begin
  4 insert into t5_6_1 values (1);
  5 commit;
  6 end;
  7 /
Procedure created.
 SQL>create or replace procedure p_auto
  2 as
  3 pragma autonomous_transaction;
  4 begin
  5 insert into t5_6_1 values (2);
  6 commit;
  7 end;
  8 /
Procedure created.
```

p_non_auto 是一个普通存储过程，而存储过程 p_auto 带有自治事务功能。这里使用了一个编译指令"pragma autonomous_transaction"，该指令告诉 Oracle 数据库：将该存储过程作为自治事务来执行，其内部的提交操作或回滚操作会独立于父事务。

（3）观察自治事务的工作原理

通过执行下面的匿名 PL/SQL 块来观察自治事务。

```
SQL>begin
  2 insert into t5_6_1 values (3);
  3 p_non_auto;
  4 rollback;
  5 end;
  6 /
  PL/SQL procedure successfully completed.
SQL>select * from t5_6_1
  C1
  ----------------
  1
  3
```

从查询表 t5_6_1 的结果可以看出，由于存储过程 p_non_auto 中有 commit，它会将该存储过程上面的 insert 语句一起提交。所以，在存储过程 p_non_auto 下面的 rollback 不会起作用，它不会回滚任何内容。

然后删除表 t5_6_1 的内容。

```
SQL>delete from t5_6_1;
2 rows deleted.
SQL>commit;
Commit complete.
```

再用同样的 PL/SQL 块来调用 p_auto 存储过程。

```
SQL>begin
  2 insert into t5_6_1 values (4);
  3 P_auto;
  4 rollback;
  5 end;
  6 /
PL/SQL procedure successfully completed.
  SQL>select * from t5_6_1;
  C1
  ----------------
  2
```

从这次的查询结果可看出，存储过程 p_auto 上面的 insert 语句所插入的内容因 rollback 而被撤销，但存储过程 p_auto 中的插入语句却不受 rollback 影响，因为该存储过程中的事务为自治事务。从这里也看到了自治事务的特性。

总之，若在一个普通存储过程中做 commit，它不仅会提交本存储过程的所有操作，也会提交存储过程外面的操作。但对于一个带有自治事务功能的存储过程来说，若在其中做 commit，只会提交本存储过程的所有操作。

5.4.2　何时使用自治事务

除了在应用中可以通过自治事务来完成一些有用的操作外，在 Oracle 数据库本身也大量使用自治事务。例如，从一个序列（sequence）获得一个值之后，Oracle 数据库会将该值作为系统表 SYS.SEQ$的当前值，并立即提交。这个提交必须要对其他事务不可见。因为此时获取该序列值的用户很可能并不需要提交。另外，若该用户回滚了它的事务，该回滚操作不会影响到系统表 SYS.SEQ$的当前值。因此，对系统表的操作需要通过自治事务来完成。

在实际应用中，可用自治事务来定制审计信息。以前定制审计信息都是通过触发器来完成，但若用自治事务，其效率要高很多。如何完成定制审计信息，留给读者自己完成，请见本章的习题 5。

小　结

本章讨论了 Oracle 数据库事务管理的基本操作和事务的性质。深入理解事务的工作原理对实现高效、可靠的应用非常有帮助。在 Oracle 数据库中，所有修改数据的语句（update 语句、insert 语句、delete 语句、merge 语句等）都具有原子性，即语句级原子性。不仅如此，存储过程、函数等 PL/SQL 块也有原子性，即过程级原子性。另外需注意，若在 PL/SQL 块中放置一个 WITH OTHERS 异常处理器，可能会隐藏一些本该出现的消息，使开发人员感到茫然。作为数据库开发人员，要对事务如何工作有一个很好的理解。

Oracle 数据库中的约束（唯一约束、主键约束等）与事务之间存在复杂的关系。通常情况下，Oracle 数据库在每条修改数据的 SQL 语句执行完后立即检查约束。但也可将约束检查延迟到事务结束时进行。

对于熟悉 SQL Server 的用户来说，在使用 Oracle 数据库的事务时，若沿袭原有事务操作方法，会带来很多问题。在 Oracle 数据库中，事务的提交根据实际应用而定，事务大小以数据完整性为准则，这也还原了事务的本来面貌。不能频繁提交数据，也不建议使用一些工具的自动提交，这很容易带来数据的不一致。

在本章最后介绍了自治事务，分析了自治事务的原理和作用，并提出什么时候该使用自治事务，什么时候不该使用。在实际应用中，使用自治事务的机会很少。

习　题

1. 在 Oracle 数据库的异常处理中，RAISE 命令和 RAISE_APPLICATION_ERROR 命令的作用是什么，举例说明。

2. 执行下面的语句（其中，存储过程 p 在 5.2.2 节中已定义）会得到什么结果？请分析产生这些结果的原因。

```
begin
  savepoint sp;
  p;
  exception
  when others then
    commit;
  dbms_output.put_line('Error!'||sqlerrm);
end;
/
```

3. 在什么情形下会用 commit 命令的 write nowait 选项？

4. 比较 Oracle 数据库的 rowid 与 rownum 的区别。

5. 编写一个存储过程，在 PL/SQL 块（如函数、存储过程等）每次执行错误时，能记录下错误信息，这些信息包括：时间、代码的执行人、错误编号、错误信息。这些信息不会因为 PL/SQL

块中的 rollback 而回滚。

　提　示

　　可在所编写的存储过程中加入自治事务，然后在 PL/SQL 块的异常处理中执行这个存储过程。

6. 如何验证因频繁提交而对 Oracle 数据库性能的影响？

7. 如何让 Oracle 数据库出现 snapshot too old 错误？

8. 简述自治事务的工作原理。何时使用自治事务？

第 **6** 章

redo操作与undo操作

Oracle数据库系统内部究竟如何协调工作？为什么Oracle能高效地完成大规模数据处理？通过redo操作和undo操作可窥探Oracle数据库的内部世界。

本章主要内容：

- redo 操作实现原理；
- undo 操作实现原理；
- redo 操作和 undo 操作协作工作；
- redo 操作和 undo 操作与事务的关系；
- commit 操作的实现原理；
- rollback 操作的实现原理；
- 分析 redo 数据和 undo 数据。

前面几章分别讨论了 Oracle 数据库的锁、并发性、事务，以及它们之间的联系，这些都是 Oracle 数据库的核心内容。在讨论这三部分内容时，都会涉及两个重要的操作：redo 操作和 undo 操作。在本章，将会深入讨论这两种操作的详细实现过程，并分析相应的数据：redo 数据和 undo 数据，这两部分数据是 Oracle 数据库系统最重要的数据。redo 数据（重做数据）存储于在线（或归档）重做日志文件中，当系统失败（如突然断电等）时可利用这些数据"重放"（或重做）事务；undo 数据（撤销数据）存储于 undo 段，用来撤销或回滚事务。对这两种操作的理解，是理解 Oracle 数据库的基础，这些知识也是 Oracle 数据库 DBA 必学内容。

本章内容主要面向数据库开发人员，这些内容虽没有完全涵盖 DBA 所要掌握的内容。但 DBA 和数据库开发人员都应理解这些内容，它们是 DBA 和数据库开发人员之间的桥梁。

本章重点要求掌握：

- redo 操作与 undo 操作的工作原理以及它们之间的协作原理；
- 理解 commit 语句和 rollback 语句实现机制；
- 能根据不同应用分析 redo 数据和 undo 数据。

6.1 什么是 redo 操作

Oracle 数据库的日志文件分为在线（online）重做日志文件和归档（archived）重做日志文件两类，它们都用于恢复系统。这两类文件对 Oracle 数据库来讲至关重要。

Oracle 通过 redo 来保证数据库的事务可被重新回放，在系统出现故障后，可用 redo 数据进行恢复。redo 的功能主要由三部分组件完成：redo 日志缓冲区，lgwr 进程和 redo 日志文件。redo 主要用于下面三个方面的恢复：

① 由于系统故障等原因导致系统失败，Oracle 数据库会使用在线重做日志将系统恢复到掉电之前的那个时间点。这种恢复称为实例恢复（instance recovery）。

② 如果因磁盘故障（这也称为介质失败），Oracle 数据库会使用归档重做日志以及在线重做日志将该磁盘上的数据恢复到适当的时间点，这种称为介质恢复（media recovery）。

③ 如果用户在删除表的某些重要信息后提交该操作，可使用在线和归档重做日志文件把系统恢复到这个"意外"发生前的时间点。

redo 操作必须依赖在线重做日志文件和归档日志文件。

在线重做日志文件由事务产生，它与事务一样，是数据库区别一般文件系统的重要特性之一。归档重做日志文件实际上就是已填满的"旧"在线重做日志文件的副本。系统将日志文件填满后，arch 进程会在另一个位置建立在线重做日志文件的一个副本，也可在本地和远程建立多个副本。如果由于磁盘损坏或者其他物理故障而导致系统失败，就会用这些归档重做日志文件来执行介质恢复。归档重做日志文件保存着 Oracle 数据库的事务历史。但需注意，虽然重做日志文件（在线重做日志文件和归档重做日志文件）是 Oracle 数据库中最重要的恢复载体，但如果没有 undo 数据（存放在 undo 段中）也无法完成系统恢复。本章后面会详细介绍重做日志文件产生的细节，下面先进行简单介绍。

Oracle 与其他大部分数据库一样，在处理修改数据时，都采用 no-force-at-commit 规则，即在提交时并不强制写日志数据，而是采用连续、顺序的方式随机写日志数据和修改后的数据块。对于 redo 文件的管理，Oracle 也采用循环使用的方式。也就是说，Oracle 数据库至少需要 2 个日志文件。在默认情况下，数据库会建立 3 个日志文件。可通过下面语句查看当前数据库有几个日志文件。

```
SQL> conn system/abc123
Connected.
SQL> select group#,members,status from v$log;
GROUP#      MEMBERS     STATUS
--------    --------    --------
1           1           CURRENT
2           1           INACTIVE
3           1           INACTIVE
```

当一个日志文件写满后，会切换到另一个日志文件。日志的切换会触发一个检查点（checkpoint），从而使 dbwr 进程将修改的数据写回到磁盘文件上。在检查点完成前，日志文件不能被重用。在检查点完成后，在检查点之前的数据都写回磁盘，若系统崩溃，则只需要从最后一次检查点到崩溃时刻的重做日志数据就可恢复实例。整个过程称为实例恢复，将在下一节讨论。如果数据库是归档日志模式，日志缓冲区的数据在重用之前必须写在归档日志文件中。归档日志文件数据可用于介质恢复。

6.2 什么是 undo 操作

undo 操作是指：Oracle 数据库为了保证多个用户间的读一致而为修改的数据构造的一种前像（before image）数据（即保存修改前的旧数据），Oracle 数据库利用这些数据对事务进行回滚的操作，这与 redo 操作刚好相反。例如，在执行一个事务时，由于某种原因失败，或用户执行 rollback 命令请求回滚，就需要执行 undo 操作。上一节讲的 redo 操作用于系统失败后，在重启系统时，重建事务（即恢复系统失败时事务的场景），undo 操作则是取消一条或一组语句的执行结果。undo 信息存放在 Oracle 数据库的一个特殊的段中，该段称为 undo 段（有时又称回滚段），如图 6-1 所示。从 Oracle 9i 开始，引入了一种新的 undo 段管理方式，该方式称为自动 undo 段管理。

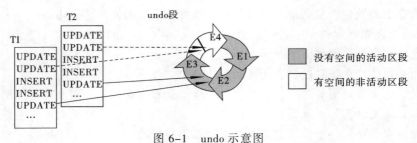

图 6-1   undo 示意图

undo 段的信息有三大作用：提供一致性读（consistent read）、回滚事务（rollback transaction）以及实例恢复（instance recovery）。这里所说的一致读已经在第 4 章详细介绍过。事务的回滚过程和实例恢复会在下一节介绍。

下面介绍一个更新语句的 undo 数据的详细生成过程。

假设执行一条更新语句"update employees set sals=sals+1 where empno=7934;"，则生成 undo 数据的过程如下：

① 首先查询分析器根据这条语句生成查询计划，这个过程很复杂，会涉及查询优化。

② 根据查询计划找到该行数据所在的数据块以及在数据块中的位置。

③ 在缓冲区中找一个可用的 undo 数据块，如果没有发现，则到 undo 段中找一个可用的 undo 块，并将其加载到缓冲区中。

④ 将要修改后的数据放到这个 undo 数据块中。

⑤ 由于 undo 数据块被修改，也会生成 redo 数据。

⑥ 首先在缓冲区中搜索要修改的数据块是否存在，如果不存在，则从数据文件中读取数据块。

⑦ 修改数据块中对应行的值。由于数据块也被修改，也会将这种修改生成 redo 数据。

⑧ 当用户执行 commit 命令时，lgwr 进程会将修改 undo 数据块所产生的 redo 信息和修改数据块所产生的 redo 数据写入联机日志文件中，并将数据块和 undo 数据块头部所记录的事务状态标记设置为已提交。

⑨ 此时缓冲区的这两个被修改过的数据块不一定被 dbwn 进程写入数据文件。只有这种脏数据块达到一定数量时才会被写入。

undo 段是一个逻辑概念，它包含在 undo 表空间中，undo 表空间是特殊的表空间，需用"create undo tablespace"命令来创建。若要让 Oracle 数据库使用其他的 undo 表空间，可通过"alter system set undo_tablespace= undo 表空间名;"命令完成。undo 表空间的其他操作与普通表空间一样。

注意，undo 操作并不会将数据库物理结构恢复到 SQL 语句执行前或事务执行前的样子。也就是说，undo 操作只是取消所有修改的逻辑结构，但由事务执行时分配的数据块不会被取消。因为在实际应用中 Oracle 数据库是多用户系统，可能会有数十、数百甚至数千个并发事务，Oracle 数据库的主要功能之一就是并发控制，以保证数据的一致性，也许某个事务在修改一些数据块，而其他事务也有可能在修改这些数据块。因此，不能简单地取消已分配的数据块，这样会撤销其他事务的工作。

下面通过例子来观察 undo 的这种逻辑取消。

① 建立一个空表 t6_2_1。

```
SQL>conn scott/abc123
SQL>create table t6_2_1
2  as
3    select * from customer where 1=0
4  /
Table created.
```

条件 "where 1=0" 永远为 false，查询不会得到任何数据，只会返回视图 customer 的结构。这使得表 t6_2_1 的结构（列的个数、列类型、列名）与 customer 一样，但表 t6_2_1 没有数据。

② 查询表 t6_2_1，观察 I/O 次数。

在执行查询前，先启用 SQL*PLUS 对 I/O 的跟踪。

```
SQL>set autotrace traceonly statistics
```

然后执行下面的查询。

```
SQL>select * from t6_2_1;
no rows selected.
Statistics
----------------------------------------------------------
    0  recursive calls
    0  db block gets
    8  consistent gets
    0  physical reads
    0  redo size
    .........................
SQL>set autotrace off
```

虽然目前表 t6_2_1 没有数据,却有 8 次一致读取(consistent gets)。这是因为在创建表 t6_2_1 时，系统就已经为该表分配了一个区段（extent），一个区段包含有 8 个数据块。在做查询时，由于 Oracle 数据库并不知道表中没有数据，需搜索 8 个数据块获得最后结果。在 Oracle 数据库 11g Release 2 及以后的版本中，创建表后不会立即为该表分配段（区段包含在段中），直到有数据插入时才分配。若在这种版本中做上述实验，会看到 0 次一致读取。

③ 向表 t6_2_1 中插入大量数据，然后回滚。

```
SQL> insert into t6_2_1 select * from customer;
   524288 rows created.
SQL>rollback;
   Rollback complete.
SQL>select * from t6_2_1;
 no rows selected
Statistics
----------------------------------------------------------
```

```
    0  recursive calls
    0  db block gets
 1037  consistent gets
    0  physical reads
    0  redo size
SQL>set autotrace off
```

由于 customer 中有大约 50 万行数据，将这些数据全部插入 t6_2_1 时，系统会分配大量的数据块来存放这些数据。执行回滚操作时，插入操作所产生的数据都被删除掉，但已分配的数据块却不会回收。再次查询表的数据时，Oracle 数据库并不知道表中没有数据，它必须搜索整个表的数据块以得到正确的查询结果。由于 t6_2_1 表占了 1037 个数据块，因此产生了 1037 个一致读取。

从上面的实验可以看出， insert 操作所分配的数据块没有因为 rollback 而撤销。因此，可以说 undo 操作只是逻辑上将"数据库回滚到原状态"，物理上的某些分配并不会回滚。

6.3　Oracle 的实例恢复与介质恢复

Oracle 数据库的恢复分为实例恢复（instance recovery）和介质恢复（media recovery）。

6.3.1　实例恢复

实例恢复是指：Oracle 数据库在非正常关闭（如系统掉电等）或执行 SHUTDOWN ABORT 强制关闭后，实例在下次打开数据库之前会执行实例恢复过程，这个过程是由 Oracle 自动完成的。执行实例恢复的目的是确保数据的一致性，只有当联机 redo 日志文件和 undo 表空间的介质没有被破坏才能确保实例恢复能够成功。实例恢复又分为单台机器上的实例恢复和基于 RAC 环境下的实例恢复（又称 crash 恢复）。单机上的实例恢复与 crash 恢复的区别如下：

① 在 RAC 数据库所有实例失败之后，第一个打开数据库的实例会自动执行实例恢复。这种形式的实例恢复称为 crash 恢复。

② 一个 RAC 数据库的一部分但不是所有实例失败后，在 RAC 中幸存的实例自动执行失败实例的恢复称为实例恢复。

因此，crash 恢复会由幸存实例或者第一个重启的实例读取失败实例生成的联机 redo 日志和 undo 表空间数据，使用这些信息确保只有已提交的事务被写到数据库中，回滚在失败时活动的事务，并释放事务使用的资源。

下面介绍实例恢复的原理。

在实例发生异常而终止的情况下，Oracle 数据库可能处于以下状态：

① 已经提交的数据块的 redo 日志只写入联机 redo 日志中，而数据没有写到数据文件中。这种情况出现后，重启时需要将这些数据写入数据文件中。

② 由于 dbwr 进程是异步向磁盘写入数据的，数据文件中可能包含没有被提交但已经写入数据文件的数据。这种情况出现后，重启时需要将这些数据回滚到之前的状态，以确保数据的一致性。

实例恢复若出现第一种状态可用利用联机 redo 日志文件来解决；若出现第二种状态，则要利用 redo 日志文件和 undo 数据一起来解决，以保证数据库数据的一致性。

因此，实例恢复过程会经历两个阶段：

① 重建崩溃前的缓冲区场景。如果正在执行的检查点还未完全执行完毕时发生实例失败，这个过程可能需要通过多个联机 redo 日志文件才能恢复到之前缓冲区的场景，然后根据 redo 数据来进行相应操作：在失败之前，若已提交的数据没有写回磁盘，则可通过相应的 redo 信息重新写回磁盘。

② 利用 undo 信息回滚或者事务恢复。Oracle 数据库应用 undo 信息来回滚数据块中未提交的数据，这些数据块是在失败之前被写入数据文件，但相应被修改的 undo 信息没有写回 undo 段中。在写数据块之前，所有的 redo 信息（包括 undo 的 redo 信息）都会先写入磁盘。回滚完成之后。整个实例恢复才算完成，而 redo 和 undo 的丢失都可能导致实例恢复失败。所有在失败的时候是活动的事务都被打上了终止的标记，等待 SMON 进程回滚终止的事务。数据库由 smon 后台进程自动应用联机 redo 日志文件中的条目和读取 undo 表空间中的数据完成实例恢复。

这两个阶段缓冲区与 redo 数据、undo 数据、表数据、索引数据之间的关系如图 6-2 所示。

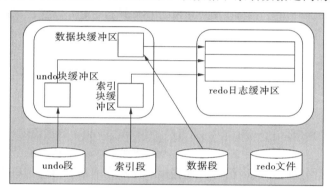

图 6-2　缓冲区与 redo 数据、undo 数据、表数据、索引数据之间的关系

下面通过一个例子来介绍实例恢复。

考虑下面一组 SQL 语句（这只是假设的一组 SQL）：

```
update emp set ename=upper(ename) where empno=7940;
delete from dept  where deptno=2;
```

接下来需要回答的问题是：

- 如果系统在处理这些语句的不同时间点上失败，会发生什么情况？
- 如果在某个时间点上执行 rollback 操作，会发生什么情况？
- 如果成功并执行 commit 操作，会发生什么情况？

带着这些问题，下面逐一分析系统崩溃前的各种情形。

在这种情况下，假设有如下场景发生。

（1）执行第一条语句没有提交时系统失败

由于在执行 update 语句时或执行后，并没有提交，虽然修改的 undo 块、索引块、数据块以及相应的 redo 项都在缓存中，但并没有写回磁盘。因此，重启系统后，相当于什么事都没有发生，自然不需要用 undo 或 redo 信息来恢复数据库。这种场景最简单。

（2）将缓冲区的数据块写回磁盘

在执行 update 语句或 delete 语句时，发现块缓冲区此时已满，进程 dbwr 必须按某种规则将一些数据块保存到磁盘上以腾出空间来存放与 insert 语句相关的数据。但在将块缓冲的数据保存到磁盘上时，必须先将重做日志缓冲区的内容先保存到 redo 在线日志文件中。这样做的原因是：若将某个数据块保存到磁盘文件中，但还没有来得及保存 redo 和 undo 信息时，若系统崩溃后重启，Oracle 数据库会发现该数据块没有 redo 信息，无法重建系统崩溃前该数据块所处的场景，Oracle 数据库无法继续完成对该数据块的操作。若将 redo 信息（包括修改数据块的 redo 信息和修改 undo 数据块的 redo 信息）先写回 redo 在线日志文件，就可以利用 redo 信息（这个信息也包含了 undo 块的修改信息）来重建系统崩溃前那一刻块缓冲区的场景，然后才可继续执行 undo 操作，Oracle 就是采用这种方式。

redo 日志缓冲区的内容会在如下四种情况下被保存到 redo 日志文件中。

- 至少每 3 秒启动 lgwr 进程将 redo 日志缓冲区的内容保存到日志文件中。
- 日志缓冲区的内容占整个缓冲区的 1/3 或有 1 MB 的日志数据时，会启动 lgwr 进程将 redo 日志缓冲区的内容保存到日志文件中。这两个参数协同工作，其中日志缓冲区的大小由隐含参数（是 Oracle 公司没有对外公布的参数）_log_size 决定。
- 用户执行 commit 操作时，会将该用户涉及的 redo 日志通过 lgwr 进程保存到 redo 日志文件中。
- dbwr 进程请求将数据块缓冲区的内容写到磁盘上时，会通过 lgwr 进程将相关的 redo 日志写到日志文件中。

（3）回滚这两条语句

当用户回滚这两条语句所做的操作时，Oracle 数据库首先会找到这两条语句对应事务的 undo 信息，这些信息可能在缓存中，也可能在磁盘上（如果事务很大，就有可能在磁盘上），或有一部分在磁盘中，另一部分在缓存中。不管哪种情况，Oracle 数据库会将所有的 undo 信息读到缓存中，然后将这些信息应用到缓冲区相应的数据块上。如果相应的数据块不在缓存中，则需将它们读入缓冲区，并通过 undo 信息完成撤销。操作完成后，再将这些数据块写入磁盘上的数据文件中。

这种场景很常见，但需要注意：回滚过程中不涉及重做日志，只有在恢复时才会读取重做日志。也就是说，Oracle 数据库在正常情况下不会读取 redo 日志文件，它只会将事务产生的 redo 日志文件通过 lgwr 进程写到日志文件中。Oracle 数据库将 redo 信息和 undo 信息分开，使得回滚事务不读取 redo 日志，这样在回滚时不必阻塞 lgwr 进程（日志写入进程）。Oracle 数据库的日志写入进程可以随时顺序向日志文件写入。

（4）提交这两条语句

其实提交（执行 commit 命令）是最常见的情形。执行 commit 命令后，Oracle 数据库首先会把 redo 日志缓冲区的相关内容写到磁盘。当该事务的所有 redo 日志缓冲区的内容被保存到磁盘上后，整个事务所做的修改才永久有效。但此时，与事务相关的数据块有可能在缓冲区中，不过这没有关系，此时若出现任何崩溃情况，都可通过 redo 日志文件来恢复。

6.3.2 介质恢复

介质恢复是 Oracle 恢复策略的另一种形式。它不仅用于丢失或损坏数据文件或者丢失了控制文件的情形，还可用于人为对数据损坏的情形。例如，用户不小心误删除数据，并提交，这时就需要介质恢复。介质恢复将还原的数据文件恢复成当前数据文件。还能够恢复数据文件异常脱机时没有来得及做检查点操作丢失的变更。介质恢复使用归档日志和联机日志。跟实例恢复不同的是，介质恢复必须由命令显式调用。介质恢复分为两个过程：

① 还原（restore）。使用备份的文件替换损坏或丢失的文件。该阶段使用操作系统命令完成。

② 恢复（recovery）。将归档日志文件以及联机日志文件里的重做记录应用到还原出来的文件上。这可以在 SQL*PLUS 环境中使用 recover 命令完成。

有如下三个命令可用于介质恢复：

① recover database。此命令用来恢复所有联机数据文件。如果所有实例都正常关闭并且也没有数据文件被还原，这个命令会触发一个 "no recovery required" 错误。当有实例已经打开了数据文件时，这个命令也会报错。因为该实例已经持有所有的锁。

② recover tablespace。此命令用来恢复指定表空间上的所有数据文件。为了将表空间名转换成具体的数据文件名，数据库必须先打开。也就是说表空间及其所有数据文件在数据库打开前要先脱机才能进行介质恢复。如果该表空间的所有数据文件都不需要介质恢复时，会触发一个错误。

③ recover datafile。此命令用来恢复指定的数据文件，无论数据库是否打开，只要能获得该数据文件上的介质恢复锁即可。当一个实例已经打开数据库的时候，则只能在脱机的数据文件上做介质恢复。

Oracle 数据库的介质恢复非常复杂，由于篇幅有限，在这里就不做过多讨论。

6.4　提交和回滚处理

在实际应用开发中，必须要知道重做日志信息对开发人员有什么影响。深入理解这个问题必须先搞清楚 commit 操作和 rollback 操作的工作原理。本节先讨论这两个问题，在下一节，将详细讨论重做日志信息的生成过程。

6.4.1　提示操作做了什么

commit 操作的速度不会受事务大小的影响。也就是说，不会因为事务越大（该事务影响的数据多），对该事务执行 commit 操作的时间就越长。不同大小的事务，执行 commit 操作的时间区别不大。

commit 语句要做的工作主要有以下几项：

- 为事务生成一个 SCN（system change number，系统改变号）。SCN 是 Oracle 数据库中一种非常重要的计时机制，用来标识数据库在某个确切时刻提交的版本，以保证事务顺序执行。它在数据恢复、Data Guard、Streams 复制、RAC 结点间的同步等各个功能中起着重要作用。总共有 4 种 SCN：系统检查点（system checkpoint）SCN；数据文件检查点（datafile checkpoint）SCN；结束 SCN（stop SCN）；开始 SCN（start SCN）。其中前面 3 种 SCN 存在于控制文件中，最后一种则存在于数据文件的文件头中。
- lgwr 进程会将与提交事务相关的缓冲区日志信息写到磁盘上，并将系统生成的 SCN 记录到在线重做日志文件中，该事务的相关信息会从 v$transaction 中 "删除"。完成这一步，才真正完成提交。
- 释放事务持有的锁，唤醒因本事务而等待的用户。
- 如果被事务修改的数据块还在缓冲区缓存中，系统会清除每个块头上的事务信息，这种方式不会产生 redo 信息，效率极高。

因此，可看出执行 commit 语句所要做的工作极少。其中耗时最长的操作是 lgwr 进程将日志缓冲内容写到日志文件中。但这个过程也不会花太多时间，因为 lgwr 进程一直在将缓冲区内容写到 redo 日志文件中。这就避免在执行 commit 操作时，一次性向 redo 日志文件写入所有日志缓冲的内容而花很长时间。

 注 意

> 在执行 commit 时，与该事务相关的数据块缓冲区的内容不会立即写到磁盘上，因为这样做效率很低。如果系统在提交完后立即崩溃，则可用 redo 日志文件进行恢复。

下面通过一个例子来说明对不同大小的事务作 commit 操作，所花费时间几乎完全一样。

① 先创建一个函数，用来计算当前会话所产生的日志文件大小。

```
SQL> create or replace function get_stat_info(stat_name in varchar2) return
number
  2  as
  3    v_statVal number;
  4  begin
  5    select t1.value into v_statVal from v$mystat t1 ,v$statname t2
  6    where  t2.statistic#=t1.statistic#
  7     and t2.name=stat_name;
  8  return v_statVal;
  9  end;
 10  /
```

所创建的函数有一个参数 stat_name，其参数类型为"in"。在 Oracle 数据库中，存储过程和函数的参数分为"in""out""in out"三种类型。这三种参数的作用如下：

- 参数类型为"in"表明该参数在存储过程或函数中不能被修改，该参数只是将值传到存储过程或函数里面。它是默认的参数类型。
- 参数类型为"out"则表明该参数只能在存储过程或函数中被修改，而且该参数的值可被带出到存储过程或函数外面，以供别人使用。out 类型参数多用作返回值。就像 C++中，函数的引用参数类型。
- 参数类型为"in out"　则表明该参数具有"in"类型参数和"out"类型参数的作用。

② 多次插入大量数据，并测试每次产生的 redo 日志大小。

```
SQL>create table t6_4_1
  2  as
  3  select * from customer where 1=2;
  4  /
Table created.
```

首先创建一个表 t6_4_1，该表的结构与 customer 一样，但该表没有数据，接下来将 customer 的数据分 5 次插入该表。

```
SQL> declare
  2      v_size number;
  3      l_cpu_time number;
  4      l_time number;
  5  begin
  6   dbms_output.put_line('-'||'rows nums'||' redo size'||' CPU Time'||'Ela time');
  7   for i in 1..5
  8   loop
  9     v_size:= get_stat_info ('redo size');
 10     insert into t6_4_1 select * from customer where rownum<=power(10,i);
 11     l_cpu_time:=dbms_utility.get_cpu_time;
 12     l_time:=dbms_utility.get_time;
```

```
13      commit work write wait;
14      dbms_output.put_line('-'||to_char(power(10,i),'9,999,999')||
15        to_char((get_stat_info ('redo size') - v_size),'999,999,999')||
16          to_char((dbms_utility.get_cpu_time - l_cpu_time),'999,999')||
17            to_char((dbms_utility.get_time - l_time),'999,999')
18              );
19  end loop;
20 end;
21 /
-rows nums          redo size    CPU time    Ela time
-  6                 1,208        0           0
-  36                7,560        0           1
-  216               70,672       0           0
-  1,296             660,820      0           1
-  7,776             5,618,792    0           0
-  46,656            5,622,244    1           2
PL/SQL procedure successfully completed.
```

以上代码被称为匿名 PL/SQL 块。"dbms_utility" 是 Oracle 数据库提供的系统包，"get_cpu_time" 是这个包中的一个函数，该函数用来获取从用户登录进 Oracle 数据库后到现在为止 CPU 执行 SQL 花费的时间，以 0.01 秒为单位。"get_time" 也是 "dbms_utility" 包中的一个函数，它的作用与 "get_cpu_time" 类似，只是它获取的是操作系统启动以后到现在的时间，也是以 0.01 秒为单位。函数 power(6,i) 的作用是计算 6 的 i 次方。"where rownum<= power(6,i)" 表示每次查询的行数为 6 的 i 次方。

语句 "commit work write wait;" 的作用是同步提交数据，即等 lgwr 进程将缓冲区的相应日志写到磁盘后才继续执行后面的语句。

to_char 是 Oracle 数据库非常重要的一个类型转换函数，它的作用是将数字或日期转换为字符串。这段代码中的 to_char 是将数字转换成字符，为了方便读取被转换的内容，可为 to_char 指定输出内容的格式。"to_char(power(6,i),'9,999,999')" 中的 "'9,999,999'" 就是一个用来格式化 to_char 函数的输出结果，它的作用是：将转换的数字从左向右每 3 个数字前加一个逗号（"，"），由于有 7 个 "9"，则说明总的数字个数不能超过 7 个，否则超出部分就不能显示。这里所展示的仅是 to_char 函数众多功能中很少的一部分，还有很多复杂的功能，可以查看 Oracle 数据库的 "Sql Reference" 帮助文档。

下面分析此 PL/SQL 块所得到的结果。从运行结果中可以看出，随着插入的行数不断增加，所产生的 redo 日志也在迅速增加，可看到最初插入 9 行时所产生的 redo 日志大小为 1 208 字节，到最后插入 46 656 行时，所生成的 redo 日志为 5 622 244 个字节（约为 5.36 MB），但每次提交所花费的时间极少。虽然插入的行数越多，产生的 redo 日志就会越多，但 lgwr 进程不断将这些日志数据写到日志文件中，例如：产生 1MB 的日志就会写一次。等到真正 commit 时，尚未写到日志文件中的 redo 信息已经不多了，可能与插入 10 行生成的 redo 日志文件差不多。

从这个实验可看出，在 Oracle 数据库中，无论事务大小，commit 操作所花的时间基本一样。

6.4.2　回滚操作做了什么

rollback 执行过程跟 commit 完全不一样。rollback 执行时间会随着事务的大小而变化。下面也通过一个例子来说明 rollback 执行时间与事务大小的关系。在讲这个例子之前，必须先创建一个行数更多的表，才能看到效果。

首先，创建一个名为 big_table 的表，并向其插入数据。

```
SQL>create table big_table as select * from customer;
 Table created.
```

通过 for 循环向表中插入数据。

```
SQL>declare
   2   begin
   3   for j in 1..5
   4    loop
   5      insert into big_table select * from customer;
   6    end loop;
   7   commit;
   8  end;
   9  /
```

然后执行下面的代码来查看生成的 undo 日志文件信息：

```
SQL> declare
   2      v_size number;
   3      l_cpu_time number;
   4      l_time number;
   5  begin
   6   dbms_output.put_line('-'||'rows nums'||' redo size'||' CPU Time'||'Ela time');
   7  for i in 1..5
   8  loop
   9    v_size:= get_stat_info ('redo size');
  10    insert into t6_4_1 select * from customer where rownum<=power(10,i);
  11    l_cpu_time:=dbms_utility.get_cpu_time;
  12    l_time:=dbms_utility.get_time;
  13    rollback;
  14    dbms_output.put_line('-'||to_char(power(10,i),'9,999,999')||
  15        to_char((get_stat_info ('redo size') - v_size),'999,999,999')||
  16          to_char((dbms_utility.get_cpu_time - l_cpu_time),'999,999')||
  17            to_char((dbms_utility.get_time - l_time),'999,999')
  18                     );
  19  end loop;
  20 end;
  21 /
```

rows nums	redo size	CPU time	Ela time
- 10	2,268	0	0
- 100	9,696	0	0
- 1,000	107,100	0	1
- 10,000	1,142,968	0	0
- 100,000	12,008,824	3	4
- 1,000,000	119,668,000	57	133

由于 rollback 必须撤销 insert 所做的工作，因此，对于大的事务，其 CPU 所耗费的时间必定很多。为了执行 rollback 操作，Oracle 数据库在这之前已经做了大量工作，这些工作为：

- 在数据块缓冲区中生成 undo 块。
- 在数据块缓冲区中生成已修改数据块。
- 在日志缓冲区中生成前两步所对应的 redo 日志。
- 已经得到了所需的全部锁。

在做 rollback 时，需要做的工作为：

- 撤销上面提到的所有可能已经产生的修改。具体操作为：从 undo 段读取数据，然后执行每个操作的逆向操作。即对 update、delete、insert 分别做相反的操作。
- 会话持有的所有锁都将释放，唤醒因该事务而阻塞的用户。

从上面的实验及相应的分析可看出，rollback 所要完成的工作相当多，其效率较低。commit 只是将重做日志缓冲区中剩余的数据刷新到磁盘，效率很高。除非不得已，否则不回滚事务。回滚操作的开销很大。

*6.5　分析 redo 日志产生的原理

上一节介绍了 commit 操作和 rollback 操作所涉及的内容和过程。这两个操作都会涉及 redo 日志，这些日志究竟是如何产生的？每个 DML 操作会产生多少 redo 日志？每个 Oracle 数据库开发人员必须了解。因为 redo 日志越多，说明 SQL 操作就越复杂，整个系统会越慢，这会影响到整个系统的性能。由于生成 redo 日志的数量与数据库的日志模式有关。因此，下面将首先介绍如何查看和设置数据库的日志模式，然后介绍如何测量和减少 redo 操作所产生的数据大小。

6.5.1　查看和修改数据库的日志模式

在 Oracle 数据库中，主要有两种日志操作模式，即非归档模式与归档模式。默认情况下，数据库采用的是非归档模式。这两种模式的主要区别在于：当在线日志文件被填满而发生日志文件切换时，是否需要保留原来的日志文件。非归档模式在日志切换时不会保留原来旧的日志，而归档模式则会将旧的日志文件保留（即归档），然后再进行日志切换。下面介绍与日志模式相关的一些操作。

① 查看数据库当前 redo 日志的归档模式。

```
SQL>select log_mode from v$database;
LOG_MODE
---------------
ARCHIVELOG
```

"ARCHIVELOG"表明当前数据库的 redo 日志模式为归档模式。如果显示的结果为"NOARCHIVELOG"，则表示当前数据库的 redo 日志模式为非归档模式。

② 设置数据库的日志模式为归档模式。

```
SQL> conn / as sysdba
SQL>shutdown immediate;
```

然后执行以下命令：

```
SQL> startup mount;
 ORACLE instance started.
 Total System Global Area  285212672 bytes
 Fixed Size                  1218992 bytes
 Variable Size             205522512 bytes
 Database Buffers           75497472 bytes
 Redo Buffers                2973696 bytes
 Database mounted.
SQL> alter database archivelog;
 Database altered.
```

```
SQL> alter database open;
 Database altered.
```

重启数据库后，其 redo 日志模式为归档模式。

6.5.2 测量生成的 redo 日志

在 Oracle 数据库中，可通过 SQL*PLUS 环境中的 autotrace 选项和动态视图 v$mystat 获得 SQL 语句所产生 redo 日志的大小。

下面将分析普通 insert 语句和采用直接路径的 insert 语句（通过该方式来插入大量数据）所生成 redo 日志在数量上的区别。下面这个例子将采用 autotrace 命令来获得 redo 日志大小。以下操作必须将数据库置为 noarchivelog。具体操作方法见上一节。

（1）普通 insert 语句所生成的 redo 日志大小

```
SQL>create table t6_5_1 as select * from customer where 1=2;
Table created.
SQL>set autotrace traceonly statistics;
SQL> insert into t6_5_1
  1 select * from big_table
  2 /
2621440 rows created.
Statistics
---------------------------------------------------------
      6093  recursive calls
    142833  db block gets
     56177  consistent gets
     16268  physical reads
  19049184  redo size
       916  bytes sent via SQL*Net to client
       957  bytes received via SQL*Net from client
         6  SQL*Net roundtrips to/from client
       112  sorts (memory)
         0  sorts (disk)
   2621440  rows processed
```

从上面的结果可看出，该 insert 语句生成了大约 19 MB 的 redo 日志。

（2）直接路径的 insert 语句所生成的 redo 日志大小

首先需用 "truncate table" 命令将表 t6_5_1 的数据删除。

```
SQL>truncate table t6_5_1
Table truncated.
```

"truncate table" 命令与 delete 命令的作用一样，但它不会生成 redo 和 undo 日志，所以效率要比 delete 高很多。

然后再执行直接路径的 insert 语句：

```
SQL>insert /*+ append */ into t6_5_1
  2 select * from big_table;
 2621440 rows created.
Statistics
---------------------------------------------------------
      3788  recursive calls
     18517  db block gets
     17321  consistent gets
```

```
     13566  physical reads
    286744  redo size
       903  bytes sent via SQL*Net to client
       971  bytes received via SQL*Net from client
         6  SQL*Net roundtrips to/from client
         1  sorts (memory)
         0  sorts (disk)
   2621440  rows processed
```

append 是 Oracle 数据库的提示（hint）。其作用为：插入数据时，直接将数据放到数据表的末尾，而不是去寻找该表所拥有的空闲数据块，而且也不生成 redo 日志和 undo 数据，这样做效率会很高。采用 append 提示的插入语句称为直接路径插入。在 SQL 语句中加提示的方法是：/* + 提示语句*/。这种方法看起来有点像是在加注释，注意，第一个星号后面和第二个星号前面要有一个空格。

从上面的结果可看出，直接路径插入大约生成了 280 KB redo 日志数据，这比普通插入所生成的 redo 日志要少得多。这是因为直接路径插入不会为数据生成 redo 日志，只生成操作数据字典的日志。

 注 意

> 如果 Oracle 数据库的日志模式为 noarchivelog 模式，采用直接路径插入和采用普通插入所生成的日志数量的差别非常明显。若数据库的日志模式为 archivelog 模式，则需要在创建表时加上 nologging 选项，才能观察到采用直接路径插入和采用普通插入所生成日志数量的差别。

6.5.3　减少 redo 日志的方法

通过上一节的介绍使我们知道：直接路径插入方法在非归档模式下可以大量减少 redo 日志数据的数量。是否还有其他方式可以减少 redo 日志呢？答案是：有。具体方法是用 nologging 选项。下面介绍该选项的使用方法。

1. 在表上使用 nologging 选项

创建表时可使用 nologging 选项。该选项会减少 redo 日志的数量，但需注意，这种操作不是完全不生成 redo 日志，只是生成的 redo 日志数量要少得多，因为不管怎样，这些操作都会涉及对数据字典的修改，这一定会生成日志。下面通过一个例子来解释 nologging 选项的使用。

① 定义 SQL*PLUS 变量，用于得到当前会话的日志大小。其中，get_stat_info 函数的定义见本章 6.4.1 节。

```
SQL>conn scott/abc123
  Connected.
SQL>var v_rsize number
SQL> exec :v_rsize:=get_stat_info('redo size');
  PL/SQL procedure successfully completed.
```

v_rsize 是 SQL*PLUS 变量（注意与 PL/SQL 的变量定义做比较），用来存放当前会话的 redo 日志大小。get_stat_info 是本章 6.4.1 节定义的函数，用来获取当前 redo 日志的大小。

② 创建表 t6_5_3，向其中插入大量数据后，给出当前会话的 redo 日志大小。

```
SQL> create table t6_5_3
  2  as
  3  select * from customer;
    Table created.
SQL> exec dbms_output.put_line((get_stat_info('redo size')-: v_rsize)||'
bytes for redo...');
```

```
    5750776 bytes for redo...
PL/SQL procedure successfully completed.
```

从上面的结果可看出，create table 生成了大约 5.48 MB 的 redo 日志。下面验证加 nologging 选项后，创建表所产生的 redo 日志的大小。

③ 创建表 t6_5_4，向其中插入大量数据后，给出当前会话生成的 redo 日志大小。

```
SQL>var rsize number
SQL> exec :rsize:=get_stat_info('redo size');
 PL/SQL procedure successfully completed.
SQL> create table t6_5_4
  2  nologging
  3  as
  4  select * from customer;
Table created.
SQL>exec dbms_output.put_line((get_stat_info('redo size')-:rsize)||'
bytes for redo nologging...');
    142016 bytes for redo nologging...
    PL/SQL procedure successfully completed.
```

这次，生成的 redo 日志只有 138 KB。这两种创建表的方式所生成的 redo 日志差别很大，其原因是 nologging 选项不会将插入的数据生成 redo 日志，只将数据字典生成 redo 日志。

以上两个创建语句如果运行在非归档（noarchivelog）模式下，生成的 redo 日志就不会有这样大的差别。因为在非归档模式下，create table 不会记录 redo 日志。

必须小心使用 nologging 选项。在归档模式下，创建表时若使用该选项，用户插入的数据不会生成 redo 日志，其弊端是：无法恢复这些插入的数据。在创建表时，使用 nologging 选项还需注意以下几点：

- nologging 选项会生成一定数量的 redo 日志，只是生成的 redo 日志的数量要少很多。这些 redo 日志用于保护数据字典。
- 在加了 nologging 选项后，后续数据操作仍会生成正常的 redo 日志。创建表时加上 nologging 选项后，并不是指创建了一个不生成 redo 日志的表。只是创建表这一个操作所涉及的用户数据不会生成 redo 日志。所有后续的其他数据操作（如 insert、update 和 delete 等）仍会生成 redo 日志。但某些特殊操作（如使用 SQL*Loader 的直接路径加载，或使用 insert /* +append */ into）不生成日志。
- 在一个 archivelog 模式的数据库上执行带有 nologging 选项的操作后，必须尽快为受影响的数据文件建立一个新的基准备份，从而避免由于介质失败而丢失数据。

2. 在索引上设置 nologging

可直接在索引上设置 nologging 属性，使某些操作索引的语句不产生日志。下面的例子用来说明：nologging 选项对重建索引时所产生的 redo 日志有影响。

① 在表 t6_5_4 上建立索引，并获得当前会话的日志大小。

```
SQL>create index t6_5_4_idx on t6_5_4(custname);
    Index created.
SQL>var v_rsize number
SQL>exec :v_rsize :=get_stat_info('redo size');
    PL/SQL procedure successfully completed.
SQL>alter index t6_5_4_idx rebuild;
    Index altered.
SQL>exec dbms_output.put_line((get_stat_info('redo size')-:v_rsize )||'
```

```
bytes for redo of index...');
        3010840 bytes for redo of index...
        PL/SQL procedure successfully completed.
```

由于没有将该索引设置为 nologging 选项，在重建此索引时，会产生大约 3 MB 的 redo 日志。
下面将索引设置为 nologging 选项，然后观察重建索引生成的 redo 日志大小。

② 修改表 t6_5_4 上的索引 t6_5_4_idx 为 nologging，然后重建该索引。

```
SQL>alter index t6_5_4_idx nologging;
Index altered.
SQL>var v_rsize number
    SQL>exec :v_rsize :=get_stat_info('redo size');
        PL/SQL procedure successfully completed.
    SQL>alter index t6_5_4_idx rebuild;
        Index altered.
    SQL>exec dbms_output.put_line((get_stat_info('redo size')-: v_rsize )||'
bytes for redo of index...');
        62712 bytes for redo of index...
        PL/SQL procedure successfully completed.
```

这次重建索引生成了 62 KB 的 redo 日志。但该索引并没有得到"保护"，即若该索引所在
的数据文件被损坏，则无法恢复。

3. nologging 小结

下面的操作可使用 nologging 选项：

- direct load (SQL*Loader)
- direct load insert (using append hint)
- create table ... as select
- create index
- alter table ... move partition
- alter table ... split partition
- alter index ... split partition
- alter index ... rebuild
- alter index ... rebuild partition
- insert, update, and delete on lobs in nocache nologging mode stored out of line

nologging 是对象的一种属性，只能对该对象设置属性为 nologging 或 logging，不能动态设置
执行某一条语句时使用 nologging 或 logging。nologging 可以是数据库级别的，也可以是表空间级
别的，也可以是表级别的。在 create database、create tablespace、create table 中可同时指定该选项，
但该选项最终作用的对象是 table 或 index。该选项最终起效果的操作仅仅为 Direct-Path insert。
其他操作，如 update、delete 均无效。

6.5.4　块清除

在 Oracle 数据库中，对提交的数据块会进行块清除（block cleanout）。块清除是将一个脏的
数据块变为"干净"的数据块，这等于告诉数据库系统，这个数据块里面的数据已经提交（是
干净的）。块清除其实很简单，就是修改数据块头的一个标志位。

当提交数据（执行 commit 命令）时，如果被提交的数据块还在数据块缓冲区中，就要进行

块清除。但注意，若数据库已经写回数据文件，则在提交时并不一定修改块头。因此，块清除分为两种类型：在提交时立即清除块上的标识、延迟清除块上的标识。

在一个事务开始后，相关的数据操作（增加、删除、修改等语句）会将数据块读到缓冲区中，然后为这些数据块加锁，这些锁信息存储在每个数据块的头部。在整个事务执行过程中，有些数据块可能会被 dbwr 进程输出到磁盘文件中，有些数据块可能仍然在数据块缓冲区中。当事务结束时，在缓冲区中的数据块，其头部的锁信息会被清除，这称为提交清除。但已经输出到数据文件中的数据块的头部信息此时不会被清除掉，要等到下一次用户读取（如用户执行 select 语句）这些数据块到缓存时，再清除数据块头部的锁信息。这个清除操作属于修改数据块的内容，会产生 redo 日志，因此在 Oracle 数据库中，select 语句也会产生 redo 日志。

Oracle 数据库会为每个事务维护多个修改数据块列表，每个列表有 20 个数据块，如果修改的数据块加起来超过整个数据块缓冲大小的 10%，Oracle 数据库就会停止为该事务分配新的列表。例如，设定块缓冲区可存放 2 000 个数据块，Oracle 数据库会为每个事务维护最多 200 个修改的数据块，总共有 15 个列表。在提交事务时，Oracle 数据库会处理这 20 个列表及相应的数据块，并很快清除每个数据块头部的锁信息。但超过这个比例的数据块不会被立即清除，而是要等到下次读取这些数据块时才被清除。观察块清除的方法为：首先创建一个表，使其有很多数据块（上千个），然后更新这个表的数据，并提交，再执行查询，这时就会看到有很多 redo 信息。这些 redo 信息是 Oracle 数据库在清除块上的标志（这相当于修改了数据块）时产生的。再次执行同样的 select，并统计 redo 日志数量，会发现两次查询产生的 redo 日志数量不一样。下面给出实验的具体步骤。

① 创建表 t6_5_5，该表的第一行占 8 KB 大小的数据块。

```
SQL>create table t6_5_5
2 ( c1 char(500))
3 pctfree 97 pctused 3
4 /
 Table created.
```

在这个创建表的语句中，用到了 pctfree 参数和 pctused 参数。它们分别表示将数据块 97% 的空间空闲，将 3% 的空间用来存放新插入的数据，对于一个 8 KB 的数据块，大约有 200 字节的空间用于插入数据。因此，当向 t6_5_5 表插入 1 行时，这一行会占 1 个数据块。

下面向这个表插入 1199 行数据。

```
SQL>insert into t6_5_5 select custname from customer where rownum<1200;
1199 rows created.
```

注意，插入的每一行都会占一个数据块。

② 查看数据占用的数据块。

```
SQL>select rownum, dbms_rowid.rowid_relative_fno(rowid)
2 fileNum,dbms_rowid.rowid_block_number(rowid) blockNum from t6_5_5
3 /
ROWNUM      FILENUM   BLOCKNUM
---------   --------  ----------
前面很多内容省略！
1189        4         53980
1190        4         53984
1191        4         53988
```

```
1192          4        53992
1193          4        53996
1194          4        54000
1195          4        54004
1196          4        54008
1197          4        54012
1198          4        54016
1199          4        54020
1199 rows selected.
```

③ 将数据缓冲区大小设置为 16 MB。

```
SQL> conn / as sysdba
Connected.
SQL> alter system set db_cache_size=16m;
System altered.
SQL> show parameter db_cache_size;
NAME              TYPE          VALUE
-------------     -----         -----------
db_cache_size     big           integer 16M
```

④ 执行对表 t6_5_5 的修改并提交。

```
SQL> update t6_5_5 set c1=upper(c1);
1199 rows updated.
SQL> commit;
Commit complete.
```

这条更新语句会将表的所有数据块读到数据缓冲区中，但由于数据缓冲区只有 16 MB，而数据块大小为 1199×8 KB，因此，数据缓冲区无法装下整个表的数据块，必然有一部分数据块在没有提交前会先写回磁盘，在提交后，这部分数据块头部关于事务的信息不会清除，只有等到下次查询这些数据块时才会清除。

⑤ 打开 autotrace 开关，然后对表执行查询。

```
SQL>set auto on
SQL> select count(*) from t6_5_5;

  COUNT(*)
----------
      1199
省掉一些内容。
Statistics
----------------------------------------------------------
        4  recursive calls
        0  db block gets
     2188  consistent gets
      634  physical reads
    63420  redo size
      412  bytes sent via SQL*Net to client
      385  bytes received via SQL*Net from client
        2  SQL*Net roundtrips to/from client
        0  sorts (memory)
        0  sorts (disk)
        1  rows processed
```

从跟踪的结果可以看出，这次查询产生了 63 420 字节的 redo 信息（上面加粗的那一行）。

读者也许会觉得奇怪：查询也会产生 redo 日志？是的，在这种情况下，此查询中有块清除（即设置数据块头部关于事务的标志），从而产生了 redo 信息。

⑥ 再次执行查询，并观察是否有 redo 信息产生。

```
SQL>set auto on
SQL> select count(*) from t6_5_5;

  COUNT(*)
-----------
      1199
省掉一些内容。
Statistics
----------------------------------------------------------
         4  recursive calls
         0  db block gets
      2188  consistent gets
       634  physical reads
         0  redo size
       412  bytes sent via SQL*Net to client
       385  bytes received via SQL*Net from client
         2  SQL*Net roundtrips to/from client
         0  sorts (memory)
         0  sorts (disk)
         1  rows processed
```

上面加粗部分的大小为 0，这说明本次查询没有产生 redo 信息。

如果将数据块缓冲区设置为至少能保存 10 000 个数据块，再次运行前面的例子，会发现第一次执行 select 会生成很少的 redo 日志，甚至没有。因为与此事务相关的大多（或全部）数据块都会在 commit 时清除头部的锁信息。

如果执行一个 insert 语句、update 语句、delete 语句时会涉及大量数据，这种数据块清除会严重影响系统的性能。例如，假设通过 delete 语句删除了大量数据，然后提交。现在对这些数据执行 select，会发现 select 会产生大量 I/O 和 redo 日志，这就是清理数据块造成的。

*6.6 分析 undo 信息

在本章 6.3 节、6.4 节以及第 3 章、第 4 章讨论了 undo 段的一些内容，包括：恢复时如何使用 undo 段、undo 段与重做日志的协调使用来进行恢复等。

在本节，首先介绍各类 DML 产生的 undo 信息，然后介绍一种与 undo 信息有关的数据恢复方式：闪回恢复（flash 恢复）方式。

6.6.1 DML 产生的 undo 信息

一般来讲，各种 DML 语句所生产的 undo 信息不一样，有的操作生成的 undo 信息多，有的则很少。例如，在 update、delete、insert 这三种 DML 操作语句中，insert 操作生成的 undo 最少，因为 Oracle 数据库只需记住要删除行的 rowid 而不是整行信息即可；delete 操作生成的 undo 信息最多，Oracle 数据库必须记下整行的数据以便撤销时执行插入操作；update 操作一般生成的 undo 信息介于这二者之间。

如果表上存在索引，则对该表进行 insert 操作、update 操作、delete 操作时会使 undo 信息增加。因为索引是一种复杂的数据结构，在执行这三种操作时，会导致索引调整，从而产生更多的 undo 信息。下面通过例子来说明表上的索引会产生更多的 undo 信息。

① 创建一个名为 t6_6_1 的表，该表有两个列，这两个列的数据一样，但其中一个列有索引，另一个列没有索引。

```
SQL>create table t6_6_1
  2  as
  3  select custname unindexed
  4    from customer
  5  /
```

② 更新 t6_6_1 中的列。

```
SQL> update t6_6_1 set unindexed=upper(unindexed);
 524288 rows updated.
```

③ 查看更新操作产生的 undo 块。

开启另一个会话，然后以 system 用户连接上去。

```
SQL>conn system/abc123
Connected.
```

然后执行下面的查询语句来查看第②步中 update 语句产生的 undo 信息的大小。

```
SQL> select used_ublk from v$transaction
  USED_UBLK
 ----------------
  7899
  1
```

④ 返回到第②步，提交更新。

```
SQL>commit;
Commit complete
```

在查询结果中有两行，其中有一行的值为 1，此行并不是由刚才的事务产生的，它是系统的一个值，第一行才是 update 操作产生的 undo 信息的大小。对于此 update 操作，Oracle 数据库使用了 7 899 个数据块来存放 undo 信息。提交后会释放这些数据块，所以再次回到第③步执行同样的查询，会看到只有一行数据，这也说明 7 899 那一行为第②步的 update 语句产生的。

⑤ 再创建一个表，使该表上面有一个索引，然后查看 update 操作产生的 undo 块。

```
  SQL>create table t6_6_2
  2  as
  3  select custname indexed
  4    from customer
  5  /
SQL>create index idx6_6_2 on t6_6_2(indexed)
 Index created
```

⑥ 更新表 t6_6_2。

```
SQL> update t6_6_2 set indexed=upper(indexed);
524288 rows updated.
```

⑦ 重复执行第③步可得到如下结果。

```
  USED_UBLK
 ----------------
  18507
  1
```

从这个查询结果可看出，更新带有索引的列，所产生的 undo 信息的大小为 18 507 个数据块。这比更新不带索引的列要多一倍。这是因为索引的结构很复杂，在更新这个表中的每一行时，都会移动每一个索引键值从而有可能产生索引调整，以至产生大量的 undo 信息。

6.6.2　Oracle 的闪回功能

在 Oracle 9i 之前，若用户误删除数据并提交，要想通过介质恢复来恢复删除的数据、其效率很低。

从 Oracle 9i 开始引入闪回功能。该功能类似于播放机的回退功能，通过回退，可以恢复误删除的数据。该功能利用了 undo 段的自动管理特性（automatic undo management）。这个特性可通过调整 undo_retention 参数来设置 undo 信息在 undo 段中的保留时间。只要 undo 信息没有被覆盖，则闪回恢复是可能的。另外，undo 信息保留的时间长短还与 undo 段的大小有关。

注意，如果是数据块损坏或联机日志文件损坏等问题，不能使用闪回恢复，只能使用介质恢复。

Oracle 数据库的闪回功能主要包括如下内容：闪回删除、闪回版本查询、闪回事务查询、闪回查询、闪回表、闪回数据库。下面将依次介绍这些内容。

1. 闪回删除表

Oracle 10g 之前，一旦删除一个表（指用 drop table 删除表的结构），那么该表只是从数据字典中被删除，若要恢复该表的结构，就必须从备份中进行不完全恢复。而 Oracle 10g 以后，在删除表时，默认情况下只是在数据字典里对被删除的表进行了重命名，并没有真的把表从数据字典里删除，并用回收站（recycle bin）来维护表被删除前的名字与删除后系统生成的名字之间的对应关系。当删除表时，表上的相关对象（如触发器、约束等）也会一起进入回收站。要显示回收站的信息，可查询 dba_recyclebin 视图，该视图显示了数据库里所有被删除的表及其相关的对象；也可以查询 user_recyclebin 视图，该视图用来显示当前登录用户的被删除对象的信息。也可以直接发出 show recyclebin 的 SQL*PLUS 命令，该命令会显示回收站里的信息。

下面举例说明如何使用 Oracle 的表闪回功能。

（1）显示当前回收站的信息

```
SQL>scott/abc123
Connected.
SQL> show recyclebin;
ORIGINAL NAME  RECYCLEBIN NAME                OBJECT TYPE    DROP TIME
------------   --------------------------     -----------    -----------
CHILD          BIN$rYgElAQDAovgQKjAAwAQ8g==$0 TABLE          2011-09-23:01:40:16
NUMS           BIN$rYXaK3m0PL3gQKjAAwAP4w==$0 TABLE          2011-09-22:19:18:29
T              BIN$ra1c3pmYnxXgQKjAAwATRQ==$0 TABLE          2011-09-24:17:15:10
T6_6_2         BIN$rbYG/RoiLUbgQKjAAwAbtQ==$0 TABLE          2011-09-25:03:35:25
```

从这个结果可看出，scott 用户删除了 4 个表，它们分别是：CHILD、NUMS、T、T6_6_2。列 "ORIGINAL NAME" 表示这个表在删除之前的名称，列 "RECYCLEBIN NAME" 表示删除这个表后，在回收站中的名称。列 "OBJECT TYPE" 表示删除对象的类型，若删除的是表，则该列对应的值为 "TABLE"；若为索引，则该列对应的值为 "INDEX"。

（2）删除表实验

首先创建一个名为 test_flash 的表。

```
SQL> create table test_flash as select * from customer where rownum<4;
Table created.
```

然后查看该表的内容。

```
SQL> select * from test_flash
CUSTID          CUSTNAME
-----------     --------------
c0000000163     cust_163
c0000000164     cust_164
c0000000165     cust_165
```

然后再用 drop table 删除这个表。

```
SQL> drop table test_flash;
Table dropped.
```

然后通过查询 user_recyclebin 得到当前用户所删除表的信息。

```
SQL> SELECT original_name,object_name FROM user_recyclebin;
 ORIGINAL_NAME            OBJECT_NAME
----------------------    ----------------------------
NUMS                      BIN$rYXaK3m0PL3gQKjAAwAP4w==$0
CHILD                     BIN$rYgElAQDAovgQKjAAwAQ8g==$0
T                         BIN$ra1c3pmYnxXgQKjAAwATRQ==$0
T6_6_2                    BIN$rbYG/RoiLUbgQKjAAwAbtQ==$0
TEST_FLASH                BIN$rbZo7Ts0GkngQKjAAwAcDw==$0
5 rows selected.
```

从这个查询结果的最后一行可看出，test_flash 已经在回收站中了。

虽然表 test_flash 已经删除了，但仍可用列 "OBJECT_NAME" 对应的名字查询它的内容。

```
SQL> select * from "BIN$rbZo7Ts0GkngQKjAAwAcDw==$0";
CUSTID          CUSTNAME
-----------     --------------
c0000000163     cust_163
c0000000164     cust_164
c0000000165     cust_165
```

从表 "BIN$rbZo7Ts0GkngQKjAAwAcDw==$0"（也就是 user_recyclebin 中列 object_name 所对应的值）可查询到与表 test_flash 一样的数据。这说明表 test_flash 的结构虽然已被删除，但它的数据仍在磁盘上。

（3）通过闪回恢复表 test_flash

```
SQL> flashback table test_flash to before drop;
Flashback complete.
SQL> select * from test_flash;
CUSTID          CUSTNAME
-----------     ----------
c0000000163     cust_163
c0000000164     cust_164
c0000000165     cust_165
```

在恢复表时，可以为表重命名。例如：

```
SQL> flashback table test_flash to before drop rename myFlash;
Flashback complete.
```

（4）恢复重名的表

若 drop 表 test_flash 后，又创建了一个表 test_flash，然后又将这个 test_flash 表删除，这时在 user_recyclebin 中就会看到有两个 test_flash 表。

```
ORIGINAL_NAME                 OBJECT_NAME
----------------              ----------------------------
省略一些内容
TEST_FLASH                    BIN$rbZo7Ts1GkngQKjAAwAcDw==$0
TEST_FLASH                    BIN$rbZo7Ts4GkngQKjAAwAcDw==$0
```

这时如果要恢复表 test_flash，则 Oracle 会按"先进后出"的原则进行恢复，也就是说会先恢复第一行的 test_flash 表。但在恢复时，指定列 OBJECT_NAME 对应的值，则可恢复相应的表。比如若要恢复第二行的表，则可进行如下操作：

```
SQL> flashback table "BIN$rbZo7Ts4GkngQKjAAwAcDw==$0"
2to before drop
3 /
Flashback complete.
```

（5）回收表所占空间

在删除表后，该表所占空间并没有释放，释放这些空间有两种方式：

① 自动回收。当表空间不足时，Oracle 会释放回收站里最旧的那些对象所占用的空间，若释放完回收站里所有的空间后仍然不够用，则会对数据文件进行扩展（当然前提是数据文件上定义了自动扩展属性）。

② 手工回收。可通过 purge 命令手工释放回收站中对象占用的空间。通过手工回收空间时，可指定回收索引、表以及整个回收站、表空间中对象所占空间。例如：

```
SQL> purge index IDX_TEST_FLASH1;        --回收索引所占空间
Index purged.
SQL> purge table test_flash;             --回收表所占空间
Table purged.
SQL> purge user_recyclebin;              --回收当前用户整个回收站所占空间
Recyclebin purged.
SQL> purge recyclebin;                    --回收当前用户整个回收站所占空间
Recyclebin purged.
SQL> purge tablespace example user oe; --回收 example 表空间中 user 用户删除对象
所占空间
Recyclebin purged.
```

也可以删除表时直接回收空间。例如：

```
SQL>drop table test_flash purge;
Table dropped.
```

这样做在 user_recyclebin 中就找不到该表。

2．闪回表中的数据

闪回表中的数据是指：将表中修改的数据恢复到过去的某个时间点，比如回退到用户误修改数据之前的时间点，在这个操作过程中，数据库仍然可用，而且不需要额外的空间。闪回表利用的是 undo 表空间里记录的 undo 数据。因此，如果闪回表中的数据在 undo 段中被覆盖（一种可能的原因是时间久了，由于 undo 段空间比较小而被覆盖），则不能恢复到指定的时间。

下面通过一个例子介绍如何闪回表中的数据。

（1）重建表 test_flash

```
SQL> drop table test_flash;
Table dropped.
SQL>  create table test_flash as  select * from customer where rownum<3;
Table created.
```

```
SQL> select * from test_flash;
CUSTID          CUSTNAME
-----------     ----------
c0000000163     cust_163
c0000000164     cust_164
```

（2）修改表 flash enable，使行可移动

```
SQL> alter table test_flash enable row movement;
Table altered.
```

注意，这一步非常重要，如果不这样修改，后面无法闪回。

（3）删除表的数据并提交

```
SQL> delete from test_flash;
2 rows deleted.
SQL> commit;
Commit complete.
SQL> select * from test_flash;
no rows selected
```

（4）通过闪回恢复删除的数据

```
SQL>flashback table test_flash to timestamp(systimestamp-interval '1'
minute);
Flashback complete.
SQL> select * from test_flash;
CUSTID          CUSTNAME
------------    ----------
c0000000163     cust_163
c0000000164     cust_164
```

从查询的结果可以看出，被删除的数据又恢复了。

3．闪回版本查询

多个事务对同一数据进行修改，每修改一次就会得到这些数据的一个版本。在 Oracle 10g
中，可以很方便地查询到这些数据不同版本的值。

下面通过实验介绍闪回版本查询。

（1）重建表 test_flash

```
SQL> drop table test_flash;
Table dropped.
SQL> create table test_flash as select * from customer where rownum<10;
Table created.
SQL> select count(*) from test_flash;
COUNT(*)
----------
9
```

（2）得到当前系统的时间戳（system time stamp）

```
SQL> select systimestamp from dual;
SYSTIMESTAMP
------------------------------------
26-SEP-11 09.40.19.849814 PM +08:00
```

（3）删除前 7 行，并提交，然后再次查询

```
SQL> delete from test_flash where rownum<8;
7 rows deleted.
```

```
SQL> commit;
Commit complete.
SQL> select * from test_flash;
CUSTID           CUSTNAME
------------     ----------
c0000000170      cust_170
c0000000171      cust_171
```

从查询结果可以看出，表中的数据被删除了 7 行。

（4）查询表 test_flash 提交前的数据

```
SQL> select count(*) from test_flash as of timestamp(systimestamp - interval
'1' minute);
COUNT(*)
----------
9
```

这个查询结果为表 test_flash 在 1 分钟以前的数据。

4．闪回事务查询

闪回事务查询实际上是查询数据字典 flashback_transaction_query。该数据字典也是一个诊断工具，利用它能够显示哪些事务引起了数据的变化，并为此提供了撤销事务的 SQL 语句。闪回事务查询利用的是 undo 表空间里的 undo 数据。

下面通过实验介绍闪回事务查询。

（1）创建表 t6_6_3

```
SQL>  create table t6_6_3
  2 as select empno,ename empname,sal salary from emp where rownum<3
  3 /
  Table created.
```

（2）更新表的第一行并提交

```
SQL>update t6_6_3 set salary=salary+10 where rownum=1;
1 row updated.
SQL> commit;
Commit complete.
```

（3）删除表的第一行并提交

```
SQL>  delete from t6_6_3 where rownum=1;
1 row deleted.
SQL> commit;
Commit complete.
```

（4）向表中插入一行并提交

```
SQL>insert into t6_6_3 values(111,'Tom',777);
   1 row created.
SQL> commit;
   Commit complete.
```

（5）更新刚才插入的行并提交

```
SQL>update t6_6_3 set salary=salary+20 where empno=111;
   1 row updated.
SQL> c/+20/+50
   update t6_6_3 set salary=salary+50 where empno=111
SQL> /
   1 row updated.
```

```
SQL> commit;
    Commit complete.
SQL>select versions_xid xid, versions_startscn start_scn, versions_endscn
end_scn, versions_operation operation, empname, salary    from t6_6_3
      versions between scn minvalue and maxvalue
SQL>/
XID                    START_SCN    END_SCN      O   EMPNAME    SALARY
----------------       ---------    --------     -   -------    ------
0F00260083020000       2308225                   D   ALLEN      1611
0B001D0031020000       2308212      2308225      U   ALLEN      1611
                       2308212                       ALLEN      1601
                                                      WARD       1251
0F001B0083020000       2308265                   U   Tom        827
0C002C005C020000       2308246      2308265      I   Tom        777
6 rows selected.
```

在整个实验过程中，总共开启了 4 个事务，并提交了 4 次。查询结果中列 xid 的值不为空的行总共有 4 个，分别对应这 4 个事务。

由于本书篇幅有限，这里不再介绍闪回数据库，感兴趣的读者可以自己查找资料做相应的实验。

小　　结

本章介绍了 redo 操作和 undo 操作以及这些操作所产生的相应信息，并说明这些信息对开发人员的意义，重点强调作为开发人员要注意的情况。redo 操作和 undo 操作以及相应信息对 Oracle 数据库来讲非常重要，是 Oracle 数据库必备的组件。在深入理解 redo 和 undo 的原理和如何相互协作之后，就能理解 Oracle 数据库的实例恢复和介质恢复，对灵活地构建高效的应用程序很有帮助。同时也介绍了如何用闪回来恢复数据，能否执行闪回恢复跟 undo 空间大小和 undo_retention 参数设置有关。本章内容难度比较大，需要读者反复练习才能掌握。本章内容也是了解 Oracle 数据库体系结构的必备知识。

习　　题

1. 在 Oracle 数据库中，创建表时，可以通过"segment creation deferred"选项让表的段分配延迟到有数据插入时进行。例如：

```
SQL>create table t(x int)
   2 segment creation deferred
```

自己创建一个表并加上该选项，然后验证该表的段分配是否是在数据插入时才分配。

2. 请举例说明存储过程中"out"参数和"in out"参数的用法。

3. 请使用 to_char 函数解决下面问题，写出相关 SQL 语句：

（1）获取当前的日期，并按格式"YYYY-MM-DD"显示。

（2）如何得到当前日期是星期几？

（3）如何得到当前日期是本周的第几天？如何得到当前日期是本月的第几天？如何得到当前日期是本年的第几天？

4. 试着用两个不同的客户端同时向一个表中插入 100 万条记录，第一次插入不使用 append

提示，然后记录下两个客户端最终完成插入的时间。再重复这次实验，但插入时要使用 append 提示，并记录下两个客户端最终完成插入的时间。请问，采用 append 提示和不采用 append 提示在效率上有没有差别？并给出相应理由。

5. 在归档 redo 日志模式下，如何减少直接路径插入所生成的 redo 日志？

提示：（1）查看当前 redo 日志模式用下面的语句。

```
SQL>conn / as sysdba
SQL>archive log list
Database log mode              No Archive Mode
Automatic archival             Disabled
Archive destination            USE_DB_RECOVERY_FILE_DEST
Oldest online log sequence     41
Current log sequence           43
```

其中，若 Database log mode 为"No Archive Mode"时，就表明当前 redo 日志模式为"非归档"日志模式，若为"Archive Mode"，则表示当前 redo 日志模式为"归档"日志模式。也可通过执行 SQL 语句"select name,log_mode from v$database;"查看当前数据库的 redo 日志模式。

（2）可通过下面的语句设置当前日志模式为归档日志模式。

```
SQL>conn / as sysdba
SQL> alter database archivelog;
```

6. 在 SQL*PLUS 中向某个表执行直接路径插入，然后修改该表的某一行或几行数据，这会出现什么错误？为什么会出现这样的错误？

7. 创建一个普通表和一个全局临时表，它们的结构一样，在这两个表的同一列上建立索引，然后分析 insert 语句、update 语句、delete 语句在这两个表上产生的 redo 日志数量。

8. 举例说明函数 lpad 和 rpad 的作用。

9. 举例说明解析函数 row_number 的用法以及 row_number 函数中 partition by 的作用。Oracle 数据库还有哪些解析函数？请列举三个出来，然后说明它们的用法和作用。

10. 提示 first_rows 的作用是什么？

11. 设计一个实验验证 undo 操作并不一定能从物理上进行撤销。

第 7 章

Oracle数据库的表

某些事物表面看很简单，但当你深入其内部，会发现原来它们异常复杂。我想 Oracle数据库的表就是这样，它的复杂程度令人惊讶。

本章主要内容：

- Oracle 数据库段及相关概念；
- Oracle 数据库段的管理方式；
- 堆组织表的实现原理及特性；
- 索引组织表的实现原理及特性；
- 临时表的实现原理及特性；
- 聚簇索引的实现原理及特性；

本章将讨论 Oracle 数据库各种表的物理结构，并介绍各种表类型的适用范围。

在 SQL Server 等数据库中，表由表名、列名和列类型组成，数据按行存放，这种表称为普通表，普通表按堆方式管理表中的数据。但在 Oracle 数据库中表结构非常复杂，除了有按堆方式管理数据的表以外，还有聚簇表（共有 3 种类型的聚簇表）、索引组织表、临时表、嵌套表、外部表和对象表。每种表都有不同的性质，适用于不同应用需求。

本章重点要求掌握：

- 段空间的两种管理方式；
- 高水位的作用；
- 表的 freelist 参数、pctfree 参数、pctused 参数的作用；
- inittrans 参数和 maxtrans 参数对事务的影响；
- 索引组织表的特性及适用范围；
- 聚簇索引的特性及适用范围；
- 临时表的特性及适用范围。

7.1　Oracle 数据库的表类型

本章重点讨论 Oracle 数据库的堆组织表、索引组织表、索引聚簇、临时表。其他类型的表（尤其是对象表、嵌套表）在实际应用中用得相对少一些，本书不做介绍。

无论哪种类型的表，都有以下限制。

① 一个表最多可有 1 000 列，但在实际应用中都不会有这么多列。对于表中列的数据类型有一些限制，例如，nvarchar 类型的长度不能超过 2 000；varchar 类型的长度不能超过 4 000；number(m,n)类型为可变长的数值列，允许 0、正值及负值，m 是有效数字的位数，n 是小数点以后的位数，如 number(5,2)，则这个字段的最大值是 99 999，如果数值超出了位数限制就会被截取多余的位数。如 number(5,2)，若为这个字段输入 575.316，则真正保存到字段中的数值是 575.32。如 number(3,0)，输入 575.316，真正保存的数据是 575。

② Oracle 对表的行数有一定限制。例如，通常情况下，一个表空间最多有 1 022 个数据文件。假设每个数据文件为 64 GB，则表空间最大可有 65 536 GB，若每个数据块大小为 8 KB，就会有 8 589 934 592 个数据块。假设可在每个块上放 100 行（每行大约 80 字节），就会有 858 993 459 200 行。

③ Oracle 的表名必须以字母开头，且长度不能超过 30 个字符。表名可包含$、#、数字。

7.2　Oracle 数据库的段及管理方式

本节将介绍段的管理方式，段的管理方式与 Oracle 中表的参数密切相关。在第 2 章详细介绍了 Oracle 的段，这里再简要回顾一下：Oracle 中的段是占用磁盘存储空间的一个对象。从逻辑上讲一个数据库由若干表空间（tablespace）组成，每个表空间有若干个表（table），每个表又可以分为若干数据段（data segment）、索引段等，每个段又可分为若干数据库区段（extent），每个区段由若干数据块（block）组成。区段（extent）是最小的数据分配单位。块（block）是最小的存储单位。下面将介绍段的类型及管理方式。

7.2.1　段

在 Oracle 数据库中，段（segment）有多种类型。下面是最常见的几种段类型。

（1）数据段

在 Oracle 数据库中，一个数据段可存储下列数据对象（或数据对象的一部分）的数据：

- 普通表（不包括索引组织表）；
- 分区表的一个分区；
- 聚簇表。

当用户使用 create 语句创建普通（不包括索引组织表）表或聚簇表时，Oracle 会创建相应的数据段。普通表或聚簇表的存储参数（storage parameter）用来决定对应数据段的数据扩展如何被分配。用户可以使用 create 或 alter 语句直接设定这些存储参数。这些参数将会影响与数据对象（object）相关的数据段的存储与访问效率。本节后面会详细介绍这些参数。

（2）索引段

Oracle 数据库中每个非分区索引（nonpartitioned index）都将会使用一个索引段（index segment）来存储相关的数据。而对于分区索引（partitioned index），每个分区使用一个索引段来存储数据。用户使用 create index 语句创建索引或索引的分区时，Oracle 会为这些索引创建相应的索引段。在创建语句中，用户可以设定索引段的数据扩展（extent）的存储参数（storage parameter）以及此索引段应存储在哪个表空间中（表的数据段和相应的索引段不一定要存储在同一个表空间中）。索引段的存储参数也会影响数据的存储和访问效率。

（3）临时段简介

当 Oracle 处理一个查询时，经常需要保存 SQL 语句的解析与执行的中间结果（intermediate stage），这就需要临时存储空间。Oracle 会自动分配为临时段（temporary segment）来保存这些数据。例如，Oracle 在进行归组（group by）操作时就需要使用临时段。当排序操作可以在内存中执行，或 Oracle 利用索引执行时，就不必创建临时段。在本章后面会讨论临时表以及相应的临时段。

需要使用临时段的操作：

- create index
- select ... order by
- select distinct ...
- select ... group by
- select ... union
- select ... intersect
- select ... minus

有些不能使用索引的关联操作（unindexed join），或者需要建立相互关系的子查询（correlated subqueries），也可能需要使用临时段（temporary segment）。所以当查询包含 distinct、group by 或 order by 子句时，Oracle 有可能使用两个临时段。

（4）回滚段

关于回滚段已经在第 4 章和第 6 章详细讨论过了，这里再总结一下。回滚段用于存放数据修改之前的值（包括数据修改之前的位置和值）。回滚段的头部包含正在使用的该回滚段事务的信息。一个事务只能使用一个回滚段来存放它的回滚信息，一个回滚段可以存放多个事务的回滚信息。回滚段的主要作用有：

① 事务回滚：当用户回滚事务（rollback）时，Oracle 将会利用回滚段中的数据前影像将修改的数据恢复到原来的值。

② 事务恢复：当事务正在处理的时候，系统失败，若回滚段的信息保存在重做日志文件中，Oracle 将在重启数据库时利用回滚来恢复未提交的内存缓冲区的场景。整个过程称为实例恢复。

③ 读一致性：当一个会话正在修改数据时，其他的会话将看不到该会话未提交的修改。而且，当一个语句正在执行时，该语句只能看到与开始执行时间一致的提交数据（语句级读一致性）。当 Oracle 执行 select 语句时，Oracle 依照当前的系统改变号（system change number-scn）来保证任何大于当前 scn 的提交数据不被查询出来（未提交数据更是如此）。可以想象：当一个长时间的查询正在执行时，若其他会话改变了该查询要获取的数据，Oracle 将利用回滚段数据来构造一个读一致性视图。

在通常情况下，创建表时会创建一个数据段用于保存表的数据，若指定了主键，由于主键是一个索引，还会创建相应的索引段来单独保存主键索引数据。在创建一个表时，Oracle 数据库会立即分配一个段，该段的名称与表名一样。该段会包含区段，区段会包含数据块。在创建一个表时，可能会有多种类型的段。例如：

```
SQL>create table t7_2_1 (c1  int Primary key,constraint pk_t721 primary key(c1));
 Table created.
```

在 Oracle 11g 之前，创建这样一个表会得到 2 个段，可通过下面的查询查看这 2 个段。

```
SQL>col segment_name  format a25
SQL>col segment_type  format a20
SQL> select segment_name,segment_type from user_segments;
 SEGMENT_NAME           SEGMENT_TYPE
 --------------         ----------
 PK_T721                INDEX
 T7_2_1                 TABLE
```

从这个查询结果可看出：表本身会创建一个段（见查询结果的最后一行）；主键会创建一个索引，该索引会创建一个索引段（见查询结果的第一行）。

 注 意

Oracle 11g 及以后的版本中，创建一个表之后不会立即分配段，而是要等到第一行数据插入到表中时，才会分配段。也就是说，在 Oracle 11g 及以后的版本中，若创建表后立即执行"select segment_name,segment_type from user_segments;"，则不会看到与该表相关的段。向表中插入一行数据，再次执行这句 SQL 才可看到相关的段信息。

7.2.2　段空间管理

从 Oracle 9i 开始，段空间管理有如下两种方法：

手动段空间管理（Manual Segment Space Management，MSSM）。手动段空间管理是使用被称为 FreeList 的链表来管理段中的空闲空间。对于空闲空间，FreeList 监控高水位线（High Water Mark，HWM）以下的数据块，如果数据块被使用，它就会从 FreeList 中移出；若它不再使用时，又会放回到 FreeList 中。手动段空间管理会根据创建表所指定的参数（如 pctused、pctfree、freelists、freelist groups 等）来分配空间。

自动段空间管理（Automatic Segment Space Management，ASSM）：用位图（它是一个二进制的数组）取代 FreeList，位图能够迅速有效地管理存储空间和空闲区块（free block），因此能够改善段管理的效率，在基于自动段管理的表空间上创建的段又称为 BMB 段（bitmap managed segments）。这种形式的段管理，用户只需控制参数 pctfree 即可。

段从属于表空间，因此，要想使用 ASSM 方式的段管理或 MSSM 方式的段管理，表空间必须支持这样的管理。

7.2.3　高水位线

在 Oracle 数据库中，这个高水位线是一个标记，用来说明已经有多少没有使用的数据块分配给数据段。可将存储数据对象（如表等）的磁盘文件想象成一个水库，数据想象为水库中的水。水库中水的位置有一条线称为水位线，这条线在 Oracle 数据库中被称为高水位线。

在刚创建表时，由于没有任何数据，所以高水位线指向第一个数据块（假设一创建表就为该表分配了数据块），这时 HWM 为最低值。当插入数据以后，高水位线就会上涨，但通过 delete 语句删除数据后，高水位线却不会降低，依然在删除数据前的那个位置。也就是说，通常对表中数据进行修改只会让高水位线上涨，不会下降。只有当用户重建、截除、收缩该数据对象才可使高水位线下降。图 7-1 是创建表时的高水位线示意图。

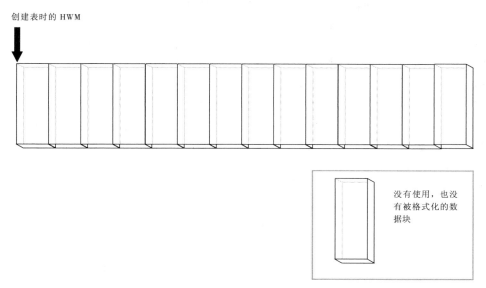

创建表时的 HWM

没有使用，也没有被格式化的数据块

图 7-1　创建表时的高水位线示意图

高水位线很重要，它会对如下操作有影响：

- 全表扫描。因为全表扫描通常要读到 HWM 标记以下的所有数据块才会停止，即便该表中没有任何数据。若高水位线下大多数数据块为空时，其扫描的性能比较低。例如，某个表有 10 000 行，对该表进行行数统计后记下执行此语句所花费的时间。用 delete 删除该表的数据，并提交，然后再次对该表进行行数统计，虽然这次得到的行数为 0，但两次所花费的时间一样多。因为在删除表中所有行后，该表的高水位线并没有变化，数据库执行该语句时，会采取全表扫描的方式，即扫描高水位线下的所有数据块。
- 插入数据时，使用了 append 关键字。插入数据时，若使用了 append 关键字，则在插入时使用 HWM 以上的数据块，此时 HWM 会自动增加。

如何能看到一个表的高水位呢？可按下面的步骤查看。

① 先查看表所占用的数据块情况。注意：下面的 customer 表在附录 B 中创建。

```
SQL> select segment_name,segment_type,blocks
  2  from user_segments
  3  where segment_name='CUSTOMER'
  4  /
SEGMENT_NAME      SEGMENT_TYPE   BLOCKS
-----------       ------------   ----------
CUSTOMER          TABLE          2176
```

② 对表进行分析。

```
SQL> analyze table customer estimate statistics;
Table analyzed.
```

③ 查看高水位信息。

```
SQL>col table_name format a15
SQL> select table_name,num_rows,blocks,empty_blocks from user_tables
```

```
   2 where table_name='CUSTOMER'
   3 /
TABLE_NAME        NUM_ROWS        BLOCKS        EMPTY_BLOCKS
-----------       ---------       ----------    ------------
CUSTOMER          524376          2134          42
```

在这个查询结果中，列 BLOCKS 表示该表中曾经使用过的数据库块的数目，即高水位线；列 EMPTY_BLOCKS 表示分配给该表，但是在高水位线以上的数据库块，即从来没有使用的数据块。

MSSM 段管理方式的段只有一个高水位线。但采用 ASSM 段管理方式的段除了一个高水位线外，还有一个低 HWM（见图 7-2）。在 MSSM 方式下，高水位线推进（如插入行）时，所有块都会被格式化并立即有效，Oracle 数据库可存取这些数据块。但对于 ASSM 方式，高水位线推进时，Oracle 数据库并不会立即格式化所有块，只有在第一次使用这些块时才会格式化。所以，全面扫描一个段时，必须知道要读取的块是否格式化。为了避免表中每一个块都做这种检查，Oracle 数据库同时还维护了一个低水位线。数据库在执行全扫描至高水位线时，对于低水位线以下的所有块会直接读取。而对介于低水位线与高水位线之间的数据块，需要参考管理这些块所用的 ASSM 位图信息来判断应该读取哪些块。

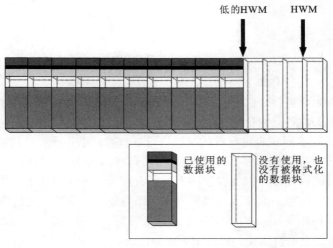

图 7-2　低 HWM 示意图

7.2.4　空闲列表

在手动段空间管理（MSSM）方式下，Oracle 数据库会为数据对象在高水位线以下的空闲数据块维护一个空闲列表（FreeList）。注意，对于采用自动段管理（ASSM）的段，没有空闲列表。所以下面讨论的内容，都是针对手动段空间管理方式下的表空间。

每个数据对象（如表等），都会有一个 FreeList。需要注意的是，只有位于高水位线以下的数据块才会出现在 FreeList 中。当 FreeList 为空时，才会推进高水位线移动，以获得新的空闲数据块，这些数据块会加入到 FreeList 中。Oracle 数据库会延迟到没有空闲数据块时才会推进高水位线。

一个数据对象可有多个 FreeList。如果有多个用户对一个数据对象执行大量的 insert 操作或 update 操作，就可通过设置多个 FreeList 来提高这些操作的执行效率。但 FreeList 越多，就会占用更多的空间，因此，根据实际情况配置足够多的 FreeList 非常重要。

下面通过一个例子展示正确设置 FreeList 的重要性。

① 创建手动段空间管理的表空间，并在该表空间上创建表 t7_2_2。

```
SQL>create tablespace tb_mssm datafile '/tmp/mssm.dbf' size 10m segment space
management manual;
Tablespace created.
```

选项"segment space management manual"表示该表空间的类型为手动段空间管理。

```
SQL>create table t7_2_2 (c1 int , c2 char(10)) tablespace tb_mssm;
Table created.
```

② 先用 statspack 工具获取当前系统的状态，然后执行 6 个并发的 SQL*PLUS 会话向表 t7_2_2 插入数据，等这些会话全部结束后，再次通过 statspack 工具获取一次当前系统的状态，并通过比较这两次的系统状态得到向表 t7_2_2 插入数据时整个系统的状态信息。

首先，若要通过系统性能分析工具 statspack 获得系统状态（具体通过执行 statspack.snap 方法来获取），必须要安装 statspack 工具包，具体安装过程、执行 statspack 工具来获取系统状态信息的方法可参见本章习题 2。

其次执行一个 Linux 脚本文件（文件名由用户指定，可取 test.sh）来生成 6 个并发的 SQL*PLUS 会话，此会话会向表 t7_2_2 插入数据，该 Linux 脚本文件的内容为：

```
for  I in $(seq 6)
do
  $ORACLE_HOME/bin/sqlplus  scott/abc123 @insert.sql  &
done
```

将这些脚本内容保存在 run.sh 文件中。文件 insert.sql 里面存放着一个匿名的 PL/SQL 块，具体内容为：

```
begin
for i in 1..90000
  loop
    insert into t7_2_2 values(i,'x');
  end loop;
commit;
end;
/
exit;
```

最后，通过 statspack 工具获得执行这些插入语句时系统的状态（具体通过执行 statspack.snap 方法获取）。如何得到 statspack 报告，可参见本章习题 2。下面将这份报告的部分内容展示如下：

```
Snapshot       Snap Id    Snap Time              Sessions   Curs/Sess  Comment
~~~~~~~~       ----------  ----------------  --------  ---------  -------
Begin Snap:    1          15-Sep-11 21:51:18 21         3.4
  End Snap:    2          15-Sep-11 21:51:46 21         4.5
   Elapsed:    0.57(mins)  Av Act   Sess:4.6
   DB time:    2.62(mins)  DB CPU   1.1(mins)
Top 5 Timed Events                                              Avg %Total
~~~~~~~~~~~~~~~~~~~                                             wait  Call
Event                    Waits       Time (s)    (ms)           Time
------------------       ----------  ----------  ------         ------
Buffer busy waits        173,2       78          1              47.3
CPU time                             59                         29.7
db file async I/O submit 32          7           231            5
log file parallel write  1034        7           8              3.8
control file parallel read 53        1           13             .4
```

注意，以上内容只是 statspack 报告的部分结果，而且在不同的计算机上有所不同。

在这个结果中，可以看到 Buffer busy waits 总共花了 78 秒，也就是说每个会话大约花费 15.5 秒。导致这些等待的原因是：表中没有配置足够的 FreeList 来应对这种并发插入。只需为表创建多个 FreeList，就会减少等待时间。

③ 创建另一个名为 t7_2_3 的表。

```
SQL>create table t7_2_3 (c1 int , c2 char(10))
 2 storage(freelists 6)  tablespace tb_mssm;
Table created.
```

参数"freelists 6"表示在表 t7_2_3 上设置 6 个 FreeList。

然后再开启 6 个并行的 SQL*PLUS 向该表插入 90 000 行数据，并用 statspack 的快照得到这些插入报告。下面是这个报告的部分内容：

```
Snapshot       Snap Id      Snap Time            Sessions  Curs/Sess  Comment
~~~~~~~~       ----------   ----------           --------  ---------  ----------
Begin Snap:    3            15-Sep-11 22:31:12 21    3.4
  End Snap:    4            15-Sep-11 22:31:40 21    4.5
   Elapsed:    0.27(mins)   Av Act Sess:3.8
   DB time:    1.08(mins)   DB CPU    1.18(mins)
Top 5 Timed Events                                                   Avg   %Total
~~~~~~~~~~~~~~~~~~                                                    wait   Call
Event                        Waits       Time (s)     (ms)           Time
--------------------         -------     ------       ------
Buffer busy waits            17346       4            0              4.8
CPU time                                 34           1              31
db file async I/O submit     26          13           520            13.2
log file parallel write      713         8            11             9.8
control file parallel read 237           2            11             2.9
```

从这个结果可以看出 Buffer busy waits 总共花了 4 秒，每个会话用了大约不到 1 秒的时间，这比没有增加 FreeList 大大缩短了时间。

只需将 FreeList 设置得很高，就一定能提高并发性吗？答案是：设置较多的 FreeList 不一定能提高并发性。因为采用多个 FreeList 时，会有一个主 FreeList 和一些从 FreeList。如果一个段只有一个 FreeList，则主 FreeList 和从 FreeList 都是同一个。如果有两个 FreeList，则有一个主 FreeList 和两个从 FreeList。假设当前每个从 FreeList 都只有很少的块，余下的自由块都在主 FreeList 中。使用从 FreeList 时，会根据需要从主 FreeList 获取一些空闲块。如果主 FreeList 没有足够多的空闲块，Oracle 就会推进高水位线，并向主 FreeList 增加空闲块。过一段时间后，主 FreeList 会把获得的空闲块分配给多个从 FreeList（再次强调，每个从 FreeList 仍只有很少的空闲块）。假设主 FreeList 上的空间无法满足这样的请求，就会导致表推进高水位线，或者如果表的高水位线无法推进（所有空间都已用），就要扩展表的空间（得到另一个区段）。然后会话才会使用它自己的 FreeList 上的空间。因此，使用多个 FreeList 时要仔细权衡。一方面，使用多个 FreeList 可以大幅度提升性能。另一方面，有可能造成表空间浪费。图 7-3 所示为主从 FreeList 的示意图。

对于基于 ASSM 方式的段管理，就会存在这个问题，因为它不再采用 FreeList 进行管理。下面通过实验来验证 ASSM 方式的段管理会提高并发插入的效率。

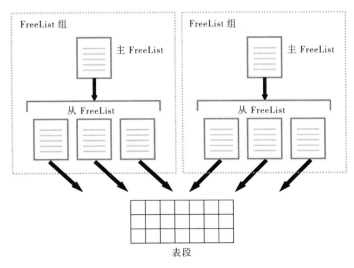

图 7-3　主从 FreeList

创建基于 ASSM 方式的段管理的表空间的方法为：

```
SQL>create tablespace tb_assm
  2 datafile '/tmp/tb_assm.dfb' size 1m autoextend on next 1m
  3 segment space management auto;
 Tablespace created.
```

选项 "segment space management auto" 的作用是使创建的表空间为 ASSM 方式。

然后在这个表空间上创建一个名为 t7_2_4 的表。

```
SQL> create table t7_2_4(c1 int ,c2 char(10)) tablespace tb_assm;
 Table created.
```

再利用前面同样的步骤，开启 6 个并行的 SQL*PLUS 会话向此表插入数据，并用 statspack 获得相应的报告。部分报告内容为：

```
Snapshot       Snap Id    Snap Time             Sessions   Curs/Sess  Comment
~~~~~~~~       --------   --------------        --------   ---------  -------
Begin Snap: 5             15-Sep-11 22:31:12    22         1.5
  End Snap: 6             15-Sep-11 22:31:40    24         1.2
   Elapsed:  0.3 (mins)     Av Act Sess:3.9
   DB time:  1.38(mins)        DB CPU    1.07(mins)
Top 5 Timed Events                                                 Avg   %Total
~~~~~~~~~~~~~~~~~~                                                 wait   Call
Event                        Waits      Time (s)   (ms)    Time
------------------           ---------  ---------  ------  ------
Buffer busy waits            7328       4          0       3.6
CPU time                                61         0       53.7
db file async I/O submit     23         11         570     13.8
log file parallel write      639        10         14      9.8
```

从上面的结果可以看出，采用 ASSM 的段管理方式之后，Buffer busy waits 的时间为 4 秒，与采用 5 个 FreeList 的效率基本一样，所以 ASSM 的段管理方式很有效且不用调整参数。但该方式的缺点是要占用额外存储空间。因为该方式试图将插入分布在多个块上。

7.2.5　pctfree 参数和 pctused 参数

pctfree 参数反映了 Oracle 数据库是如何管理空闲空间的。pctfree 参数的值表明数据块要预留多少空间以便在更新存在的行时使用。pctfree 参数对减少行迁移有重要的作用。该参数的默认值为 10%。如果自由空间的百分比高于pctfree 参数指定的值，则认为该数据块为空闲块，可以向该数据块插入数据。pctused 参数告诉 Oracle 数据库当前非空闲数据块在数据所占空间的百分比达到多少时，可再次成为空闲块。该参数的默认值为 40%，即数据占整个块的 40%（该数据块有 60% 的空闲空间）时，整个数据块可以当成空闲块，可向其中插入数据。图 7-4 所示为 pctfree 值为 20% 时的数据块示意图。

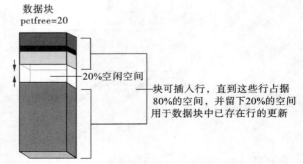

图 7-4　pctfree 值为 20% 时的数据块示意图

pctfree 参数和 pctused 参数在不同的段空间管理方式下，其作用会有所不同。使用 MSSM 方式时，这些参数设置控制着数据块何时放入 FreeList 中，以及何时从 FreeList 中取出。如果 pctfree 为 20%，pctused 为 30%，那么在数据块满 80% 之前（有 20% 以上的自由空间），这个块会一直在 FreeList 中。一旦达到或超过 80%，就会从 FreeList 中取下，直到块上的自由空间超过数据块大小的 70% 时，才会重新回到 FreeList 上。

如果 pctused 参数值设置过大，这样就很容易进入 FreeList，对 insert 操作有好处，因为插入成功的几率很高，但是由于频繁插入，使得空间很快用完，当要执行 update 操作时，很容易出现行迁移。所以 pctused 适用于很频繁的数据插入情形，若有些删除也可以，但这样也会有更多的机会再次进入 FreeList。

如果 pctfree 参数值设置过大，则作用正好相反，它比较适合频繁更新的操作。这样即使更新数据较大时，也不容易行迁移。这时会大大利用 pctfree 所保留的空间，不至于浪费。

下面是设置 pctused 参数和 pctfree 参数的一些经验：

- pctfree 的值一般设在 20～25 之间，较低的值可为 4 或 5。
- pctused 的值一般不要超过 40。
- 一般这两个值不要超过 90，否则会使 Oarcle 花费更多时间在管理空间上。对于静态表或只读表，pctfree 的值设置为 5，pctused 的值设置为 40 比较适合；在插入数据后，更新操作不会增加行的情况下，可将 pctfree 的值设置为 10，pctused 的值设置为 50；在插入数据后，更新操作会增加行的情况下，可将 pctfree 的值设置为 20，pctused 的值设置为 40。
- 使用 ASSM 段方式时，pctfree 仍会限制能否将新行插入数据块中，但它不会控制一个数据块是否在 FreeList 上，因为 ASSM 段方式根本不使用 FreeList，且 pctused 参数将被忽略。

在更新数据时，由于更新的数据过长，在原来的数据块上没有足够的空间来存放更新的数据，这时就可能出现两种情况：行链接（row chaining）和行迁移（row migration）。

行链接是指在第一次插入行时，由于行太长而不能放在一个数据块中时，就会发生行链接。在这种情况下，Oracle 会用在该块与其他块之间建立一个链接，并将放不下的数据放到链接指向的块上。行链接经常在插入比较大的行时才会发生，如包含 long、lob 等类型的数据。在这些情况下行链接是不可避免的。

行迁移是指在修改行时，当修改的行长度大于修改前的行长度，并且该数据块中的空闲空间不能完全容纳新行的数据时，就会发生行迁移。在这种情况下，Oracle 会将整行的数据迁移到一个新的数据块上，而在该行原先的空间上放一个指针，指向该行的新位置，并且该行原先的剩余空间不再被数据库使用，这是产生表碎片的主要原因，表碎片基本上不可避免，但是可将其降低。注意，即使发生了行迁移，出现行迁移的行的 rowid 也不会变化，这导致数据库 I/O 性能降低。其实行迁移是行链接的一种特殊形式，但是它的起因与行链接有很大不同。下面详细介绍行迁移产生的原因。

首先来看一个数据块的结果，如图 7-5 所示。

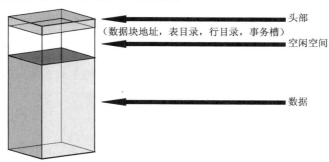

图 7-5 更新前的数据块

在这个数据块上有空闲空间。当用户想通过 update 操作更新数据块上的某行时，该行会占较多空间，由于新行所占空间比原行大很多。使当前的数据块无法放下新行。

对于这种情况，Oracle 数据库会将新行移动到其他数据块上，同时在原来存放这一行的地方留下一个转移地址，用来说明新行所在数据块的编号和在数据块中的位置。转移地址的作用是：可能有些索引指向这一行所在位置（即数据块的编号和在数据块中的位置），这种更新不应改变索引。

总之，这种情形的更新，会在原来位置留下一个指针，指向新行所在的数据块和新行在数据块中的位置。具体情况如图 7-6 所示。

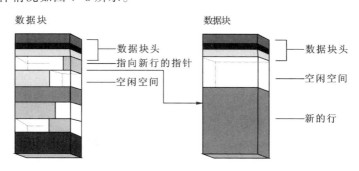

图 7-6 行迁移示意图

行迁移的主要问题在于：

- 增加了 I/O 读：在读取该行数据时，读到有迁移行时，先要读转移地址，再根据转移地址读取真正的行。这种方法会比原来多一倍的 I/O。如果行迁移较多，则会大大降低读取性能。
- 缓冲区效率下降：因为读取迁移行时，会读取两个数据块，如果迁移行较多时，会导致缓冲区很快被填满，从而无法真正起到缓冲数据块的作用。

- 增加表的存储空间和复杂性。
- 如果一行发生迁移，它有可能再次发生迁移，如果这种情况发生，则会让读取数据的效率更低。这种两次或多次的行迁移称为行串链。

根据不同的应用，设置恰当的 pctfree 参数值可以减少行迁移和行串链，从而提高查询性能。

7.2.6　initrans 参数与 maxtrans 参数

在每个数据块的首部有一个事务列表。在事务列表中会建立一些项来描述哪些事务将数据块上的行锁定。这个事务列表的初始大小由数据对象的参数 initrans 设置。对于表，参数 initrans 值默认为 2（索引的 initrans 值也默认为 2）。事务列表会根据需要动态扩展，最大达到参数 maxtrans 指定的数量（但数据块上必须有足够的空间容纳这些项）。每个事务项需要占 23～24 字节的存储空间。注意，对于 Oracle 10g，参数 maxtrans 会被忽略，所有数据块的 maxtrans 参数值都为 255。

7.3　堆组织表

在实际应用中，经常会用到堆组织表。在执行 create table 语句时，默认的表类型就是堆组织表。

数据会以堆的方式管理，增加数据时，会使用段中找到的第一个能放下此数据的自由空间。当从表中删除数据时，则允许以后的 insert 和 update 重用这部分空间。下面举例说明。

在这个例子中，先创建一个表。

```
SQL>create table t7_3_1(c1 varchar(3));
Table created.
```

下面向表插入数据。

```
SQL>insert into t7_3_1 values('a');
 1 row created.
SQL>insert into t7_3_1 values('b');
 1 row created.
SQL>insert into t7_3_1 values('c');
 1 row created.
SQL>delete from t7_3_1 where c1='b';
 1 row deleted.
SQL>insert into t7_3_1 values('d');
 1 row created.
SQL>select * from t7_3_1
  A
 ------
  a
  d
  c
```

从这个结果可以看出，虽然列 c1 为 d 的行最后插入，但它却出现在查询结果的中间。因此，对于堆组织表，用户无法让数据按插入的先后顺序读取，即读取数据的顺序不是插入数据的顺序。

为了让查询出来的数据顺序就是插入时的顺序，可以在表中多增加一个列，并让该列成为一个递增的序列。可用 Oracle 数据库的 sequence 对象来保证该列为递增序列。然后在查询时采用 order by 对结果进行排序。如果是多个用户的情况，该方法仍有问题，例如，序号 55 的行很有可能在序号 54 的行之前提交，因此，数据库中序号为 55 的行可能放在前面。所以，对于堆组织表想按插入的顺序来获取数据是一件困难的事。下面讨论堆组织表的一些有用的选项。

　　create table 语句非常复杂，在 Oracle 数据库的"SQL Reference Manual"文档中，该语句的语法有 72 页，其选项相当多。如何才能记住这些选项及用法呢？可按如下步骤操作：

① 创建一个简单的表。

```
SQL>create table t7_3_2
 2 ( c1 int primary key,
 3   c2 varchar(20),
 4  c3 blob
 5 )
 6 /
Table created.
```

② 通过 Oracle 数据库提供的包 dbms_metadata 来获取创建表的各个选项及用法。包 dbms_metadata 提供了一个函数 get_ddl，可用该函数来得到表的定义。

```
SQL>set long 100000
SQL>select dbms_metadata.geta_ddl('TABLE','T7_3_2') from dual;
DBMS_METADATA.GET_DDL('TABLE','T7_3_2')
--------------------------------------------------------------------------
  CREATE TABLE "SCOTT"."T7_3_2"
   (  "C1" NUMBER(*,0),
      "C2" VARCHAR(20),
      "C3" BLOB,
       PRIMARY KEY ("C1")
  USING INDEX PCTFREE 10 INITRANS 2 MAXTRANS 255
  STORAGE(INITIAL 65536 NEXT 1048576 MINEXTENTS 1 MAXEXTENTS 2147483645
  PCTINCREASE 0 FREELISTS 1 FREELIST GROUPS 1 BUFFER_POOL DEFAULT)
  TABLESPACE "USERS"  ENABLE
   ) PCTFREE 10 PCTUSED 40 INITRANS 1 MAXTRANS 255 NOCOMPRESS LOGGING
  STORAGE(INITIAL 65536 NEXT 1048576 MINEXTENTS 1 MAXEXTENTS 2147483645
  PCTINCREASE 0 FREELISTS 1 FREELIST GROUPS 1 BUFFER_POOL DEFAULT)
  TABLESPACE "USERS"
LOB ("Z") STORE AS (
  TABLESPACE "USERS" ENABLE STORAGE IN ROW CHUNK 8192 PCTVERSION 10
  NOCACHE LOGGING
  STORAGE(INITIAL 65536 NEXT 1048576 MINEXTENTS 1 MAXEXTENTS 2147483645
  PCTINCREASE 0 FREELISTS 1 FREELIST GROUPS 1 BUFFER_POOL DEFAULT))
```

从这个结果可看出：create table 有很多选项，可在这个结果上进行修改，创建符合用户要求的表。例如，可将"ENABLE STORAGE IN ROW"选项修改成"DISABLE STORAGE IN ROW"，这样就会将 LOB 数据存储到另一个段中。在实际应用中，这种方法可以快速查看表的选项及用法，可以省掉查看复杂帮助文档的时间，大大提高工作效率。

　　对于堆组织表，重点要注意如下选项：

● FreeList 参数：若堆组织表是建立在 MSSM 方式的段中，该参数适用于堆组织表。每个堆组织表都会有一个或多个 FreeList 来管理数据块。如果管理员确定会有多个并发用户对表执行大量的插入，可分配多个 FreeList 来改善性能，但这种方式会占用更多的存储空间。这个设置对性能可能产生的影响参见 7.2.4 节中的讨论。

- pctused 参数：若堆组织表是建立在 MSSM 方式的段中，该参数适用于堆组织表。它用来确定一个数据块必须要有多少的空闲空间才允许再次插入行。如果数据块中已用的空间小于 pctused 参数的值，就可插入新行。

- pctfree 参数：不管段空间采用哪种管理方式，该参数都适用于堆组织表。在执行 insert 操作时，会检测数据块空闲程度，根据数据块当前空闲程度并结合该参数的值来决定这一行是否要添加到此数据块中。该选项还可控制更新操作所导致的行迁移。

- initrans 参数：不管段空间采用哪种管理方式，该参数都适用于堆组织表。它的作用是为数据块分配多少初始事务项。如果这个选项设置得太低（默认值为 2，这也是最小值），当多个用户访问同一个数据块时，可能导致并发问题。如果一个数据块空闲空间很少而无法为新事务分配新的项，会话就会排队等待，因为每个并发事务都需要一个事务项。如果发现有多个用户会对同一数据块进行并发更新，就应该考虑增大该参数值。

7.4　索引组织表

索引组织表（index organized table，IOT）就是以 B*树的形式来存储数据的表，这一点与堆组织表不一样，堆组织表是按堆的方式来组织数据，其实 IOT 中的数据以 B*树按主键排序存储。对上层应用来说，IOT 与一个堆组织表没有差别。但 IOT 对提高查询效率、提高空间利用率特别有用，经常用于联机事务处理系统中。

在关系数据库中，所有表都应该有主键。若对堆组织表创建主键，则系统会为该主键生成主键索引（唯一索引加非空约束），这会导致表和主键上的索引要分开存放，SQL Server 和 Sybase 的表和主键索引就是采用这种方式存储。对于 IOT 来说，将索引数据与表中的数据合在一起存放。在通常情况下，索引是一种复杂的数据结构，其管理和维护要花费较多的时间和空间，而且随着数据量的增加，维护的难度也会增加。但与堆组织表相比，IOT 有如下优点：

通过 IOT 表的主键字段来访问数据可以快速完成，因为 IOT 表的数据全部存放在 B*索引上，只需定位到索引上的数据即可，而无须像访问 heap 表那样进一步通过索引去定位表段上的数据；对 IOT 表执行 DML 操作，只会影响到 B*树索引。IOT 表有如下优点：

- 通过 IOT 表的主键能进行一定范围内的快速数据扫描，因为数据已经事先按主键排好序。
- IOT 表可以有效降低存储开销，因为主键字段的数据只是存放在 B*树索引上，并没有像 heap 那样，主键字段数据既存放在表段上，也存放在索引上。

若有一个表的全部列都是主键，则将这样的表建成索引组织表最恰当。例如，有一个文档表，保存着文档的关键词，该表的定义如下：

```
create table doc
(  key varchar2(100),    --文档的关键词
   po int,               --关键词所在位置
   docId int,            --文件的编号
   Primary key (key,po,docId)
);
```

在这个表中，主键由表的全部列组成，若采用堆组织表，则会出现索引数据和表数据一样多（实际上，主键索引更大，因为它还要保存 rowid，而表不保存 rowid，表中的 rowid 是由数据库推断出来的）。若要查询包含给定单词的所有文档，其 where 子句只选择 key 列或 key 列和

po 列，也就是说，查询只访问主键索引数据而不需要访问表数据。在这种情况下，采用 IOT 非常有效。

另外，若经常根据主键索引查询数据，例如，根据编码查询地方名，这种情况就不需要堆表，用 IOT 表也是不错的选择。

在一些应用中，希望数据存储在某个位置或数据以某种特定物理顺序存储，这时选择 IOT 就很恰当。例如，有一个客户表（customer 表）和订单表，其中订单中可能会出现一个客户有多个订单的情况，每个订单信息随机地分布在表中（因为这些订单可能是在不同时间添加到表中的）。当查询客户购买商品的信息时，需要同订单表做连接查询得到客户的订单信息。如果客户订单表采是 IOT，则可以大大提高查询效率。下面通过举例说明采用 IOT 表会提高这种查询的效率。

1. 索引组织表可提高连接查询效率

为了演示索引组织表可提高连接查询的效率，需先创建一个客户表，使用附录 B 中的 customer 表，这个表大约有 50 万行信息，可模拟很多客户。然后再创建一个索引组织表和一个堆织组表，它们都使用存储订单信息的表，这两个表中的数据一样，但组织方式不一样。将客户表分别与基于索引组织的订单信息表和基于堆织组的订单信息表做连接查询，然后分析相应的查询效率。

① 创建两个订单信息表，两个表的列一样，但一个表是堆组织表（表名为 heap_order），一个表是索引组织表（表名为 iot_order）。

```
SQL>create table heap_order
  2  (custid references customer (custid) on delete cascade,
  3   order_id int,
  4   order_type varchar(10),
  5   ord_date varchar(20),
  6   product_name varchar2(20),
  7   num number,
  8   primary key(order_id, product_name)
  9  )
 10  /
Table created.
```

表 heap_order 为堆组织表，该表的 custid 列是 customer 表的 custid 列的外键，它们之间是一个参照完整性约束。列 order_id 和 product_name 是表 heap_order 主键，数据库会为它们建立主键索引，表 heap_order 除了存储数据以外，还要开拓新的空间来存储主键索引。选项"on delete cascade"的作用是在删除 customer 表中的行时，同时也会删除 heap_order 表中相应的行。

下面的语句用来创建索引组织表。

```
SQL>create table iot_order
  2  (custid references customer (custid) on delete cascade,
  3   order_id int,
  4   order_type varchar(10),
  5   ord_date varchar(20),
  6   product_name varchar2(20),
  7   num number,
  8   primary key(order_id, product_name)
  9  )
 10 organization index
```

```
11 /
Table created.
```

选项 "organization index" 表明所创建的表为索引组织表。需要注意，要创建索引组织表，
必须先为该表指定主键，否则会报 "ORA-25175: no PRIMARY KEY constraint found" 错误。

② 向两个表分别插入 4 种商品：家电、日用品、衣服、水果，这些订单都是假设的信息，
只用于模拟，并不代表真实情况。

```
SQL> insert into heap_order
  2  select custid,rownum,'1','appli',2,sysdate from customer where rownum< 10000
  3  /
9999 rows created.
 SQL> insert into IOT_order
  2  select custid,rownum,'1','appli',2,sysdate from customer where rownum< 10000
  3  /
9999 rows created.
```

然后重复 3 次上面的操作，依次将 "appli" 修改为 "commodity" "cloth" "fruit"，即分别表
示这些地址信息为 "日用品" "衣服" "水果"。

执行下面的语句收集这两个表的统计信息。

```
SQL> exec dbms_stats.gather_table_stats(user,'HEAP_ORDER');
PL/SQL procedure successfully completed.
SQL> exec dbms_stats.gather_table_stats(user,'IOT_ ORDER');
PL/SQL procedure successfully completed.
```

③ 将客户表 customer 同两个订单信息表分别做连接，然后分别测试这两个连接的执行效率。

```
SQL>set autotrace on stat
SQL> select * from customer a,heap_order b
  2    where a.custid=b.custid
  3      and a.custid =100
  4  /
---------------具体查询内容省略----------------------------
      Statistics
----------------------------------------------------------
         0  recursive calls
         0  db block gets
        11  consistent gets
         0  physical reads
         0  redo size
      1053  bytes sent via SQL*Net to client
       385  bytes received via SQL*Net from client
         2  SQL*Net roundtrips to/from client
         0  sorts (memory)
         0  sorts (disk)
         4  rows processed
```

上面的结果在不同的机器上可能不一样。这个结果省略了表的内容，只给出查询的统计信
息。从该结果可以看出，此查询执行了 11 次 I/O。将上面查询中的 heap_order 表替换成 iot_order
表，再次执行查询。

```
SQL> select * from customer a,iot_order b
  2    where a.custid=b. custid
  3      and a.custid =100
  4  /
```

```
----------------具体查询内容省略---------------
           Statistics
---------------------------------------------
       0  recursive calls
       0  db block gets
       7  consistent gets
       0  physical reads
       0  redo size
    1053  bytes sent via SQL*Net to client
     385  bytes received via SQL*Net from client
       2  SQL*Net roundtrips to/from client
       0  sorts (memory)
       0  sorts (disk)
       4  rows processed
```

从查询结果可以看出：查询所花费的 I/O 数为 7 个，相对于堆组织表少了 4 个 I/O。为什么
会少 4 个 I/O 呢？因为与表 heap_order 做连接时，数据库先扫描主键索引，找到 custid 对应的
rowid，通过 rowid 在 heap_order 表中找到相关的所有地址信息；与表 iot_order 做连接时，直接
通过 custid 的值扫描表本身可以得到所有地址信息。另外，对某 custid 在 heap_order 表所对应
的地址信息是分散在不同的数据块上，而 iot_order 表则是集中在一个数据块上。

对于上面这种情形的连接查询，采用 IOT 有如下优点：

- 提高缓冲区的效率，因为采用 IOT 后，需要缓存的数据块更少；
- 减少缓冲区的访问，提高系统的可扩展性；
- 由于获取更少的数据块，使得查询的效率更高；
- 每次执行查询的物理 I/O 会更少，因为给定查询，需要获取的数据块更少。

2. 索引组织表可提高 between 子句的查询效率

如果经常在查询语句的 where 子句中使用 between 条件，使用索引组织表可提高查询效率。
例如，大型购物网站（如淘宝、京东等）用于记录订单的表，每天有数万种商品的订单信息，
如订单日期、商品数量、商品价格、商品种类等。创建该表的语句如下：

```
SQL> create table orders
2 ( order_id varchar2(10),
3 order_date date,
4 num number,
5 price number,
6 sort number,
7 customer_id number,
8 product_name varchar(100),
9 primary key(order_id, product_name )
10 )
11 organization index
12 /
Table created.
```

管理员经常需要查询某个商品在最近几天内的表现（如计算销售价格）。如果使用一个堆组
织表，要让同一商品在不同日期的信息存储在同一个数据块上几乎不可能。因为，每天都会插
入当天所有商品的销售记录。这些信息会占用很多数据块。因此，同一商品信息会存储在不同
数据块上。如果执行如下查询：

```
SQL>select * from orders
  2 where product_name ='fruit'
```

```
3     and ord_date between sysdate-5 and sysdate;
4 /
```

在这个查询语句中，"sysdate"是获得系统日期和时间的函数，"sysdate-5"表示对当前日期减 5 天，即从 5 天以前到现在进行搜索。在执行这个查询时，Oracle 数据库会首先读取主键索引，然后通过索引找到商品名（product_name）为"fruit"的 rowid，然后通过 rowid 到堆组织表中去查找相应的行。如果 orders 表是 IOT，则在索引块中已经包含了所有数据，而且同一商品的信息都放在一起，只需要通过索引定位到"fruit"所在的数据块，即可读取该商品在这 5 天内的所有信息。显然，这种情形用 IOT 表的效率要高得多。

3．索引组织表的参数

通过前面的介绍，读者应该知道什么时候采用 IOT 以及如何使用 IOT，下面将讨论索引组织表有哪些选项。为了研究索引组织表的选项，需先创建三个索引组织表。下面创建第一个索引组织表。

```
SQL>create table t7_4_1
 2 ( c1 int primary key,
 3 c2  varchar2(20)
 4 )
 5 organization index;
Table create.
```

查看表 t7_4_1 的创建语句：

```
SQL> set long 100000
SQL> select dbms_metadata.get_ddl('TABLE','T7_4_1') from dual;
DBMS_METADATA.GET_DDL('TABLE','T7_4_1')
----------------------------------------------------------------
  CREATE TABLE "SCOTT"."T7_4_1"
   (    "C1" NUMBER(*,0),
        "C2" VARCHAR2(20),

        PRIMARY KEY ("C1") ENABLE
   ) ORGANIZATION INDEX NOCOMPRESS PCTFREE 10 INITRANS 2 MAXTRANS 255 LOGGING
STORAGE(INITIAL 65536 NEXT 1048576 MINEXTENTS 1 MAXEXTENTS 2147483645
PCTINCREASE 0 FREELISTS 1 FREELIST GROUPS 1 BUFFER_POOL DEFAULT)
  TABLESPACE "USERS"
PCTTHRESHOLD 50
```

从索引组织表的创建语句来看，它没有 pctused 参数，但有 pctfree 参数。索引组织表采用 B*树索引来组织数据，这是一个复杂的数据结构，所有数据按主键顺序组织。因此，每个数据块必须要能插入新行，这一点与堆组织表不一样，堆组织表中的数据块有时能插入新行，有时则不能，能与不能完全由 pctused 参数和 pctfree 参数的值决定。对于索引组织表，pctfree 参数值只在第一次插入数据时起作用，但对以后的插入和修改操作不起作用，因此就没必要使用 pctused 参数。下面讨论针对 IOT 新增加的参数 noCompress。

（1）索引组织表中 noCompress 参数和 compress 参数的作用

noCompress 参数的作用将每个值存储在各个索引项中，例如，某个表的主键为 c1 和 c2 两列，这两列的值必须全部存储。compress N 参数的作用刚好与 noCompress 参数相反，其中 N 为整数，表示要压缩的列数，从而避免重复值。下面举例说明这两个参数的作用。

① 创建一个名为 t7_4_2 的 IOT 表。

```
   1  create table t7_4_2
   2  ( ordid,custid,product_name,primary key(product_name,custid,ordid))
   3   organization index
   4   noCompress
   5     as
   6 select n as ordid,'c'||lpad(mod(rownum,5000),10,'0')as custid,
'productName'||mod(rownum,100) as product_name
   7*     from nums
   8  /
 Table created.
```

　　表 nums 是在附录 B 中创建的一个表，它有 50 多万行，该表只有一个列 n，此列的内容为从 1 开始的一个递增序列，其步长为 1；　mod 为 Oracle 数据库的函数，其作用为取余。在表 t7_4_2 中，列 product_name 有 100 个不同的值，每一个值对应约 50 个不同的 custid，而每一个 custid 对应约 100 个不同的 ordid 的值。表 7-1 展示了没有压缩表 t7_4_2 时的模拟数据；表 7-2 展示了 compress 2 时表 t7_4_3 中的模拟数据。在真实情况下，这些数据是存放在 B* 树的叶子块（结点）上。

表 7-1　采用 noCompress 参数时，索引叶子块上的数据分布

ProductName1,c0000001,1	ProductName1,c0000001,2	ProductName1,c0000001,3	ProductName1,c0000001, 4
ProductName1,c0000001,5	ProductName1,c0000001, 6	ProductName1,c0000001,7	ProductName1,c0000001,8
...	...	...	...
ProductName1,c0000001,100	ProductName1,c0000001,101	ProductName1,c0000001,102	ProductName1,c0000001,103

表 7-2　采用 compress 2 参数时，索引叶子块上的数据分布

ProductName1, c0000001	1	2	3
4	5	6	7
...	...	...	...
100	101	102	103

　　在索引组织表中，采用 compress 2 参数后，"ProductName1" 和 "c0000001" 只出现一次，数据库只存储该表第三列的数据，这样每个索引块可以存储更多的数据。这样压缩之后，当读取这些数据时，会明显减少 I/O 次数，并允许更多的数据保留在缓存中。下面通过实验展示 compress 参数对存储空间的影响。

　　② 通过 analyze index validate structure 命令获得索引组织表所占用的空间。

　　analyze index validate structure 命令用来获取指定索引或索引组织表所占用的空间，并将空间信息放到动态视图 index_stats 中，该视图只保存最近一次 analyze 命令的结果。具体执行方法如下：

　　首先找到表 t7_4_2 上主键的名称。

```
SQL>select constraint_name,constraint_type as c_type from user_constraints
where table_name='T7_4_2'
   CONSTRAINT_NAME            C_TYPE
   -----------------          -------
   SYS_IOT_TOP_55028          P
```

　　从查询结果可看出表 t7_4_2 上有一个主键索引 SYS_IOT_TOP_55028，之所以说该索引为主键索引，是因为列 constraint_type 的值为 P。

```
SQL> analyze index SYS_IOT_TOP_55028 validate structure;
    Index analyzed.
 SQL>select     lf_blks,br_blks,used_space,opt_cmpr_count,opt_cmpr_pctsave
from index_stats;
   LF_BLKS     BR_BLKS   USED_SPACE      OPT_CMPR_COUNT        OPT_CMPR_PCTSAVE
 --------     ------    ------------    --------------       ----------------

   2551       13        18372507        2                    73
```

"SYS_IOT_TOP_55028"是表 t7_4_2 上主键索引的名称（不同的计算机上索引的名称不同）。执行 "analyze index SYS_IOT_TOP_55028 validate structure" 就可获得该索引所占的存储信息，由于是索引组织表，该索引所占的存储信息也就是表 t7_4_2 所占用的空间。

查询结果中，列 lf_blks 表示索引的叶子块数（即行所占的数据块数），表 t7_4_2 总共占用了 2 551 个叶子块；列 br_blks 表示 B*树的分支数，索引组织表 t7_4_2 的数据有十三个分支；列 used_space 表示数据占用空间的字节数，表 t7_4_2 的数据总共占了 18 MB 的数据；列 opt_cmpr_count 的作用是建议用户压缩多少列可达到最优压缩，对于表 t7_4_2，建议的压缩列数为 2。列 opt_cmpr_pctsave 表示若采用建议的最优压缩列数，可节省的压缩百分比，对于表 t7_4_2，若用 compress 2 压缩数据，可节省 73%的空间。

③ 修改表 t7_4_2 分别为 compress 1 和 compress 2，然后查看存储空间的变化情况。

```
SQL> alter table t7_4_2 move compress 1;
Table altered.
SQL> analyze index SYS_IOT_TOP_55028 validate structure;
Index analyzed.
SQL>select lf_blks,br_blks,used_space,opt_cmpr_count,opt_cmpr_pctsave from
index_stats;
   LF_BLKS     BR_BLKS     USED_SPACE      OPT_CMPR_COUNT     OPT_CMPR_PCTSAVE
 ----------   ------     ------------    --------------     ----------------
   1538        8          11081553        2                  55
```

从这个查询结果可以看出，表 t7_4_2 所占用的空间确实变小了，大约只有 11 MB，但 opt_cmpr_pctsave 参数告诉我们，还可以节省 55%的空间。

下面对表采用 commpress 2 参数。

```
SQL> alter table t7_4_2 move compress 2;
Table altered.
SQL> analyze index SYS_IOT_TOP_55028 validate structure;
Index analyzed.
SQL>select lf_blks,br_blks,used_space,opt_cmpr_count,opt_cmpr_pctsave from
index_stats;
   LF_BLKS     BR_BLKS     USED_SPACE      OPT_CMPR_COUNT     OPT_CMPR_PCTSAVE
 ----------   ------     ------------    --------------     -----------
   681         4          4907583         2                  0
```

从查询结果可以看出，这次表占用的空间明显减少，现在只有约 5 MB，而且叶子块数量和分支都大大减少。

最初表占的空间为 18 372 507 字节，该空间的 26%为：

```
SQL>select (2/3) *18372507 from dual;
     (2/3)*2123277
   -------------
    4907583
```

　　从这个结果可以看出，动态视图 index_stats 的 opt_cmpr_pctsave 参数预测得非常准确。

　　（2）索引组织表的 pcttheshold 参数、overflow 参数、including 参数的作用

　　下面介绍索引组织表的 pcttheshold 参数、overflow 参数、including 参数。在这之前，先创建两个名为 t7_4_3 和 t7_4_4 的索引组织表，然后查看与它们相关的一些参数。具体操作如下：

```
SQL>create table t7_4_3
2 ( ordid int primary key,
3   custid varchar2(15),
4   product_name varchar(50)
5 )
6 organization index
7 pctthreshold 1 overflow;
Table created.
SQL>create table t7_4_4
2 ( ordid int primary key,
3   custid varchar2(15),,
4   product_name varchar(50)
5 )
6 organization index
7 overflow including  custid;
Table created.
```

　　然后获取这两个表的创建语句，从中观察一些重要参数。由于 create table 的 storage 子句对下面的讨论没有作用，在获取创建语句以前，告诉包 dbms_metadata 不要获取 storage 子句的信息，具体操作如下：

```
SQL> begin
 2 dbms_metadata.set_transform_param
 3 (dbms_metadata.session_transform,'STORAGE',false);
 4 end;
 5 /
PL/SQL procedure successfully completed.
```

　　然后分别获取这两个索引组织表的定义语句。

```
SQL> select dbms_metadata.get_ddl('TABLE','T7_4_3') from dual;
    DBMS_METADATA.GET_DDL('TABLE','T7_4_3')
    ----------------------------------------------------------------

    CREATE TABLE "SCOTT"."T7_4_3"
   (    "ORDID" NUMBER(*,0),
        "CUSTID" VARCHAR2(15),
        "PRODUCT_NAME" VARCHAR2(50),
         PRIMARY KEY ("ORDID") ENABLE
    ) ORGANIZATION INDEX NOCOMPRESS PCTFREE 10 INITRANS 2 MAXTRANS 255 LOGGING
   TABLESPACE "USERS"
 PCTTHRESHOLD 50 OVERFLOW
 PCTFREE 10 PCTUSED 40 INITRANS 1 MAXTRANS 255 LOGGING
   TABLESPACE "USERS"
SQL> select dbms_metadata.get_ddl('TABLE','T7_4_4') from dual;
DBMS_METADATA.GET_DDL('TABLE','T7_4_4')
----------------------------------------------------------------
  CREATE TABLE "SCOTT"."T7_4_4"
   (
"ORDID" NUMBER(*,0),
```

```
        "CUSTID" VARCHAR2(15),
        "PRODUCT_NAME" VARCHAR2(50),
         PRIMARY KEY ("ORDID") ENABLE

   ) ORGANIZATION INDEX NOCOMPRESS PCTFREE 10 INITRANS 2 MAXTRANS 255 LOGGING
  TABLESPACE "USERS"
 PCTTHRESHOLD 50 INCLUDING "Y" OVERFLOW
 PCTFREE 10 PCTUSED 40 INITRANS 1 MAXTRANS 255 LOGGING
  TABLESPACE "USERS"
```

从这些结果可以看出，与索引组织表相关的参数还有 3 个：pctthreshold 参数、overflow 参数、including 参数。引入这 3 个参数的目的是让 B*树索引的叶子（即索引数据块）能高效存储数据。Overflow 参数允许建立一个段，如果索引组织表的某些行变大而无法存放在原数据块上，则可存到这个段中。因此，在这种情形下，索引组织表拥有多个段。使用溢出段的条件可通过下面两种方式来指定：

- 指定 pctthreshold 参数。该参数值的单位是百分比。某行超过数据块大小乘以该参数指定的百分比后，行中某些列会被存到溢出段中。例如，若 pctthreshold 参数的值为 15，数据块的大小为 16 KB，某行长度大于 2 457 字节时，该行的某些列的值会存到溢出段中，而不保存到索引数据块中。
- 指定 including 参数。在第一列到 including 参数指定的列（也包括该列）之间的所有列都存在索引块上，其余列存储在溢出段中。

下面以例子来说明这两个参数的作用。

假设数据块的大小为 4 KB，对于索引组织表 T7_4_4 数据存储如图 7-7 所示。

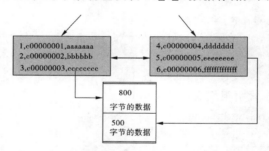

图 7-7　有溢出段的 IOT，使用 pctthreshold 子句

在图 7-7 中，灰框是索引叶子结点，白框表示溢出（overflow）段。如果要插入行的长度超过 pctthreshold 设置的百分比乘以数据块的大小，则某些列的数据会存储到溢出段中。在这个例子中，列 ordid 的长度为 4 字节，但最后两列 custid 和 productName 的长度不确定，如果这两个列的长度小于 40 字节（4 KB 的 1%大约为 40 字节，再减去列 ordid 的长度），该列的值也会存储在索引的叶子块上，如果超过 40 字节，Oracle 数据库将把列 custid 和 productName 的数据存储到溢出段中，并在索引的叶子块中建立一个指向它的指针。

假设数据块的大小为 4KB，对于表 t7_4_4 而言，其数据的存储如图 7-8 所示。

在图 7-8 中，灰框是索引叶子结点，白框表示溢出（overflow）段。在这种情形下，无论列 custid 的大小如何，它的数据都会存储在溢出段中。

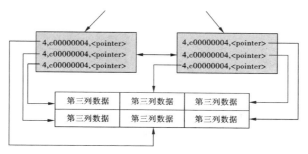

图 7-8　有溢出段的 IOT，使用 including 子句

　　上面的两个例子清楚地说明 overflow 参数、pctthreshold 参数、including 参数的作用。但在实际应用中，究竟使用哪种参数更好？或者使用二者的某种组合会更好？如果应用几乎总是使用表的前 2 列，而很少访问后一列，使用 including 参数会更合适。可以包含至第 2 列，让另外一列存储到溢出段中。如果需要后一列的值，可以通过指针来获取这些列的数据。另一方面，如果无法清楚地指出哪些列经常被访问，而哪些列一般不会被访问，就可以考虑使用 pctthreshold 参数。一旦确定平均每个索引块上可能存储多少行，设置 pctthreshold 参数就会很容易。假设希望每个索引块上存储 40 行，那么每行占数据块的 1/40（2.5%），则可将 pctthreshold 参数可设为 3，这样索引叶子块上的每个行块都不能占用多于数据块 3% 的空间。

4．索引组织表小结

　　索引组织表对提高某些情况下查询效率非常有效，开发人员应根据具体情况选择是否需要采用索引组织表。索引组织表有一个重要的问题：由于 insert 操作或 update 操作会导致行迁移。为了解决这个问题，Oracle 数据库引入了溢出段。开发人员应考虑适当分配数据，将频繁读取的数据要放在索引叶子结点上，其他数据可放在溢出段中。前面讨论堆组织表的 FreeList 参数的内容也同样适用于索引组织表。参数 pctfree 在索引组织表中起着重要作用，不过，它对于索引组织表不像对堆组织表那么重要。参数 pctused 一般对索引组织表不起作用。

7.5　索引聚簇表

　　Oracle 聚簇将多个表的相同数据放在一起，然后根据聚簇值找到数据的物理存储位置，从而达到快速检索数据的目的。Oracle 聚簇索引的顺序就是数据的物理存储顺序，叶结点就是数据结点。非聚簇索引的顺序与数据物理排列顺序无关，叶结点仍然是索引结点，只不过有一个指针指向对应的数据块。一个表最多只能有一个聚簇索引。这与 SQL Server 或 Sybase 中的"聚簇"完全不同。这些数据库中的"聚簇"是指聚簇索引，这种索引跟堆组织表的主键索引或唯一索引类似。

　　Oracle 数据库的聚簇也可以用在单表上。例如，地区编号（regID）为 1 的所有国家或地区都存储在同一个数据块上，或者如果一个块放不下，则存储在尽量相邻的几个块上。聚簇并不是有序地存储数据，聚簇按每个键存储数据，归到每个键下的数据仍按堆的方式存储，如图 7-9 所示。

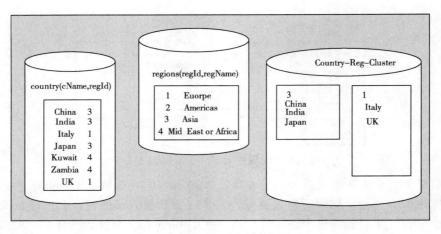

图 7-9 索引聚簇数据

在图 7-9 中，左边两个表采用传统的存储方式，country 表的数据存储在自己的数据段中，regions 表也是这样。它们可以位于不同的数据文件甚至是表空间中。图的右边是两个表按地区编号聚簇在一起的情况。地区编号 1 为一个聚簇键，该地区的国家或地区信息被放在一起，若一个数据块放不下这些国家或地区信息，则可以用另外的数据块来存放，这些数据块之间采用串行链接的形式彼此相连。

7.5.1 创建聚簇

创建聚簇与创建表的格式有些类似，具体操作如下：

由于下面的操作会用到 hr 用户的 regions 表和 country 表创建聚簇，但 hr 用户在默认情况下并没有创建聚簇的权限，因此必须先通过 system 授予 hr 用户创建聚簇的权限。

```
SQL> conn system/abc123
Connected.
```

下面这条 SQL 语句是授予 hr 用户创建聚簇的权限。

```
SQL> grant create cluster to hr
  2 /
Grant succeeded.
```

然后用 hr 连接到数据库，并创建一个名为 country_reg_clu 的聚簇。

```
SQL> conn hr/abc123
Connected.
SQL> create cluster country_reg_clu
  2 (region_id number)
  3 size 2048
  4 /
Cluster created.
```

"country_reg_clu" 是聚簇名称。该聚簇的聚簇列为 region_id。用于聚簇的列不一定都要叫 region_id，但它们的类型一定是 number，参数 "size 2048" 的作用是希望与每个聚簇键值关联大约 2 048 字节的数据，Oracle 数据库通过该选项计算每个数据块最多能存放多少个聚簇键。假设数据块大小为 8 KB，则每个数据块最多能存放 3 个聚簇键数据，但若数据比预计的更大，聚簇键可能还会少些。一般情况下，地区编号为 1、2、3 的数据会放在一个块上，一旦插入地区编号 4 及以上的地区时，就会使用一个新块。

size 参数为一个聚簇键保留的空间大小。它决定数据块能存放的最大聚簇键个数。如果 size 大小不是数据块大小的倍数，那么 Oracle 数据库使用下一个最大的公约数；size 大小超过了数据块的大小，则数据库会使用操作系统的块大小，且为每个聚簇保留至少一个数据块。Oracle 数据库在决定为每个聚簇键保留空间时，还会考虑每一行的长度，为了得到每行的实际长度，需查询视图 user_clusters 中的 key_size 列。

7.5.2　聚簇索引

在聚簇的基本上，需建立聚簇索引，这就相当于在表的数据上建立索引一样，它们都是为了将数据重新组织，以提高查询效率。

聚簇索引创建格式如下：

```
SQL>create index country_reg_clu_idx
  2 on cluster country_reg_clu
  3 /
 Index created.
```

聚簇索引是对聚簇建立索引，与索引相关的存储参数都可用在聚簇索引上，可对多列建立聚簇索引。若没有指定为哪些列创建聚簇索引，则表示对聚簇的所有列创建索引。

接下来将讨论如何向聚簇中存储信息。

① 在聚簇中创建两个表，表名分别为 t7_5_1 和 t7_5_2。

```
SQL> create table t7_5_2(region_id number primary key,
  2 region_name varchar2(25)) cluster country_reg_clu(region_id)
  3 /
 Table created.
SQL>create table t7_5_1(country_id char(2) primary key,
   2 country_name varchar(40),
   3 region_id number references t7_5_2(region_id)) cluster country_reg_
clu(region_id)
   4 /
 Table created.
```

从表面上看，表 t7_5_1 和 t7_5_2 与普通表没有什么区别，但由于在创建时多加了一个参数 "cluster"，使得这两个表的物理存储方式与普通表完全不一样。参数 "cluster" 告诉 Oracle 数据库将表的哪个列作为聚簇键，并将表的信息存放到哪个聚簇中。

② 向表 t7_5_1 和 t7_5_2 中插入数据。

为了全面展示表 t7_5_1 和 t7_5_2 的存储特性，需要向两个表插入较多行。可将 hr 的 all_objects 视图来模拟 t7_5_1 的数据，从而生成较多的行。具体操作如下：

```
SQL> insert into t7_5_1
  2 select rownum ,substr(object_name,1,40),rownum  from all_objects where
rownum<100
  3 /
 99 rows created.
```

下面向表 t7_5_2 插入数据，其中用 all_objects 的 object_name 列的数据来模拟 region_name 列的数据。

```
SQL> insert into t7_5_2
  2  select rownum rn,substr(object_name,1,24)  from all_objects where
rownum<200
  3 /
 199 rows created.
```

接下来分析这两个表的物理存储结构。

7.5.3 聚簇中数据的存储

首先，需要查看不同的键值在数据块中的分布情况。读取表每行的 rowid，再通过包 dbms_rowid 的 rowid_block_number 函数获得该行所在数据块号，并按数据块号进行归组，从而得到这些表的行在数据块上的分布信息。具体操作如下：

```
SQL>select count(*) rNum, dbms_rowid.rowid_block_number(rowid) blkNo from
t7_5_1
  2  group by dbms_rowid.rowid_block_number(rowid);
   RNUM    BLKNO
   ----   ----------
      3    13516
      3    13568
      3    13573
      3    14218
      3    14219
      3    13561
      3    13565
      3    13570
      3    14220
      3    14223
      3    14217
   内容较多，省略
33 rows selected.
```

该查询通过包 dbms_rowid 的 rowid_block_number 函数得到每一行 rowid 中的块编号，然后对这些块编号进行分组，列 BLKNO 为每个数据块的编号，列 RNUM 为每个数据块的行数。

从查询结果可以看出，每个数据块有 3 行，由于每一行 BLKNO 的值不一样，相当于每个数据块有 3 个不同的索引键值。回忆一下在创建聚簇时，size 参数值为 2 048，这就决定每个索引键值包含的数据只能是 2 048 字节，由于数据块只有 8 KB，只能存放 3 个索引键值和相应的数据。这正好与该查询的结果一致。

用同样的方法可以查看 t7_5_2 表的数据分布。

```
SQL>select count(*) rNum, dbms_rowid.rowid_block_number(rowid) blkNo from t7_5_2
  2  group by dbms_rowid.rowid_block_number(rowid);
   RNUM    BLKNO
   --------   ----------
      3    13516
      3    13568
      3    13573
      3    14218
      3    14219
      3    14239
      3    14248
      3    14249
   内容较多，省略
67 rows selected.
```

从这个查询结果可以看出：表 t7_5_2 所占用数据块与表 t7_5_1 一样。在编号为 13516 的数据块中，存储了 3 行 t7_5_1 表的数据，同时还存储了 3 行 t7_5_2 表的数据。另外，还需注意，若 t7_5_2 数据较大，有些索引键值对应的数据会超过 2 048 字节，此时，Oracle 数据库就会用新块存放多余数据。在这种情形下，可看到同一个键值会有多个数据块（详细分析过程，见本章习题第 5 题）。

这里还需要说明一个问题：在聚簇中，rowid 并不能唯一标识数据库中的行。例如：

```
SQL> select rowid from t7_5_2
  2  intersect
  3  select rowid from t7_5_1;
ROWID
------------------------------------------
AAANPtAAEAAAF5UAAA
AAANPtAAEAAAF5UAAB
AAANPtAAEAAAF5UAAC
AAANPtAAEAAAF5UAAD
......................
35 rows selected.
```

intersect 的作用是取两个查询结果集的交集。从这个结果可以看出，表 t7_5_1 与表 t7_5_2 有 35 个 rowid 一样。

另外，在 Oracle 数据库的数据字典（系统表）中大量使用聚簇。例如，执行下面的查询语句：

```
SQL>conn / as sysdba
 Connected.
SQL> break on cluster_name
SQL> select cluster_name,table_name from user_tables
  2  where cluster_name is not null;
CLUSTER_NAME         TABLE_NAME
---------------      -------------
C_COBJ#              CDEF$
                     CCOL$
C_TS#                FET$
                     TS$
C_FILE#_BLOCK#       SEG$
                     UET$
C_USER#              TSQ$
                     USER$
C_OBJ#               REFCON$
                     NTAB$
                     TYPE_MISC$
                     VIEWTRCOL$
                     ATTRCOL$
                     SUBCOLTYPE$
                     COLTYPE$
                     LOB$
                     TAB$
                     CLU$
                     COL$
......................
36 rows selected.
```

从这个查询结果可以看出：很多数据都存储在 C_OBJ#聚簇中。使用聚簇的一个重要原因是 Oracle 数据库在执行多表连接查询时，如果所访问数据都聚集在一个数据块或多个相邻数据块上，则查询时的效率非常高。一般在下面情形可以使用聚簇：

- 使用聚簇会提高查询效率，但会降低插入、修改、删除的效率，因此，在经常查询，但不经常修改的表上可使用聚簇。
- 聚簇的数据按聚簇键存放，且存放着多个表的数据，对聚簇中某个表进行全表扫描时效率很低。因此，不经常对聚簇中的表执行全表扫描时，可对这些表建立聚簇。
- 不需要频繁执行 truncate 语句和加载表，可以考虑使用聚簇。因为通常不能对聚簇中的表执行 truncate 操作。

总之，如果经常将多个表连接在一起做查询，建立聚簇就特别有用。在建立聚簇时，应找出逻辑上相关而且总是一起使用的表，然后将这些表的数据放入聚簇中，这样就可提高查询效率。

7.5.4 索引聚簇表小结

聚簇表可以"预连接"数据。使用聚簇可以把多个表的相关数据存储在同一个数据块上。聚簇表可减少 Oracle 数据库系统缓存数据块，从而提高缓存区缓存的利用率。聚簇的缺点是计算适当的 SIZE 参数设置比较困难；若在有大量 DML 操作的系统上使用聚簇，会使整个系统变得很慢。

*7.6 临 时 表

临时表就是用来保存临时数据（或中间数据）的一个数据对象，它和普通表有些类似，然而又有很大区别。它只能存储在临时表空间，而非一般的用户表空间。Oracle 临时表是会话或事务级别的，只对当前会话或事务可见。每个会话只能查看和修改自己的数据。下面先介绍临时表空间。

临时表空间主要是用来存放用户的临时数据（如排序数据等）。可使用下面的 SQL 命令创建临时表空间：

```
SQL>conn system/abc123
Connected.
```
创建临时表空间必须以管理员用户进行操作。
```
SQL> create temporary tablespace myTemp
  2   tempfile '/tmp/mytemp.dbf'size 10m autoextend on
  3   /
  Tablespace created.
```

在 Oracle 10g 中，还可以定义临时表空间组。临时表空间组是一组临时表空间的集合，它只能由临时表空间组成。临时表空间组与临时表空间的名字不能相同。临时表空间组不能显式地创建和删除。当把第一个临时表空间分配给某个临时表空间组时，自动创建该临时表空间组；当临时表空间组的最后一个临时表空间删除时，自动删除临时表空间组。使用临时表空间组的好处有：

- 同一个用户在不同的 session 里可以同时使用不同的临时表空间。
- 并行操作中，不同的从属进程可以使用不同的临时表空间。
- 可为数据库指定多个默认临时表空间。

下面介绍临时表空间组的用法。
```
SQL>create temporary tablespace Gtemp
  2   tempfile '/tmp/gtemp.dbf' size 10m autoextend on
  3   tablespace group Grp
```

```
  4 /
  Tablespace created.
```

上面的 SQL 语句建立了一个临时表空间，则将这个表空间归到 Grp 临时表空间组中。下面再创建一个临时表空间，并归到这个组中。

Oracle 临时表有两种类型：事务级的临时表和会话级的临时表。

事务级的临时表是指在创建临时表时，加上参数 on commit delete rows，该参数是临时表的默认参数，表示临时表中的数据仅在事务过程（Transaction）中有效，当事务提交（commit）后，临时表的数据会被清空，但是临时表的结构还在。

会话级的临时表是指在创建临时表时，加上参数 on commit preserve rows。会话级的临时表的内容可以跨事务存在，在会话结束时，临时表的暂时段将随着会话的结束而被丢弃，临时表也会随之消失。但是临时表的结构以及元数据还存储在用户的数据字典中。

7.6.1　事务级临时表

创建事务级临时表的语句为：

```
create global temporary table 临时表名(.....)on commit preserve rows
```

下面举例说明创建事务级临时表及事务级临时表的特性。

（1）创建事务级临时表

```
SQL> create global temporary table myTempTrans
  2  as
  3  select * from customer where rownum=2
  4  /
Table created.
```

注意，在创建表时，并没有指定"on commit preserve rows"或"on commit delete rows"，这时默认为"on commit delete rows"，即默认创建事务级临时表。

```
SQL> select count(*) from myTempTrans;
COUNT(*)
----------
   0
```

从上面的查询结果可以看出，表 myTempTrans 中没有数据。

（2）向表中插入数据

```
SQL> insert into myTempTrans
 2  select * from customer where rownum<3
3  /
2 rows created.
```

（3）提交并查询数据

```
SQL> commit;
Commit complete.
SQL> select * from myTempTrans;
no rows selected
```

从查询结果可以看出，这时表 myTempTrans 中没有数据。因为 myTempTrans 表是事务级临时表，当执行 commit 命令时，整个事务结束，所有事务级临时表的数据被清空，但表结构仍在。即便用户退出 SQL*PLUS，再次以 scott 用户进入系统，这个表的结构仍在。例如：

```
SQL> exit
Disconnected from Oracle Database 10g Enterprise Edition Release 10.2.0.1.0
- Production
```

```
With the Partitioning, OLAP and Data Mining options
[oracle@DevServer ~]$ sqlplus scott/abc123
SQL> select * from myTempTrans;
no rows selected
```

即便有用户重启 Oracle 数据库后，这些临时表也不会消失。

7.6.2　会话级临时表

① 创建一个名为 myTempSession 的会话级临时表。

```
SQL> create global temporary table myTempSession
  2  (custid varchar(20),custname varchar(40))
  3  on commit preserve rows
/
Table created.
```

② 向此临时表插入数据，并查看表 myTempsession 中的内容。

```
SQL> insert into myTempsession
  2  select * from customer where rownum<3;
2 rows created.
SQL> select * from myTempSession;


CUSTID           CUSTNAME
-------------    ------------
c0000000163      cust_163
c0000000164      cust_164
```

③ 提交这次插入操作，然后再次查询。

```
SQL> select * from myTempSession;
CUSTID           CUSTNAME
-------------    ----------
c0000000163      cust_163
c0000000164      cust_164
```

从上面的查询结果可以看出，在事务结束后，临时表的数据还在。

④ 退出当前会话，然后重新以 scott 用户登录，再次查看表 myTempSession 中的数据。

```
SQL> exit
Disconnected from Oracle Database 10g Enterprise Edition Release 10.2.0.1.0
- Production
With the Partitioning, OLAP and Data Mining options
[oracle@DevServer ~]$ sqlplus scott/abc123
SQL*Plus: Release 10.2.0.1.0 - Production on Thu Sep 29 16:40:32 2011
Copyright (c) 1982, 2005, Oracle.  All rights reserved.
Connected to:
Oracle Database 10g Enterprise Edition Release 10.2.0.1.0 - Production
With the Partitioning, OLAP and Data Mining options
SQL> select * from myTempSession;
no rows selected
```

7.6.3　测试临时表生成的 redo 数据

修改临时表的数据不会生成 redo 日志，但会生成 undo 块，为了保护这些 undo 块，必须生成 redo 日志。正因为如此，对临时表数据的修改不能恢复但可撤销原来的操作。对临时表而言，对修改的数据进行撤销是有必要的。

在临时表上主要执行的 SQL 语句为 insert 语句，只产生少量 undo 信息，但在临时表上执行 update 语句和 delete 语句所生成的 undo 信息究竟有多少？下面通过实验说明。

① 创建一个普通表 t7_6_1 和一个临时表 t7_6_2。

```
SQL> create table t7_6_1
  2  as
  3  select * from customer where rownum=2;
Table created.
SQL> create global temporary  table t7_6_2
  2  ( custid varchar(30),
  3    custname varchar(50)
  4  )
  5  on commit preserve rows
  6  /
Table created.
```

② 向普通表插入数据，并记录下这些数据所生成的 redo 日志大小。

```
SQL> var :v_rsize number
  SQL> declare
  2      begin
  3       :v_rsize:=get_stat_info('redo size');
  4       insert into t7_6_1 select * from customer where rownum<10000;
  5       dbms_output.put_line(get_stat_info('redo size')-:v_rsize);
  6    end;
  7  /
353352
PL/SQL procedure successfully completed.
```

从输出结果可以看出，这次插入 9 999 行数据总共生成了 353 352 字节的 redo 数据。这些数据全是为保护 undo 而生成的。

③ 向临时表插入数据，并记录下这些数据所生成的 redo 日志大小。

```
SQL> declare
  2      begin
  3       :v_rsize:=get_stat_info('redo size');
  4       insert into t7_6_2 select * from customer where rownum<10000;
  5       dbms_output.put_line(get_stat_info('redo size')-:v_rsize);
  6    end;
  7  /
31028
PL/SQL procedure successfully completed.
```

从输出结果可以看出，这次插入 9 999 行数据总共生成了 31 028 字节的 redo 数据。它还不到普通表的十分之一。

因此，可以得出这样一个结论：普通表的 insert 操作产生的 redo 日志比临时表的 insert 操作产生的 redo 日志要多得多。这是因为临时表产生的 undo 块很少，Oracle 数据库只对这些 undo 块生成少量的 redo 日志。

按照上面的步骤，读者可以自己验证 update 操作和 delete 操作在临时表上所产生的 redo 数据是否比普通表要少。

小　　结

学完本章内容之后，可能会有这样的感受：Oracle 数据库的表实在太复杂。确实 Oracle 数据库针对不同的数据，提供了多种表类型。只有掌握这些表类型的特性，才能很好地利用它们来解决实际问题。

本章首先介绍了与表相关的一些术语以及存储参数。重点讨论了 FreeList 在多用户环境中对并发性的影响。如果多个人同时频繁地插入/更新一个表，FreeList 将对这些操作产生很大影响；另外需说明：在使用 ASSM 的表空间中不必再考虑 FreeList。

然后讨论了 pctfree 参数和 pctused 参数的含义，并为如何正确设置这些信息提供了一些指导原则。

接着开始介绍各种类型的表，先从最常见的堆组织表开始。它是目前大多数 Oracle 应用中最常用的表，也是默认的表类型。然后介绍了索引组织表（IOT），利用 IOT，可以把表中的数据存储在索引结构中。还介绍了这些表的适用环境。

本章还介绍了聚簇对象，重点介绍了索引聚簇的两个重要作用：

- 能够把多个表的数据存储在同一个（多个）数据块上。
- 能够强制把相关的数据根据某个聚簇键物理地存储在一起。例如，采用这种方式，部门编号为 10 的所有数据可存储在一起。

基于这些特性，可以非常快速地访问相关的数据，而且只需最少的物理 I/O。本章也讨论了临时表空间的基本创建方法和临时表的两种类型。最后讨论了临时表上所产生的 redo 数据的大小。对临时表的深入理解，有助于应用程序编程。

习　　题

1. 创建一个 1 000 000 行的表，先记下统计该表行数（通过执行 select count(*)进行统计）所花费的时间，然后用 delete 删除该表的所有行并提交，再次统计该表行数，观察这两次统计行数的时间有什么不同，为什么会出现这样的结果？若不用 delete 删除表的所有行，而是采用 truncate 删除表的所有行，统计该表行数花费多少时间？为什么会有这样的结果？

2. 创建一个基于手工段空间管理的表空间，然后在上面创建一个表，利用 5 个并发的 SQL*PLUS 会话向该表插入 100 000 行数据，通过 statspack 分析在插入这些数据时，系统信息的变化情况。

提示：statspack 是 Oracle 数据库自带的性能分析工具，其功能非常强大。它可以对当前数据库的运行状况做出全面的分析（包括实例信息、PGA 信息、命中率、top sql 等）。利用 statspack 工具生成系统状态信息报告的过程如下：

（1）创建一个表空间，用来存放 statspack 所需对象信息。

```
[oracle@DevServer ~]$ sqlplus / as sysdba
SQL*Plus: Release 10.2.0.1.0 - Production on Thu Sep 15 23:24:57 2011
Copyright (c) 1982, 2005, Oracle.  All rights reserved.
Connected to:
Oracle Database 10g Enterprise Edition Release 10.2.0.1.0 - Production
With the Partitioning, OLAP and Data Mining options
SQL> create tablespace perfstat
```

```
2 datafile '/tmp/perfstat.dbf'
3 size 500m
4 extent management local;
Tablespace created.
```

注意，该表空间不能太小，因为 statspack 所需对象信息占用的空间比较大。

（2）必须保证当前用户是 sys，然后执行创建 statspack 工具的脚本。

```
SQL> show user
  USER is "SYS"
SQL> @?/rdbms/admin/spcreate.sql
    ...............
  Enter value for perfstat_password:  abc123
    ...............
  Enter value for default_tablespace: perfstat
    .............
  Enter value for temporary_tablespace:temp
    ...........
    ...........
```

其中 "@" 表示 SQL*PLUS 加载某个文件并执行该文件中的 SQL 语句；"?" 表示 Linux 的环境变量 $ORACLE_HOME 的值。创建 statspack 工具的所有语句都存放在 spcreate.sql 文件中。SQL*PLUS 加载并执行该文件时，会提示用户输入管理 statspack 的用户密码，statspack 信息存放在哪个表空间，statspack 执行过程中所使用的临时表空间名。在本书中，将这些值分别设为 abc123、perfstat、temp。注意：输入的密码不能以数字开头。

执行完上面安装 statspack 的语句后，Oracle 数据库会自动将当前用户切换为 perfstat 用户，这可通过下面的语句验证：

```
SQL>show user
  USER is "PERFSTAT"
```

（3）第一次执行 statspack 的 "快照"（snapshot）。

```
SQL>exec statspack.snap;
PL/SQL procedure successfully completed.
```

（4）运行 5 个并发的 SQL*PLUS 会话向表插入 100 000 行数据，并等这些会话执行完。

（5）再次执行 statspack 的 "快照"（snapshot），并生成报告。

```
SQL>exec statspack.snap;
PL/SQL procedure successfully completed.
```

通过执行下面文件的内容生成报告。

```
SQL>@?/rdbms/admin/spreport.sql
    .............
  Enter value for begin_snap:1
    .............
  Enter value for end_snap: 2
    .............
  Enter value for report_name: /tmp/sp_report.txt
```

生成报告的 SQL 是放在 spreport.sql 文件中。通过 SQL*PLUS 加载并执行该文件时，需要输入 "begin_snap"，即将第几次 "快照" 信息作为开始，本书输入的值为 1，表示将第一次的 "快照" 信息作为开始；然后需要指定 "end_snap"，即将第几次 "快照" 信息作为结束，本书输入的值为 2，表示将第二次 "快照" 信息作为结束。最后指定生成报告的路径及相应文件名，这里指定的是"/tmp/sp_report.txt"。然后打开/tmp/sp_report.txt，就可以看到这两次快照之间的系统状态信息，非常全面。

3．创建一个表，该表至少有 3 列，第一列的默认值为当前系统时间，第二列的默认值为当前用户，第三列的默认值为当前系统时间。然后向该表插入值，要求所插入的行中，这三个列的值必须是它们的默认值。

4．在单用户系统中，如何保证一个堆组织表所查询出来的数据顺序就是插入数据的顺序？请写出相应的 SQL 代码。

5．向 7.5.2 节的 t7_5_2 表中插入更多的数据，使一些键值对应的数据要存放在多个数据块中。现要求实现如下功能：

（1）编写一个查询语句，将每个键值所拥有数据块编号查询出来。

（2）编写一个查询语句，将表 t7_5_1 和表 t7_5_2 所占用的数据块显示出来。

6．创建一个散列聚簇，然后查询这个散列聚簇所占用的空间，请写出相关的查询语句。

第 **8** 章

查询优化与索引

事物都具有两面性，做任何事情都有得有失，就看你注重什么。索引在提高效率的同时会占用更多的存储空间，并增加维护的难度，但效率是人们永远的追求，为此牺牲存储空间和增加维护成本也在所不惜。

本章主要内容：

- B*索引实现的基本原理和特点；
- 索引键压缩；
- 反向键索引和降序索引；
- 位图索引的基本原理和特点；
- 函数索引的基本原理和作用；
- 应用域索引的作用。

索引对应用设计和开发非常重要。如果索引太多，对数据修改、删除、插入等操作的性能会受到影响。如果索引太少，又会影响查询性能。要找到一个合适的平衡点，这对应用的性能至关重要。

在应用开发中往往事后才想起创建索引，这是一种错误做法。人们在进行数据库开发时，经常将精力集中在应用程序的设计上而忽略掉数据库设计，直到整个系统上线后，才发现哪些表需要索引。这种做法的问题是：经过一段时间后，随着数据量的增长，数据库管理员（DBA）会不停地向系统增加索引（这种方式又称反应式调优），从而出现一些冗余而且从不使用的索引，这不仅会浪费空间，还会浪费计算资源，同时还会增加调优时间。

本章主要介绍 Oracle 数据库中各类索引的原理和特点，同时也讨论什么时候使用索引。索引是数据库很重要的主题，因为索引是开发人员和 DBA 之间的桥梁。一方面，开发人员必须了解索引，清楚如何在应用中使用索引。另一方面，数据库管理员（DBA）则要考虑索引的增长、索引中存储空间的使用以及其他物理特性。本章将主要从应用角度介绍索引，即在实际工作中如何使用索引。

本章重点要求掌握：

- B*索引的基本原理以及特点；

- B*索引中索引键压缩、反向键索引和降序索引的作用;
- 如何建立恰当的 B*索引;
- 根据应用建立恰当的位图索引;
- 根据应用建立恰当的函数索引。

8.1　Oracle 的查询优化器

优化器（Optimizer）是 Oracle 内置的一个非常重要的子系统。它根据一定的规则判断输入的 SQL 以什么样的步骤执行其效率会最高，即选择什么样的访问路径（access path）获取数据。

Oracle 的优化器有两种，基于规则的优化器（rule-base optimizer，RBO）和基于代价的优化器（cost-baseoptimizer，CBO），从 Oracle 10 g 开始，RBO 已经被弃用（但是读者依然可以通过 hint 方式使用它）。

8.1.1　基于规则的优化器

在 Oracle 8i 之前，Oracle 数据库一直使用基于规则的优化器。因为基于规则的优化器简洁。它通过硬编码 SQL 中的一系列固定规则来决定要生成的查询计划。也就是说，基于规则的优化器会在代码里事先给各种类型的访问路径设定一个等级，这些等级总共有 15 级，从第 1 级到 15 级，等级低的访问路径的效率比等级高的效率要高。在决定 SQL 的执行计划时，如果可能的访问路径不止一条，则 RBO 会选择访问路径等级最低（效率最高）的来执行。在这些等级中，1 级对应的访问路径是 "single row by rowid"（即通过 rowid 访问一行），而 15 级对应的访问路径是 "full table scan"（即对全表进行扫描），这种情形算法效率是最差的。为了叙述方便，下面用 RBO 表示基于规则的优化器，用 CBO 表示基于代价的优化器。

下面介绍一个 RBO 的简单例子。

① 创建表 t8_1_1 和 t8_1_2。

```
SQL> create table t8_1_1
  2  as
  3  select * from customer where rownum<1000
  4  /
Table created.
 SQL> create table t8_1_2
  2  as
  3   select * from customer where rownum<500
  4  /
Table created.
```

② 设置 Oracle 的查询优化器为 RBO。

```
SQL> alter session set optimizer_mode='RULE';
Session altered.
```

③ 显示基于 RBO 的查询计划。

```
    SQL> set autotrace traceonly explain
SQL> select a.custname,b.custid
  2  from t8_1_1 a , t8_1_2 b
  3  where a.custid=b.custid
  4  /
Execution Plan
```

```
----------------------------------------
Plan hash value: 202796055
----------------------------------------
| Id | Operation            | Name    |
----------------------------------------
|  0 | SELECT STATEMENT     |         |
|  1 | MERGE JOIN           |         |
|  2 | SORT JOIN            |         |
|  3 | TABLE ACCESS FULL    | T8_1_2  |
|* 4 | SORT JOIN            |         |
|  5 | TABLE ACCESS FULL    | T8_1_1  |
----------------------------------------


Predicate Information (identified by operation id):
---------------------------------------------------
   4 - access("A"."CUSTID"="B"."CUSTID")
       filter("A"."CUSTID"="B"."CUSTID")
Note
-----
   - rule based optimizer used (consider using cbo)
```

在查询计划最后一行 "rule based optimizer used (consider using cbo)" 表示当前这条 SQL 语句是按 RBO 进行优化，而且 Oracle 建议使用 CBO。

④ 调换两个表的连接先后顺序，再次查看查询计划。

```
SQL> select a.custname,b.custid
  2  from t8_1_2 a , t8_1_1 b
  3  where a.custid=b.custid
  4  /
   Execution Plan
   ----------------------------------------
   Plan hash value: 2394762272
   ----------------------------------------
   | Id | Operation            | Name    |
   ----------------------------------------
   |  0 | SELECT STATEMENT     |         |
   |  1 | MERGE JOIN           |         |
   |  2 | SORT JOIN            |         |
   |  3 | TABLE ACCESS FULL    | T8_1_1  |
   |* 4 | SORT JOIN            |         |
   |  5 | TABLE ACCESS FULL    | T8_1_2  |
   ----------------------------------------

   Predicate Information (identified by operation id):
   ---------------------------------------------------
   4 - access("A"."CUSTID"="B"."CUSTID")
       filter("A"."CUSTID"="B"."CUSTID")
   Note
   -----
     - rule based optimizer used (consider using cbo)
```

这个查询计划与第一个查询计划有些不一样，主要表现在：第一个查询计划是从 t8_1_2 开始取一行出来，跑遍 t8_1_1 的所有行，看哪些行满足条件，然后再重复这个操作，直到取完 t8_1_2

中的所有行。而第二个查询计划则刚好相反。

从这个例子可以看出，RBO 对 SQL 中各个表出现的先后顺序很敏感。这使得开发人员在写 SQL 时要小心，不然会带来效率问题，这会大大加重了开发人员的负担。RBO 还有一个缺点：查询计划一旦出现问题，将会很难调整。基于此，Oracle 数据库现在已经放弃 RBO，转而使用 CBO。

8.1.2 基于代价的优化器

从 8i 开始，Oracle 引入了 CBO，它根据数据对象的实际数据量、数据的分布情况等得出一个代价最小的执行计划。这里所说的成本是 Oracle 数据库根据表中数据的分布情况得出一个值，这个值是对 Oracle 执行一条 SQL 时的 I/O 代价、CPU 代价以及网络通信的代价的估计。

在 CBO 中，有三个重要的概念：Cardinlity（结果集的行数）、Selectivity（可选择性）以及 Transitivity（传递性）。其中 Cardinlity 是指执行 SQL 的某个步骤所得到结果的行数，若 Cardinlity 值越大，则表示这一步的执行成本越大。下面重点介绍 Selectivity（可选择性）以及 Transitivity（传递性）。

1. 可选择性

可选择性是指对于一个 SQL 语句，其某部分的 where 条件得到的结果集行数（也就是 Cardinlity 值）与 SQL 不加 where 条件得到的结果集行数（也就是 Cardinlity 值）之比。可选择性的值在 0 至 1 之间。这个值越小，则可选择性就越好，反之，就越差。可选择性表示这部分 where 子句的 Cardinlity 值越小，其代价就越小。下面举一个例子来简单介绍可选择性与查询计划之间的关系。

① 先创建一个表 t8_1_3。

```
SQL> create table t8_1_3 as select custid from customer where rownum<1000;
Table created.
```

② 执行一个查询，并显示查询计划。

```
SQL> set autotrace traceonly
SQL> select * from t8_1_3 where custid='C0000000163';
Execution Plan
----------------------------------------------------------
Plan hash value: 3988228478
----------------------------------------------------------
| Id | Operation          | Name  | Rows | Bytes |Cost(%CPU)|  Time    |
----------------------------------------------------------
|  0 | SELECT STATEMENT   |       |   1  |   9   |   3  (0) | 00:00:01 |
|* 1 | TABLE ACCESS FULL  |T8_1_3 |   1  |   9   |   3  (0) | 00:00:01 |
```

在这个查询计划中，列 Rows 的所有值为 1，这个值的计算是由表的总行数乘以 where 子句的可选择性。上面那条 SQL 的 where 子句的可选择性为 1/999，因为 custid 中没有重复值，且这一列的总行数为 999 行，若用 custid 作为查询条件，其可选择性为 1/999。再用表的总行数（999）乘以选择性（1/999）就会得到 1。若将 t8_1_3 中列 custid 的值修改成一样，再执行同样的查询，则会生成什么样的查询计划?请继续看下面的实验，同时注意，需执行 set autotrace off 来禁止显示查询计划。

③ 将 t8_1_3 中列 custid 的值修改成一样。

```
SQL>  update t8_1_3 set custid='c000000163';
999 rows updated.
```

④ 然后再次执行第②步的 SQL，并查看相应的查询计划。

```
SQL> select * from t8_1_3 where custid='c000000163';
999 rows selected.

Execution Plan
-----------------------------------------------------------
Plan hash value: 3988228478
-----------------------------------------------------------
| Id | Operation          | Name  | Rows | Bytes | Cost(%CPU) |   Time   |
-----------------------------------------------------------
|  0 | SELECT STATEMENT   |       |  999 |  8991 |   3(0)     | 00:00:01 |
|* 1 | TABLE ACCESS FULL  |T8_1_3 |  999 |  8991 |   3(0)     | 00:00:01 |
-----------------------------------------------------------
```

在这个查询计划中，列 Rows 的所有值为 999。因为 where 子句的可选择性为 1，所以用此表的总行数（999）乘以 1 就得到 999。

下面举一个复杂的例子来说明选择性对生成查询计划的影响。

① 创建一个表 t8_1_4，并向其插入 9999 行数据。

```
SQL> create table t8_1_4 as select * from customer where rownum<10000;
Table created.
```

② 在表 t8_1_4 上创建一个 B*树索引 idx_t814。

```
SQL> create index idx_t814 on t8_1_4(custid);
Index created.
```

关于 B*树索引，会在下一节介绍。

③ 执行查询，并查看相应的查询计划。

```
SQL> select * from t8_1_4 where custid='c0000000163';
--------------------------------------------------------------------

| Id | Operation                   |Name     |Rows|Bytes|Cost(%CPU)|Time     |
--------------------------------------------------------------------
|  0 | SELECT STATEMENT            |         |1   |36   | 2(0)     | 00:00:01 |
|  1 | TABLE ACCESS BY INDEX ROWID |T8_1_4   |1   |36   | 2(0)     | 00:00:01 |
|* 2 | INDEX RANGE SCAN            |IDX_T814 |1   |     | 1(0)     | 00:00:01 |
--------------------------------------------------------------------
```

在这个查询计划中，先利用索引 idx_t814 找到 custid='c0000000163'所在的 rowid，然后再通过 rowid 找到表中相应的行。

④ 下面改变表 t8_1_4 中 custid 列的数据分布，再次执行第③步的查询，并查看相应的查询计划。

```
SQL> update t8_1_4 set custid='c000000163';
999 rows updated.
```

下面用包 dbms_stats 的存储过程.gather_table_stats 统计表 t8_1_4 中的数据分布，这一步操作非常重要。若不执行这一步，CBO 就不知道表 t8_1_4 中的数据已经发生变化，这时它用老的数据分布来生成查询计划。

```
SQL> exec dbms_stats.gather_table_stats(user,'T8_1_4',cascade=>true);
PL/SQL procedure successfully completed.
SQL>select * from t8_1_4 where custid='c000000163';
9999 rows selected.
Execution Plan
```

```
--------------------------------------------------------------------
Plan hash value: 19614960
--------------------------------------------------------------------
| Id  | Operation           | Name  | Rows  | Bytes |Cost(%CPU)|  Time    |
--------------------------------------------------------------------
|  0  | SELECT STATEMENT    |       | 9999  | 205K  | 11(0)    | 00:00:01 |
|* 1  | TABLE ACCESS FULL   |T8_1_4 | 9999  | 205K  | 11(0)    | 00:00:01 |
--------------------------------------------------------------------
```

这次，查询计划没有利用索引，而是直接扫描表。因为表中 custid 列的数据一样，若扫描索引会使代价很高。因此，可看到 CBO 在生成查询计划时，会根据表中数据的不同而选择最优的数据访问路径。

2．可传递性

可传递性是指 CBO 对用户输入的 SQL 进行等价改写，从而得到更多的执行路径，增加得到更高效查询的可能性。RBO 没有传递性。

可用的可传递性有三种：简单谓词传递性、谓词传递性、外连接传递性。

简单谓词传递性是指根据现在的谓词来推测新的谓词。例如，t1.a=t2.b and t2.b=20，这个条件可修改成 t1.a=t2.b and t2.b=20 and t1.a=20。

谓词传递性与简单谓词传递性很相似，但它会处理更复杂的情况。例如，t1.a=t2.b and t2.b=t3.c，这时 CBO 就会自动推导出 t1.a=t3.c，也就是说，这个查询条件会变成 t1.a=t2.b and t2.b=t3.c and t1.a=t3.c。

外连接传递性是指在出现外连接的查询条件中，CBO 会额外地为某些不是外连接的条件加上外连接。例如，t1.a=t2.b(+) and t1.a=30，这时，Oracle 就可能会为 t1.a=30 加上外连接，即 t1.a(+)=30。

下面举一个简单谓词传递连接的例子。

执行下面的 SQL，并查看相应的查询计划。

```
SQL> select * from emp,dept where emp.deptno=dept.deptno and dept.deptno=2;
……内容较多，省略……
Predicate Information (identified by operation id):
--------------------------------------------------------------------
   3 - access("DEPT"."DEPTNO"=2)
   4 - filter("EMP"."DEPTNO"=2)
```

在这个查询计划中，会看到这样的内容"4 – filter("EMP"."DEPTNO"=2)"，在原查询语句中并没有这个谓词，这是 CBO 自己推导出来的。

8.1.3 查询计划

Oracle 用来执行 SQL 的步骤称为查询计划。这些步骤包括如何从磁盘读到数据，如何对缓存中的数据进行排序等。这些步骤如何组合才能得到最高的效率，这就是 CBO 要完成的工作。

查看 SQL 的查询计划有很多种方法，它们分别是：

- SQL*PLUS 中的 autotrace 选项；
- explain plan 命令；
- dbms_xplan 包；
- 10046 事件；

- 10053 事件；
- AWR 报告；
- statspack 报告。

本书主要采用 SQL*PLUS 中的 autotrace 选项（即 autotrace explain 或 autotrace trace only）。关于如何使用上面其他的查看查询计划的命令，可参见参考文献[4]。

下面介绍如何查看查询计划执行的顺序。

在 Oracle 数据库中，查看查询计划的顺序是：从第一行开始一直向右看，直到最右边的并列的地方；对于不并列的，靠右边的先执行；如果有并列的，则按从上向下执行。

```
SQL> select e.empno,e.ename,d.dname from emp e,dept d where e.deptno=d.deptno;
Execution Plan
--------------------------------------------------------------------------------
Plan hash value: 2181571614
--------------------------------------------------------------------------------
|Id| Operation                    | Name             |Rows|Bytes|Cost(%CPU)|Time|

|0 |SELECT STATEMENT              |                  | 4  |120  | 3 (0) | 00:00:01 |
|1 |TABLE ACCESS BY INDEX ROWID   | EMPLOYEES        | 2  |28   | 1 (0) | 00:00:01 |
|2 |NESTED LOOPS                  |                  | 4  |120  | 3 (0) | 00:00:01 |
|3 |INLIST ITERATOR               |                  |    |     |       |          |
|4 |TABLE ACCESS BY INDEX ROWID   | DEPARTMENTS      | 2  |32   | 2(0)  | 00:00:01 |
|*5|INDEX RANGE SCAN              | DEPT_ID_PK       | 2  |     | 1(0)  | 00:00:01 |
|*6|INDEX RANGE SCAN              | EMP_DEPARTMENT_IX| 2  |     | 0(0)  | 00:00:01 |
```

按照上面所说的规则，整个查询计划的执行步骤为：

① INDEX RANGE SCAN。因为从右向看，这条语句是在最右边。

② TABLE ACCESS BY INDEX ROWID。它与 INDEX RANGE SCAN 同时出现时，是从上向下执行。

③ INDEX RANGE SCAN。

④ INLIST ITERATOR。

⑤ NESTED LOOPS。

⑥ TABLE ACCESS BY INDEX ROWID。

⑦ |SELECT STATEMENT。

在每一步中，都涉及一些操作，这些操作在本章后面会介绍一部分，但更详细的介绍，请参考文献[4]中相关内容。

8.2　B* 树 索 引

在 Oracle 数据库中，每一行都有一个行唯一标识 rowid。rowid 包括该行所在的文件编号、在文件中的块数和块中的行号。索引中包含一个索引条目，每一个索引条目都有一个键值和一个 rowid，其中键值可以是一列或者多列的组合。在本章，先会讨论与 Oracle 的查询优化相关的基础知识，然后重点讨论 Oracle 数据库的 B*树索引（包括索引组织表、聚簇索引、反向索引、降序索引）、位图索引（包括位图连接索引）、函数索引。B*树索引的存储结构类似书的索引结构，有分支和叶块两种类型的存储数据块，分支块相当于书的目录，叶块相当于索引到的具体的书页。Oracle 用 B*树机制存储索引条目，以保证用最短路径访问键值。默认情况下大多使用 B*树索引。

位图索引存储主要用于节省空间，减少 Oracle 对数据块的访问。它采用位图偏移方式来与表的行 ID 号对应，采用位图索引一般是重复值太多的表字段。位图索引之所以在实际密集型 OLTP（联机事物处理）中用的比较少，是因为 OLTP 会对表进行大量的删除、修改、新建操作。Oracle 每次进行操作都会对要操作的数据块加锁。以防止多人操作容易产生的数据库锁等待甚至死锁现象。在 OLAP（联机分析处理）中应用位图有优势，因为 OLAP 中大部分是对数据库的查询操作，而且一般采用数据仓库技术，所以大量数据采用位图索引节省空间比较明显。当创建表的命令中包含有唯一性关键字时，不能创建位图索引，创建全局分区索引时也不能用位图索引。

在所有数据库（包括 Oracle 数据库）中，B*树索引使用最广泛。引入 B*树索引的目的是提高查询效率，但同时为了存储 B*树索引，也需要更多的存储空间和更高的维护成本。图 8-1 所示为 B*树的结构示意图。

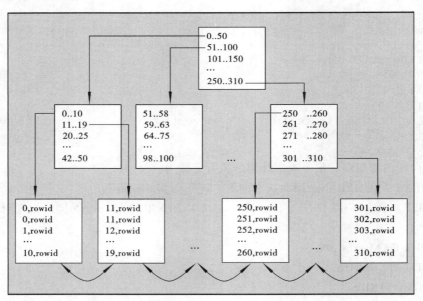

图 8-1　B*树的结构示意图

图 8-1 所示中最下面的数据块被称为叶块（leaf block），它包含了索引键和 rowid（用于指向表中的数据行）。叶子块之上的数据块称为分支块（branch block）。分支块用于在结构中导航。例如，若要在索引中查找值 71 的行，要从树顶开始，找到左分支，然后这样依次搜索，直到发现 "70..80" 所在的数据块，并由此找到叶子块，然后通过 rowid 找到 71 所在行。叶块通过双向链表连接在一起，一旦找到一个值，可通过这个双向链表向前或向后搜索其他要查询的数据，这称为有序扫描（又称索引区间扫描（index range scan））。例如，查询中有这样的条件：

```
where c1 between 10 and 80
```

采用有序扫描效率就非常高。因为 Oracle 数据库发现最小键值 70 的索引叶块，并通过双向链表向后遍历叶块，直到最后找到值等于 80 的行才结束。

在非唯一索引中，Oracle 数据库会把 rowid 加到索引项中，以此作为索引项的唯一标识。例如，若用 create index idx on myTab(c1,c2) 在表 myTab 的列 c1 和 c2 上创建一个名为 idx 的索引。这等价于 create unique index idx on myTab(c1,c2,rowid)。当显式创建唯一索引（通过 create unique index 创建），Oracle 数据库才不会向索引键增加 rowid。

B*树的特性之一是：从根开始，到每个叶块所走的路径的长度一样，也就是说，通过 B* 树索引查询数据，其代价都是一样的。索引的高度（height）就是整个 B*树索引的层数。例如，执行类似下面的查询（c_idx 表示索引列），无论变量 ":a" 取什么值，都会产生同样的 I/O 数。

```
select c_idx from myTab where c_idx=:a
```

即使索引中有数百万行记录，其 B*树索引的高度一般都只有 2 或者 3。也就是说，若是在 B*树中搜索数据，只需要 2 或 3 次 I/O 就能找到所要查询的数据。这使得查询的效率非常高。

下面通过例子说明 B*树索引的这个特性。

① 首先用下面的语句创建一个名为 t8_big_table 的表，并插入指定的行数（至少 100 万行），然后在其上创建 B*树索引。

```
SQL>create table t8_big_table
  2  as
  3  select rownum id, a.*  from all_objects a
  4   where 1=0;
  Table created.
SQL>alter table t8_big_table nologging;
  Table altered.
```

选项 "nologging" 的作用是对表的插入、修改、删除会产生很少的 redo 日志，从而提高这些操作的效率。

下面的语句用于向表 t8_big_table 中插入 100 万行数据（数据内容并不重要，只要有足够多的行用于观察 B*树索引的高度即可）。

```
SQL> declare
  2  v_cnt number;
  3  v_rows number := 1000000;
  4  begin
  5     insert /*+ append */  into t8_big_table
  6     select rownum, a.* from all_objects a  where rownum <=1000000;
  7     v_cnt := sql%rowcount;
  8     commit;
  9   while (v_cnt < v_rows)
  10    loop
  11        insert /*+ APPEND */ into t8_big_table
  12        select rownum+v_cnt, b.*  from all_objects b
  13          where rownum <=v_rows - v_cnt;
  14         v_cnt :=v_cnt + sql%rowcount;
  15        commit;
  16     end loop;
  17  end;
  18  /
```

下面的语句是给表加主键。

```
SQL>alter table t8_big_table add constraint big_table_pk primary key(id);
  Table altered.
```

下面的语句用来收集表的统计信息。

```
SQL>begin
  2     dbms_stats.gather_table_stats ( ownname=> user, tabname=> 'T8_BIG_TABLE',
  3             method_opt => 'for all indexed columns', cascade   => TRUE );
```

```
    4   end;
    5   /
PL/SQL procedure successfully completed.
```

② 在表 user_index 中查看 t8_big_table 上的 B*树索引的高度。

```
SQL> select index_name,blevel,num_rows from user_index
  2 where table_name='T8_BIG_TABLE';
INDEX_NAME    BLEVEL    NUM_ROWS
------------  ------    ---------
IDX_T8_BT     2         1055190
```

列 NUM_ROWS 表示表 T8_BIG_TABLE 的行数；字段 BLEVEL 的值为 2，表示 B*树的高度为 3。这说明从根块开始，找到叶块只需要 2 个 I/O，要从这个索引中获取任何给定键值，共需要 3 个 I/O（将叶块读到缓存中只需 1 个 I/O）。注意，此 where 子句后面单引号中的字符串一定要大写。

③ 查看获取任何给定键值所需的 I/O 数。

```
SQL>set autotrace on stat
SQL> select id from t8_big_table where id=1234;
  ID
----------
 1234
Statistics
----------------------------------------------------------
       3  consistent gets
.............中间的信息省略.............
     1  rows processed
SQL> select id from t8_big_table where id=12345;
  ID
----------
 12345
Statistics
----------------------------------------------------------
       3  consistent gets
.............中间的信息省略.............
     1  rows processed
SQL> select id from t8_big_table where id=123456;
  ID
----------
 123456
Statistics
----------------------------------------------------------
       3  consistent gets
.............中间的信息省略.............
     1  rows processed
```

从这三个查询可以看出，按不同键值查询，读取数据的块数的 I/O 数都是 3。B*树的这种优秀的性质，使其成为组织索引数据的重要结构。

8.2.1 索引键压缩

B*树索引中的数据可以被压缩，即去掉多个索引列的冗余数据。在第 7 章曾讨论过对索引组织表的压缩，这是 B*树索引压缩的典型例子。B*树索引压缩是对索引键值压缩，在压缩过程中，将每个索引键分为前缀和后缀，前缀是指索引列的前几列，这些列的值是重复的；后缀指索引列的后几列，这些列的值不重复。关于验证 B*树的压缩实验，可参照第 7 章的 IOT 表的索引来做，这里不再重复。

8.2.2　反向键索引

反向键索引（reverse key index）又称反向索引，就是索引键值的头尾调换后进行存储，比如原值是"1234"，将会以"4321"形式进行存储，这样做可以高效地打散正常的索引键值在索引叶块中的分布位置。使用反向索引的情形如下：

- 通常，进行批量插入时，会使数据比较集中在一个连续的数据范围内，从而导致索引很容易发生索引叶块过热的现象，从而导致系统性能下降，这时就可使用反向索引。
- 当 RAC 环境中多个结点访问数据时，会出现同时修改一个数据块，这时就会出现严重的资源竞争。在这种情况下就可以使用反向索引来降低索引块的竞争。

下面解释"反向"的含义。

比如对于数字 123456，用 Oracle 的 dump 按字节得到此数字在计算机内的十六进制形式的表示。

```
SQL>select dump(123456,16) from dual;
DUMP(123456,16)
-------------------------
Typ=2 Len=4: c3,d,23,39
```

语句 dump(123456,16)表示将十进制 123456 转换成十六进制，用逗号以一个字节为单位将转换后的结果分开，16 表示转换成十六进制。在该函数的输出结果中，会通过 Typ 给出用户输入的数据类型。若 Typ=2 表示输入的数据类型为 number，更多的类型说明可查看 Oracle 数据库的"SQL Reference"帮助文档。Len=4 表示这些输入的数字都是用 4 字节表示。

执行下面的函数可将这些数字反转。

```
SQL> select 123456 c1,dump(reverse(123456),16)  as c2 from dual;
 C1            C2
----------    -------------------------
 123456       Typ=2 Len=4: 39,23,d,c3
```

从反转后的结果可以看出，原来紧挨着的数字，经过反转后相距很远。数字 123456 反转后的十六进制为"39,23,d,c3"，这与原来的数字差别很大。在 RAC 环境中，采用反转后的值作为索引键值，会减少多个实例同时访问一个数据块所带来的锁竞争问题，从而提高系统并发性。

下面通过一个复杂的例子来说明通过 reverse 函数处理后，使原来紧挨的数据，现在离得很远。

① 创建一个名为 t8_2_1 的表。

```
SQL> create table t8_2_1(c1 number,c2 varchar2(30));
Table created.
```

② 向表中插入数据。

```
SQL> begin
  2  for x in 1..1000 loop
  3  insert into t8_2_1 values(x,substr(dump(x),14));
  4  end loop;
  5  commit;
  6  end;
  7  /
```

PL/SQL procedure successfully completed.

③ 向表中增加一列。

```
SQL> alter table t8_2_1 add(c3 varchar2(30));
Table altered.
```

④ 将第二列的数据如此反转之后，存入列 c3 中。

```
SQL> update t8_2_1 set c3=substr(dump(reverse(c2)),14);
1000 rows updated.
```

⑤ 查看表 t8_2_1 中第三列的内容。

```
SQL> select c3 from t8_2_1 where substr(c3,1,instr(c3,',')-1)=53;
C3
-------------------------------
53,50,44,50,44,52,57,49
53,52,44,50,44,52,57,49
53,53,44,50,44,52,57,49
53,54,44,50,44,52,57,49
53,56,44,50,44,52,57,49
53,57,44,50,44,52,57,49
53,44,51,44,52,57,49
53,49,44,51,44,52,57,49
53,50,44,51,44,52,57,49
53,52,44,51,44,52,57,49
53,53,44,51,44,52,57,49
........内容较多，省略........
101 rows selected.
```

下面是一个创建反向索引的例子。

① 创建一个名为 t8_2_2，并向其插入 100 行数据。

```
SQL> create table t8_2_2
  2  as select * from all_objects where rownum<100;
Table created.
```

② 在表 t8_2_2 的 object_id 列上创建一个反向索引。

```
SQL> create index idx_t8_22 on t8_2_2(reverse(object_id));
Index created.
```

创建反向索引的语法与建立一般 B*树索引的语法极其相似，只是对索引列增加了一个 reverse 函数，它是用来将列的值反转。反向索引也属于 B*树索引。

③ 利用反转索引执行查询。

```
SQL> select object_name from t8_2_2 where reverse(object_id)=reverse(80);
OBJECT_NAME
------------
SETTINGS$
```

在查询时要利用反向索引，必须要将列和查询的值都用 reverse 函数进行处理。

反向索引的缺点之一：使用范围有限，在很多情况下无法使用反向索引。例如，以下的 where 子句，c1 上若有反向索引，就无法使用：

```
where c1>5
```

由于在 c1 列上创建了反向索引，数据不是按 x 的值进行排序，而是按 reverse(c1)排序，因此，查询条件 c1>5 无法使用这个反向索引。

反向索引在某些情况下可以减少数据块的竞争，从而提高更新操作和插入操作的效率，但它的应用范围比较有限，很多情况下无法使用此类索引。建立反向索引的方法与一般的 B*树索

引的创建方法相似。反向索引的作用是将索引键值平均分散到各个数据块上，其他的跟一般 B*
树索引没有区别。

8.2.3 降序索引

降序索引（descending index）用来扩展 B*树索引的功能。它允许索引键值以降序（从大到
小的顺序）存储。为什么要引入这种类型的 B*树索引呢？下面举例说明。

① 创建一个名为 t8_2_3 的表，并在上面创建一个 B*索引，然后查询该索引的统计信息。

```
SQL> create table t8_2_3
  2 as
  3   select * from customer;
Table created.
```

下面创建 B*索引。

```
SQL> create index idx_t8_23 on t8_2_3(custid,custname);
    Index created.
```

下面收集索引的统计信息。

```
SQL>exec dbms_stats.gather_table_stats(user,'T8_2_3',method_opt=>'for all
indexed columns')
   PL/SQL procedure successfully completed.
```

其中选项"method_opt=>'for all indexed columns'"告诉 Oracle 数据库只收集所有索引列的
统计信息，这样可以提高执行该存储过程的效率。默认情况下是"or all columns size auto"，即
收集所有列的统计信息。

② 执行一个查询，并对列 custid 和列 custname 按降序排序。

```
SQL> set autotrace traceonly explain
```

这个 SQL*PLUS 命令告诉 Oracle 数据库只显示查询计划，不会显示查询结果和查询统计
信息。

```
SQL>select custid,custname from t8_2_3 where custid between 'c0000001' and
'c00000001' order by custid desc,custname desc;
Execution Plan
-------------------------------------------------------------------
Plan hash value: 3174393089
-------------------------------------------------------------------
|Id|Operation                    |  Name   |Rows|Bytes| Cost(%CPU) |Time |
-------------------------------------------------------------------
| 0 |SELECT STATEMENT            |         | 1 |23 | 0 (0)      |        |
|*1 |FILTER                       |         |   |   |            |        |
|*2 |INDEX RANGE SCAN DESCENDING |IDX_T8_23 | 1 |23 | 131 (1)    |00:00:02 |
```

从该查询计划可看出，Oracle 数据库是以索引范围扫描（index range scan）方式通过索引
IDX_T8_23 获取数据。但注意这种索引范围扫描比较特殊，它采用降序（descending）的方式进
行扫描，即扫描时，先找到 between 子句中最大值 c00000001 所在的叶块，然后从右向左依次
读取叶块的数据，直到读取最小值 c0000001 为止。为什么会采用这种方式呢？原来整个查询语
句中有一个排序子句，它要求对 custid 列和 custname 列的值按降序排序。按这种方式扫描，读
取的数据正好是按这种形式排序。注意，一般的索引范围扫描都是从最小值所在的叶块开始，
然后从左向右依次读取叶块的数据，直到读取最大值为止。

③ 执行下面的查询，该查询对列 custid 按降序排序，而对列 custname 按升序排序。

```
SQL>select custid,custname from t8_2_3 where custid between 'c0000001' and
'c00000001' order by custid asc,custname desc;
Execution Plan
----------------------------------------------------------------------
Plan hash value: 3587160401
----------------------------------------------------------------------
| Id | Operation           | Name      | Rows | Bytes | Cost (%CPU)| Time     |
----------------------------------------------------------------------
|  0 | SELECT STATEMENT    |           |  577 | 23080 |    7  (15) |00:00:01|
|  1 | SORT ORDER BY       |           |  577 | 23080 |    7  (15) |00:00:01|
|* 2 |  INDEX RANGE SCAN   |IDX_T8_23  |  577 | 23080 |    6   (0) |00:00:01|
----------------------------------------------------------------------
Predicate Information (identified by operation id):
----------------------------------------------------------------------
   2 - access("CUSTID">='c0000001' AND " CUSTID "<='c00000001')
```

　　从该执行计划可以看出，Oracle 数据库是以索引范围扫描方式通过索引 IDX_T8_23 获取数据。这次采用的是普通索引范围扫描，然后再对结果集排序（从查询计划的"SORT ORDER BY"可得出）。为什么 Oracle 数据库会对结果集再次排序呢？因为查询出来的结果要么全部是对 custid 列和 custname 列的数据按升序排序，要么全部按降序排序。但该查询要求对列 custid 的值按降序排序，而对列 custname 的值按升序排序，这种排序要求无法扫描叶结点就得以满足，数据库只有在获得所有数据后重新排序才能满足这个要求。

　　④ 创建降序索引，然后再执行下面的查询。

```
SQL> create index desc_t8_23 on t8_2_3(custid desc,custname asc);
Index created.
```

　　这里创建了一个名为 desc_t8_23 的索引，创建时对列 custid 按降序，对列 custname 按升序方式构建索引。索引 desc_t8_23 被称为降序索引。

```
SQL>select custid,custname from t8_2_3 where custid between 'c0000001' and
'c00000001' order by custid asc,custname asc;
Execution Plan
----------------------------------------------------------------------
Plan hash value: 2772584426
----------------------------------------------------------------------
| Id| Operation           | Name      | Rows | Bytes |Cost (%CPU)| Time     |
----------------------------------------------------------------------
| 0 | SELECT STATEMENT    |           |  577 | 8655  | 2  (0)    | 00:00:01 |
|* 1 | INDEX RANGE SCAN   |DESC_T8_23 |  577 | 8655  | 2  (0)    | 00:00:01 |
----------------------------------------------------------------------
```

　　这次查询计划只对索引 desc_t8_23 采用索引范围扫描，并没有对查询结果排序。因为索引 desc_t8_23 中的数据正好是对列 custid 降序排序，而对列 custname 升序排序。Oracle 数据库只需找到最小值所在的叶子结果，然后依次读取数据，直到读到最大值为止。由于排序很费时间，所以采用降序索引可以提高查询效率。

 注　意

　　必须在参数文件 init.ora 或 spfile 中将参数 compatible 的值设置为 8.10 或更高，才能在 create index 语句中使用 desc 选项。

8.2.4 B*树索引的使用原则

使用 B*索引的两个基本原则是：

- 仅当要获取的数据的可选择性（见本章 8.1.2 节）很小时，才能使用列上的 B*树索引；
- 如果要查询表中很多行且查询所需的列全都包含在索引中，才能使用 B*树索引。

基于这两个原则，下面通过例子介绍 B*索引的使用范围。

① 执行下面的查询语句，并分析它的查询计划。这种情形满足第一个原则。

```
SQL>set autotrace traceonly explain
SQL> select * from customer where custid='c0000001';
Execution Plan
--------------------------------------------------------------
Plan hash value: 284215363
--------------------------------------------------------------
| Id | Operation                   | Name        |Rows|Bytes|Cost(%CPU)|Time     |
--------------------------------------------------------------
|  0 | SELECT STATEMENT            |             | 1  |22   |3 (0)     |00:00:01 |
|  1 | TABLE ACCESS BY INDEX ROWID |CUSTOMER     | 1  |22   |3 (0)     |00:00:01 |
|* 2 | INDEX UNIQUE SCAN           |SYS_C006650  | 1  |     |2 (0)     |00:00:01 |
--------------------------------------------------------------
```

这个 where 子句使得很少的行（或者说只占总行数很少的百分比）满足条件，在这种情况下，Oracle 数据库会自动采用 B*索引获取数据。整个查询的执行过程是：首先在索引 SYS_C006650 上执行一个索引唯一扫描得到满足条件的行和相应的 custid，然后执行"TABLE ACCESS BY INDEX ROWID"操作，该操作通过 rowid 定位到表中相应的行，再获取每一行中列 custname 的值。

② 执行下面的查询语句，并分析它的查询计划。该查询满足第二个原则。注意，下面用到的表 orders 在附录 B 中创建。

```
SQL> select count(*) from orders;
Execution Plan
--------------------------------------------------------------
Plan hash value: 3280764837
--------------------------------------------------------------
| Id | Operation             | Name        | Rows        |Cost(%CPU)| Time     |
--------------------------------------------------------------
|  0 | SELECT STATEMENT      |             | 1           |43 (3)    |00:00:01|
|  1 | SORT AGGREGATE        |             | 1           |          |        |
|  2 | INDEX FAST FULL SCAN  |SYS_C006804  | SYS_C006804 |43 (3)    |00:00:01|
--------------------------------------------------------------
```

从这个查询计划中可以看出，虽然查询要访问表的所有行（该表的行数很多），但 Oracle 数据库只使用了索引 SYS_C006804 来获得结果，因为这个查询不会涉及所有列，访问 B*索引（索引名为 SYS_C006804）一样可得到结果，B*索引的叶块要比表所占用的数据少得多，因此通过访问索引来获得查询结果的效率非常高。

从上面两个例子可看出，在进行查询时，Oracle 数据库会利用 B*树读取数据。什么时候 Oracle 数据库会使用索引呢？这个问题没有标准答案。下面将给出 Oracle 数据库如何决定是否使用 B*树索引的原因。

在上面的第一个例子中，数据库会通过"TABLE ACCESS BY INDEX ROWID"（通过索引的

rowid 访问表）获取最终结果。当查询返回的行相对于表的总行数比较少时，Oracle 通常会采用这种方式。这个"较少"是一个很模糊的概念，要给出一个精确的定义很难。例如，对于只有几个列或列数较多，但每个列都很小的表（称这种表为瘦表），数据库可能会认为获取行数占表总行数的 0.1%～0.5%为"较少"；而对于一个有很多列或某列很大的表（称这种表为肥表），数据库可能会认为获取行数占表总行数的 5%为"较少"。为什么不同的表这个比例不一样呢？下面通过一个简化的例子来说明。

假设通过索引读取一个瘦表，该表有 500 000 行。如果每行大小约为 50 字节，对于 8 KB 大小的数据块库，每块上则有大约 150 行。因此，整个表占大约 3 300 多个块。若要读取该表中 10%的行，即要读取 50 000 行。若采用"TABLE ACCESS BY ROWID"的方式来读取数据，则需读取 50 000 次数据块，因为通过索引保存的 rowid 访问表上的数据块是随机的。也就是说，第 1 个 rowid 对应的数据在第 1 个数据块上，第 2 个 rowid 对应的数据在第 100 块上，第 3 个 rowid 对应的数据在第 50 个数据块上等。但整个表才大约 3 300 个数据块。若是按"TABLE ACCESS BY ROWID"方式，读取数据块数量是表所占数据块的 15 倍，因此，查询不能采用这种方式读取数据，而是采用全表扫描的方式（即直接读取表的所有数据块）。若设某个表的行大小为 800 字节，这样每个数据块有 10 行，现在表拥有 1 000 个数据块。若通过"TABLE ACCESS BY ROWID"方式获取 2 000 行，读取数据块数量也是表中数据块的 2 倍，查询仍会采用全表扫描来获取这些行。对于 800 字节的行，只访问表中不到 5%的数据（会访问大约 500 个块），就可以采用"TABLE ACCESS BY ROWID"方式来获取数据；而对于 80 字节的行，所访问的数据占更小的百分比（大约 0.5%或更少）时，就可以利用"TABLE ACCESS BY ROWID"方式获取数据。从这个简单的例子可以看出，究竟在什么情况下使用索引，由 Oracle 数据库根据当前表的行数和每行的大小来决定。但在实际情况中，还需其他因素来一起决定是否使用索引，这些因素统称为表的统计信息。但不管怎样，表的统计信息非常重要。

1. 数据的物理组织

从上面的例子可以看出，数据在磁盘上如何存储，会影响查询计划的生成。如果随机组织数据，会大大影响查询的效率。例如，某个表的主键由序列产生，向该表增加数据时，序列号相邻的行一般存储位置也会彼此"相邻"。表中的数据也会很自然地按主键顺序排列。当然，不一定严格按照顺序排列（要想做到这点，必须使用一个 IOT）。一般来讲，主键值彼此相邻的行，其物理位置也会比较靠近。如果下面这种以主键作为条件的查询，其数据都基本上很靠近：

```
select * from myTab where pk_c1 >1 and pk_c1<100
```

在这种情况下，若可选择性很小，会首先用索引范围扫描，然后再通过"TABLE ACCESS BY ROWID"方式获取数据。因为需要读取或重新读取的数据块可能在缓存中。但若行并非按顺序存储，这种访问方式有很大问题。下面举例说明。

① 创建表 t8_2_4，向该表插入 100 000 行数据，然后统计表上信息分布。

```
SQL>create table t8_2_4(c1 ,c2, constraint pk_t8_2_4 primary key(c1))
2    as
3 select n,lpad(dbms_random.random,50,'#') from nums where rownum<20000
4 /
Table created.
```

Oracle 数据库提供的包 dbms_random 中的函数 random 用来产生 2^{-31}～2^{31} 的随机数。rpad(dbms_random.random,50,'#')的作用是：将函数 dbms_random.random 的值转换成字符串，若转换后的字符串长度不足 50，则用井号、星号（"#*"）补上，即生成长度为 50 的字符串。

统计表的信息分布。

```
SQL> exec dbms_stats.gather_table_stats(user,'T8_2_4');
 PL/SQL procedure successfully completed.
```

这个表的每 150 行就占用一个 8 KB 的数据块。其中列 c1 取值为 1，2，3，……的行极有可能在同一数据块上。下面再创建一个表，随机地组织该表的数据，即不对主键有序存储。

② 创建表 t8_2_5，向该表插入 20 000 行数据，但这些数据不按主键顺序存储，然后统计表上数据的分布。

```
SQL>create table t8_2_5
  2  as
  3  select * from t8_2_4
  4  order by c2
  5  /
Table created.
```

表 t8_2_5 的数据来自表 t8_2_4，但这些数据按列 c2 进行排序。

下面的 SQL 语句是在表 t8_2_5 的列 c1 上建立主键。

```
SQL>alter table t8_2_5 add constraint pk_t8_2_5 primary key(c1);
 Table altered.
SQL> exec dbms_stats.gather_table_stats(user,'T8_2_5');
 PL/SQL procedure successfully completed.
```

表 t8_2_4 和表 t8_2_5 的数据一模一样，但数据的存放顺序不一样。对这两个表执行同样的查询，可以看出其性能差别非常大。下面的结果是通过跟踪两个表上的查询，并通过 tkprof 工具对跟踪结果格式化而得到，由于具体跟踪和 tkprof 工具的使用在前面已经讲过（见 4.3.2 节），这里只给出跟踪的部分结果。注意，以下测试数据在不同机器上可能得到不同的结果，以实际实验结果为准。

```
select * from  t8_2_4 where c1 between 10000 and 20000
call       count    cpu     elapsed   disk    query    current   rows
-------    ------   ------   -------   ------  ------   -------   ------
Parse      1        0.00     0.00      0       0        0         0
Execute    1        0.00     0.00      0       0        0         0
Fetch      1335     0.00     0.18      931     2500     0         20001
-------    ------   ------   -------   ------  ------   -------   ------
total      1337     0.00     0.18      931     2500     0         20001

select /*+ index(t8_2_5 pk_t8_2_5) */ * from  t8_2_5 where c1 between 10000
and 20000
call       count    cpu     elapsed   disk    query    current   rows
-------    ------   ------   -------   ------  ------   -------   ------
Parse      1        0.00     0.00      3       3        0         0
Execute    1        0.00     0.00      0       0        0         0
Fetch      1335     0.00     0.25      856     21356    0         20001
-------    ------   ------   -------   ------  ------   -------   ------
total      1337     0.00     0.26      859     21359    0         20001
```

在第二个查询中，"/*+ index(t8_2_5 pk_t8_2_5) */"（这是一个提示）的作用是让 Oracle 数据库在执行该查询时采用主键索引 "pk_t8_2_5"。

从上面的报告可看出，这两个表的数据虽然一样，但由于数据的组织不一样，采用同样的数据访问方式（先执行索引范围扫描，再执行 "TABLE ACCESS BY ROWID" 方式）所得到的查询效率完全不一样。主要的不同之处如表 8-1 所示。

表 8-1　研究物理数据分布对索引访问开销的影响

表　　名	CPU 时间	逻辑 I/O
t8_2_4	0.18 秒	2 500
t8_2_5	0.25 秒	21 359
开销相对百分比（用上一项除以下一项之后的百分比）	72%	11.7%

从表 8-1 可以看出，在有些情况下，使用索引可能很不错，但在另一些情况下，使用索引却不能提高效率。

③ 比较表 t8_2_4 和表 t8_2_5 上主键索引所占数据块数量和聚簇因子。

可通过下面的查询得到两个表的主键索引所占数据块数量和聚簇因子。

```
SQL>
select index_name,t2.num_rows,t2.blocks,t1.clustering_factor
  2  from user_indexes t1,user_tables t2
  3  where index_name in('PK_T8_2_4','PK_T8_2_5')
  4  and t1.table_name=t2.table_name
  5  /
INDEX_NAME        NUM_ROWS    BLOCKS      CLUSTERING_FACTOR
--------------    ---------   ---------   ------------------
PK_T8_2_4         19999       181         191
PK_T8_2_5         19999       166         19874
```

从上面的查询结查可以看出，两个表的主键索引所占数据块数基本一样，但它们的聚簇因子（列 clustering_factor）差别很大。聚簇因子究竟是什么，它起什么作用呢？将在下面仔细介绍。

2．聚簇因子

对于 CBO 优化器而言，聚簇因子是 Oracle 数据库根据统计信息计算不同访问路径的代价的参数之一，它决定当前的 SQL 语句是否通过索引，还是全表扫描获取数据。每一个索引都有一个聚簇因子。它用于描述索引块上与表块上存储数据在顺序上的相似程度，即用来描述表上数据行的存储顺序与索引块上的顺序是否一致。在全索引扫描中，聚簇因子的值基本上等同于数据块的访问数。好的聚簇因子值接近于表上的数据块数，而不好的聚簇因子值则接近于表的行数。聚簇因子在索引创建时就会通过表上存在的行以及索引块计算获得。上一节实验查看了数据块数与聚簇因子的关系，对于表 t8_2_4 来讲，其索引因子的值（191）与数据块数（181）很接近，说明该表的数据非常有序；而对于表 t8_2_5，其索引因子的值（19 874）与行数（20 000）很接近，说明该表数据非常随机地存储在数据块上。

可以把聚簇因子看作通过索引读取整个表的数据时所执行的逻辑 I/O 次数，它反映了表中数据相对于索引数据的有序程度。若通过表 t8_2_4 上的主键索引 pk_t8_2_4 来读取表的所有行，需要执行 191 次 I/O；如果通过表 t8_2_5 上的主键索引 pk_t8_2_5 来读取表的所有行，需要执行 19 874 次 I/O。之所以有这么大的差别，是因为当 Oracle 数据库对索引结构执行范围扫描（index range scan）时，如果它发现索引中的下一行与前一行在同一个数据块上，就不会先将数据块读入缓冲区中，而是直接从缓冲区中读取。不过，如果下一行不在同一个数据块上，就会先将数据块读入缓冲区中，然后读取数据。当按 pk_t8_2_4 获取表中的行时，数据库会发现下一行几乎总与前一行在一个数据块上，但按 pk_t8_2_5 获取表中的行时，情况则刚好相反。

下面通过两个查询详细说明聚簇因子的作用。具体步骤为：

① 先执行 SQL 命令 "alter session set timed_statistics=true;"，该命令很重要，如果不执行此命令，有很多信息无法获取。

② 执行 SQL 命令 "alter session set sql_trace=true"，该命令表示启用跟踪 SQL 的执行过程。若执行这条命令时报 "ORA-01031: insufficient privileges"，则需执行下面的命令授予 scott 修改会话的权限。

```
SQL> conn / as sysdba
Connected.
SQL> grant alter session to scott;
Grant succeeded.;
```

③ 分别执行查询语句："select count(c2) from　(select /*+ index(t8_2_4 pk_t8_2_4) */　* from t8_2_4)" 和 "select count(c2) from　(select /*+ index(t8_2_5 pk_t8_2_5) */　* from t8_2_5)"。

④ 执行 SQL 命令 "alter session set sql_trace=false;"，该命令会结束对 SQL 的跟踪。

⑤ 找到跟踪文件的位置（见 4.3.2 节）。

⑥ 用 tkprof 格式化跟踪文件（见 4.3.2 节）；

⑦ 查看格式化后的跟踪文件（见 4.3.2 节）。

执行上面的步骤后，格式化后的跟踪文件部分内容如下（注意，以下测试数据在不同机器上可能得到不同的结果，以实际实验结果为准）：

```
select count(c2) from  (select /*+ index(t8_2_4 pk_t8_2_4) */ * from t8_2_4)
call       count    cpu      elapsed     disk    query    current    rows
-------    -----    ------   ---------   ------   -----    -------    -------
Parse      1        0.00     0.00        0        0        0          0
Execute    1        0.00     0.00        0        0        0          0
Fetch      2        0.04     0.07        0        233      0          1
-------    -----    ------   ---------   ------   -----    -------    -------
total      4        0.04     0.07        0        233      0          1
Rows    Row Source Operation
------  -------------------------------------------------------------
  1     SORT AGGREGATE (cr=233 pr=0 pw=0 time=728845 us)
19999   TABLE ACCESS BY INDEX ROWID T8_2_4 (cr=233 pr=0 pw=0 time=300177......
19999     INDEX FULL SCAN PK_T8_2_4 (cr=42 pr=0 pw=0 time=120128 us........)

select count(y) from  (select /*+ index(t8_2_5 pk_t8_2_5) */ * from t8_2_5)
call       count    cpu      elapsed     disk    query    current    rows
-------    -----    ------   ---------   ------   -----    -------    -------
Parse      1        0.00     0.00        0        0        0          0
Execute    1        0.00     0.00        0        0        0          0
Fetch      2        0.04     0.07        0        19916    0          1
-------    -----    ------   ---------   ------   -----    -------    -------
total      4        0.04     0.07        0        19916    0          1

Rows    Row Source Operation
------  -------------------------------------------------------------
  1     SORT AGGREGATE (cr=19916 pr=0 pw=0 time=42971 us)
19999   TABLE ACCESS BY INDEX ROWID T8_2_5 (cr=19916 pr=0......
19999     INDEX FULL SCAN PK_T8_2_5 (cr=42 pr=0 pw=0 time=60788 us........)
```

从上面的结果可以看出，两个查询在使用各自索引执行索引全扫描操作时，都执行了 42 次逻辑 I/O。如果用一致读（consistent read，在上面的结果中简称 cr）总数减去 42，就刚好跟各索引的聚簇因子相等。例如，第一个查询总的一致读次数为 233，用它减去 42，就得到 191，刚好就是索引 pk_t8_2_4 的聚簇因子。

由此可见，索引并不一定总是提高查询的效率。Oracle 数据库的 CBO 也许会选择不使用索引。例如，执行下面的语句时，就会看到 Oracle 数据库会根据不同的聚簇因子选择是否使用索引。

```
SQL> set autotrace traceonly explain
SQL> select * from t8_2_4 where c1 between 1000 and 2000;
Execution Plan
-----------------------------------------------------------
Plan hash value: 2379073301
-----------------------------------------------------------
|Id | Operation                   | Name     |Rows |Bytes  | Cost(%CPU)|
-----------------------------------------------------------
|0  | SELECT STATEMENT            |          | 10004 | 919  | 50145     |
|1  |  TABLE ACCESS BY INDEX ROWID| T8_2_4   | 919  | 50145 | 12       |
|*2 |   INDEX RANGE SCAN          | PK_T8_2_4| 919  |       | 22(0)    |
Predicate Information (identified by operation id):
-----------------------------------------------------------
2 - access("c1">=1000 AND "c1"<=2000)

SQL>select * from t8_2_5 where c1 between 1000 and 2000
-----------------------------------------------------------
Plan hash value: 4270891657
-----------------------------------------------------------
 | Id  | Operation        | Name  |Rows  | Bytes  | Cost (%CPU)| Time     |
-----------------------------------------------------------
 | 0   | SELECT STATEMENT |       | 919  | 45950  | 393  (3) | 00:00:01 |
 |* 1  | TABLE ACCESS FULL|T8_2_5 | 919  | 45950  | 393  (3) | 00:00:01 |
-----------------------------------------------------------
 Predicate Information (identified by operation id):
-----------------------------------------------------------
 1 - filter("c1"<=1000 AND "c1">=2000)
```

从上面的查询计划可以看出，Oracle 数据库对这两条查询语句采用了不同的查询计划。其表 t8_2_5 采用全表扫描而不利用索引，因为它的聚簇因子很接近表的行数。

影响优化器是否使用索引的因素很多，包括物理数据存储顺序等。也许读者想通过重建表使所有索引有一个好的聚簇因子，这种想法不太现实。因为对于一个表来说，一般只有一个索引能有合适的聚簇因子，表中的行只可能以一种方式排序。如果应用需要数据有较好的物理分布，可以考虑使用一个 IOT、B*树聚簇、散列聚簇等索引结构。

8.2.5　B*树索引小结

建立 B*树索引并不一定能提高查询效率。在许多情况下，如果强制 Oracle 数据库使用索引（可通过提示强制数据库使用索引），反而会使性能下降。是否使用索引由两个因素决定，其中一个因素是通过索引访问表中多少行数据（占多大的百分比），另一个因素是表中数据的分布情况。Oracle 数据库的查询优化器能根据查询语句自动判断是否需要使用索引。

什么时候建立索引，在哪些列上建立索引，是设计中必须注意的问题。应该在应用的设计期间考虑索引的设计和实现，而不要等应用上线后才建立索引。如果对访问数据做过精心的计划和考虑，大多数情况下都能清楚地知道需要什么索引。

*8.3　位　图　索　引

位图索引（bitmap index）从 Oracle 7.3 版本开始引入。位图索引是另外一种索引类型，它的组织形式与 B*树索引相同，也是一棵平衡树，但它的叶结点里存放索引条目的方式不同。B*树索引的叶结点存放索引的每行数据，但位图索引的叶结点存放的是位图，位图中的每一位对应一列或多列。位图索引存储的内容如图 8-2 所示。

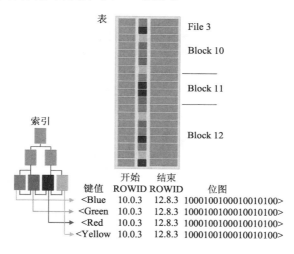

图 8-2　位图的组织形式

如图 8-2 所示，值 Blue 出现在第 1、5、8、12、15 等行；第 4、6 和 11 行的值为 Green；第 2、9、10 行的值 Red。如果想统计值为 Green 的行数，使用位图索引就能很快完成这个任务。如果想找出统计值为 Green 或 Blue 的所有行，只需将图 8-2 中的第 1 行和第 2 行合并即可，如表 8-2 所示。

表 8-2　统计 color 值为 Green 或 Blue 的所有行的位图

值＼行	1	2	3	4	5	6	7	8	9	10	11	12	13	14
Blue	1	0	0	0	1	0	0	1	0	0	0	1	0	1
Green	0	0	0	1	0	1	0	0	0	0	1	0	0	0
合并后的结果	1	0	0	1	1	1	0	1	0	0	1	1	0	1

从表 8-2 可以看出，表中第 1、4、6、7、11、12 和 14 行的统计值为 Green 或 Blue。例如，执行如下查询即可使用表 8-2 中第 3 行的位图。

```
select count(*) from color where color='Green' or color='Blue'
```

8.3.1 使用位图索引的条件

在一列中，某些值出现得很少，这种情形也称相异基数（distinct cardinality）很低。对相异基数低的数据就适合用位图索引。例如，某个表的性别（gender）列可能的取值为"男""女""不确定"三种情况，其相异基数为 3。若表中有 100 000 条记录，则相异基数为 3/100 000=0.000 3，这是一个非常低的相异基数。这样的列就适合建立位图索引。又如，若表的某列有 100 000 不同的取值，其总行数为 100 000 00，相异基数为 100 000/100 000 00=0.01，这种也可认为相异基数很低，该列也适合建立位图索引。

另外，如果有大量即席查询（ad hoc query）[①]，特别是查询以一种即席方式引用了多列或引入 count 等聚合函数，位图索引就特别有用。例如，假设有一个订单表（这里将这个表命名为 t8_3_1），其中有 3 列：ord_type（订单类型）、ord_stat（订单状态）和 ord_date（订单日期）。在这个表中，ord_stat 只取两个值：Y 或 N，ord_type 可取值为 1~10，ord_date 表示订单生成时间的范围，取值分别为：1 天以前、1 月以前、3 月以前、6 月以前，12 月以前。有如下四个即席查询：

```
select count(*) from t8_3_1
    where ord_stat ='Y'
        and ord_type in (1,2,5)
        and ord_date ='12 月'
select * from t8_3_1
    where ( (ord_stat='N' and ord_type=10)
        or (gender='Y' and ord_type=5))
        and ord_date='6 月'
select count(*) from t8_3_1 where ord_type in(3,6,8)
select count(*) from t8_3_1 where ord_date='6 月over' and gender='N'
```

如果通过建立 B*树索引来提高这些查询的效率不太可能，这 4 个查询的查询条件差别较大，需要建立 3~6 个 B*树索引才能提高各个查询的效率。因为这三列的任意子集都有可能出现，所以需要建立的 B*树索引有：

- 在列 ord_type、ord_stat 和 ord_date 上建立索引可以应对将这三列作为查询条件、将 ord_type 和 ord_stat 作为查询条件；
- 在列 ord_type 和 ord_date 上建立索引可以应对将这两列作为查询条件、将 ord_type 作为查询条件的查询。
- 在列 ord_date 和 ord_stat 上建立索引可以应对将这两列作为查询条件、将 ord_date 作为查询条件的查询。

针对更多类似的查询，若用 B*树来提高查询效率，需要建立其他索引。当 B*树的索引越多，占用空间就越大，维护就越困难，对 update 操作、delete 操作、insert 操作的性能也有很大的影响。这里需注意，这三列的数据取值都有很低的相异基数，因此可对这些列采用位图索引来满足以上查询要求。

在这三个列上各建立一个位图索引，就能满足前面的所有查询条件。对于引用这三列（其中任何一列或这三列的任意组合）的任何查询条件，Oracle 只需对这三个位图索引使用 and、or 和 not 操作，然后采用合并操作就可以满足这些查询条件。如果有必要还可在位图中出现"1"

[①] 即席查询是指用户在使用系统时，根据自己当时的需求定义的查询，其查询条件很灵活。

（表示某行有该值）的地方保留 rowid，并由此来访问表中数据，如果只是统计满足查询条件的行数，Oracle 就只计算位图索引项中"1"的个数。

下面举例说明位图索引的用法。

① 创建表 t8_3_1，并将 dbms_random 包产生的随机数据插入该表中。

```
SQL> create table t8_3_1
  2  ( ord_stat not null,
  3    ord_type not null,
  4    ord_date not null,
  5    memo
  6  )
  7  as
  8    select decode(ceil(dbms_random.value(0,2)),1,'N',2,'Y') gender,
  9    ceil(dbms_random.value(1,10)) location,
 10    decode(ceil(dbms_random.value(1,5)),
 11           1,'1 day',
 12           2,'1 mon',
 13           3,'3 mon',
 14           4,'6 mon',
 15           5,'12 mon'),
 16    rpad('#',30,'#')
 17  from nums
 18  /
Table created.
```

在上面的创建表的语句中，ceil 是一个四舍五入函数；dbms_random.value 将生成随机数，其范围由用户指定；decode 函数功能很强大，其调用基本形式为：

```
decode (条件,值1,翻译值1,值2,翻译值2,...值n,翻译值n,默认值)
```

该形式等价于下面的形式：

```
if 条件=值1 then
    return 翻译值1
elsif 条件=值2 then
    return  翻译值2
    ......
elsif 条件=值n then
    return  翻译值n
else
    return(默认值)
end if
```

例如，在上面的创建表的语句中，"decode(ceil(dbms_random.value(1,2)),1,'N',2,'Y')"子句的作用是：用函数 dbms_random.value 产生 1～2 之间的随机数，然后对其进行取整（作四舍五入），若 ceil 函数返回的值为 1，则 decode 函数将返回"N"，若 ceil 函数返回的值为 2，则 decode 函数将返回"Y"。

② 分别在列 ord_stat、ord_type、ord_date 上创建位图索引，并收集表的统计信息。

```
SQL> create bitmap index idx_type on t8_3_1(ord_type);
Index created.
SQL> create bitmap index idx_date on t8_3_1(ord_date);
Index created.
SQL> create bitmap index idx_stat  on t8_3_1(ord_stat);
Index created.
```

```
SQL> exec dbms_stats.gather_table_stats(user,'T8_3_1');
PL/SQL procedure successfully completed.
```

③ 执行下面的查询语句，并查看生成的查询计划。

```
SQL>set autotrace traceonly exp
SQL> select count(*) from t8_3_1
  2    where ord_stat='N'
  3    and ord_type in(1,2,8)
  4    and ord_date='12 mon';
Execution Plan
---------------------------------------------------------------------
Plan hash value: 1496379487
---------------------------------------------------------------------
```

Id	Operation	Name	Rows	Bytes	Cost(%CPU)
0	SELECT STATEMENT		1	12	48(0)
1	SORT AGGREGATE		1	12	
2	BITMAP CONVERSION COUNT		20593	241k	48(0)
3	BITMAP AND				
* 4	BITMAP INDEX SINGLE VALUE	IDX_STAT			
* 5	BITMAP INDEX SINGLE VALUE	IDX_DATE			
6	BITMAP OR				
* 7	BITMAP INDEX SINGLE VALUE	IDX_TYPE			
* 8	BITMAP INDEX SINGLE VALUE	IDX_TYPE			
* 9	BITMAP INDEX SINGLE VALUE	IDX_TYPE			

```
Predicate Information (identified by operation id):
---------------------------------------------------------------------
   4 - access("ORD_DATE"='6 mon')
   5 - access("ORD_STAT"='N')
   7 - access("ORD_TYPE"=1)
   8 - access("ORD_TYPE"=2)
   9 - access("ORD_TYPE"=8)
```

从上面的查询结果可以看出：Oracle 数据库执行查询条件"ord_type in (1,2,8)"时，就会读取这三个位置上的索引，并在位图中对这些"位"执行逻辑"或（or）"操作。然后将得到的位图与条件"ord_date='6 mon'"和"ord_stat='N'"的相应位图作逻辑"与（and）"。再统计"1"的个数，得到最终结果。

即席查询经常出现在数据库中，在这种情形下使用位图索引会大大提高查询效率。

位图索引在经常做数据查询的环境中能很好的工作，但在有些情况下，位图索引并不合适，例如，对经常进行数据更新、删除、插入的环境则极不适用。如果一个会话修改索引项中某一位，在大多数情况下，Oracle 数据库只能锁定该索引项的所有位而无法锁定单独一位，使得该索引项指向的所有行都会被锁定。若此时其他会话也需要更新该位图索引项，就会出现等待，从而大大降低并发性。例如，某个表的 color 列中有三行的值为 Blue，若更新这三行中某一行，其他两行也要被锁定。若有人再要更新这两行，就会等待，从而大大降低系统的并发性。

8.3.2　位图连接索引

位图连接索引是一种比较特殊的索引，它不需要创建在表的列上。在一个表上建立位图连接索引时，可使用另外一个表的列。例如，对于 scott 用户的表 customer 和表 orders；表 orders 的客户编号（custid）是表 customer 的外键，表 customer 有一个列为 custname（客户名）。经常有这样的查询需求：查询某个客户购买了多少商品？购买商品最多的前 N 个人信息？这些查询最终都会写成如下形式的 SQL 语句：

```
select count(*) from orders,customer
    where orders.custid= customer.custid
       and  customer.custname='TOM'
```

或

```
select a.* from orders a,customer b
    where a.custid=b.custid
        and  b. custname='TOM'
```

若要通过创建 B*树索引来提高这类查询效率，则需要创建两个索引：第一个索引创建在 customer 表的 custname 列上，以提高查询条件"customer. custname='TOM'"的效率；第二个索引创建在 orders 表的 custid 列上，以提高查询条件"orders.custid=customer.custid"的效率。但如果用位图连接索引，就只需建立一个索引，即：在 customer 表的 custname 建立一个索引，但这个索引不属于 customer 表，而属于 orders 表。下面举例说明位图连接索引的创建方法。

① 创建表 t8_3_2 和表 t8_3_3，其中表 t8_3_2 的数据来自于表 orders，表 t8_3_3 的数据来自表 customer。以表 t8_3_2 和表 t8_3_3 为例来创建位图连接索引。

```
SQL> create table t8_3_2 as select * from orders;
Table created.
SQL> create table t8_3_3 as select * from customer;
Table created.
```

为这两个表分别指定主键。

```
SQL> alter table t8_3_2 add constraint pk_t8_3_2 primary key(ordid);
   Table altered.
SQL> alter table t8_3_3 add constraint pk_t8_3_3 primary key(custid);
   Table altered.
SQL> exec dbms_stats.gather_table_stats(user,'T8_3_2');
   PL/SQL procedure successfully completed.
SQL> exec dbms_stats.gather_table_stats(user,'T8_3_3');
   PL/SQL procedure successfully completed.
```

② 创建位图连接索引。

```
SQL>create bitmap index idx_ord_cust
  2   on t8_3_2(t8_3_3.custname)
  3   from t8_3_2,t8_3_3
  4  where t8_3_2.custid=t8_3_3.custid
  5  /
Index created.
```

位图连接索引与普通索引的主要区别是：位图连接索引在最后有一个查询语句，该语句会将多个表连接。有了这个索引之后，执行上面的查询时，不需要访问 t8_3_3 表，因为此表的 custname 信息已经存储在位图索引中。当将 custname 作为查询条件时，就可以直接从位图连接索引获取信息。

```
SQL> set autotrace traceonly explain
SQL> select count(*) from t8_3_2 a ,t8_3_3 b
 2  where a.custid=b.custid
 3  and b.custname='C000000163'
```

```
   4  /
Execution Plan
--------------------------------------------------------------------
Plan hash value: 1993362865
--------------------------------------------------------------------
| Id | Operation                 | Name        |Rows | Bytes | Cost (%CPU)|
--------------------------------------------------------------------
| 0  | SELECT STATEMENT          |             | 1   | 12    | 1(0)       |
| 1  | SORT AGGREGATE            |             | 1   | 12    |            |
| 2  | BITMAP CONVERSION COUNT   |             |98K  | 1176  | 1(0)       |
| *  | BITMAP INDEX SINGLE VALUE | IDX_ORD_CUST|     |       |            |
--------------------------------------------------------------------
Predicate Information (identified by operation id):
--------------------------------------------------------------------
3 - access("A"."SYS_NC00004$"='C000000163')
```

从这个查询计划可以看出，Oracle 数据库使用位图连接索引，在整个查询中并没有使用 t8_3_3 表。查询首先通过位图连接索引 "IDX_ORD_CUST" 找到 custname='C000000163'的行，然后通过 "BITMAP CONVERSION COUNT" 操作和 "SORT AGGREGATE" 操作得到行数。下面再执行另外一个查询。

```
SQL>select a.* from t8_3_2 a ,t8_3_3 b
  2  where a.custid=b.custid
  3  and b.custname='C000000163'
Execution Plan
--------------------------------------------------------------------
Plan hash value: 1827099133
--------------------------------------------------------------------
|Id | Operation                   | Name       | Rows | Bytes | Cost (%CPU)|
--------------------------------------------------------------------
|0  | SELECT STATEMENT            |            | 98   | 2940  | 21  (0)    |
|1  | TABLE ACCESS BY INDEX ROWID | T8_3_2     | 98   | 2940  | 21  (0)    |
|2  | BITMAP CONVERSION TO ROWIDS |            |      |       |            |
|*3 | BITMAP INDEX SINGLE VALUE   | IDX_ORD_CUST|     |       |            |
--------------------------------------------------------------------
Predicate Information (identified by operation id):
--------------------------------------------------------------------
3 - access("A"."SYS_NC00004$"='C000000163')
```

这里需要说明：查询中使用了提示（hint）强制要求 Oracle 数据库使用位图连接索引 "IDX_EMP_CUST"，否则，查询优化器又会使用 t8_3_2 表和 8_3_3 表上的 B*树索引。

 注 意

创建位图连接索引需要有一个条件：用作连接的列必须是主键或唯一键。在上面的例子中，customer.custid 是 customer 表的主键，否则就会出现一个错误：

ORA-25954: missing primary key or unique constraint on dimension

8.3.3 位图索引小结

创建位图索引通常比创建 B*树索引快得多，但必须要了解清楚当前环境是否适合创建位图索引。通常在有大量即席查询（或对数据修改的并发性要求不高）的系统且相异基数低的表上可以建立位图索引。怎么定义相异基数低？这个问题并没有标准答案。有时，在 200 000 行的表中 5 就是一个低相异基数；而有时在 2 000 000 行的表中 20 000 也是一个低的相异基数。要想知道在系统中是否适合使用位图，最好做一下实验。

*8.4　函　数　索　引

基于函数的索引（function-based index）是 Oracle 8.11.5 中引入的一种新索引类型。为了后面叙述方便，称这种索引为函数索引。函数索引会计算一个或多个表达式的值，并将其存储在索引中。函数索引的表达式可以是算术表达式、包含有 SQL 函数的表达式、PL/SQL 函数、包的函数等。利用函数索引可实现很多功能，如对列中字符串进行与大小写无关的搜索或排序；通过复杂公式检索数据等。

在 Oracle 数据库中，要创建和使用函数索引，需要设置一些系统参数或会话设置，这与 B* 树和位图索引有所不同。在设置这些系统参数或会话设置时，需要有以下权限：

① 必须有系统权限 query rewrite，才能在用户自己的表上创建函数索引。

② 必须有系统权限 global query rewrite，才能在其他用户的表上创建函数索引。

③ 要让查询优化器使用函数索引，必须在会话或系统这个级别设置如下参数：query_rewrite_enabled =true 和 query_rewrite_integrity=trusted。其中 query_rewrite_enabled 允许优化器重写查询，以便使用函数索引。query_rewrite_integrity 告诉 Oracle 数据库要"相信"程序员标记为确定性的代码是确定性的。

函数索引在实际应用中非常有用，通常用于提高查询效率。下面通过一个例子来介绍函数索引。

8.4.1　函数索引举例

例如，customer 表的 custname 列（客户姓名）由于录入的问题，有些字母是大写，有些字母是小写，用户想对这列执行大小写无关的查询。在通常情况下，可执行下面的查询：

```
SQL> select * from customer where upper(custname)='SMITH';
```

若用户在 custname 列上创建了索引，但由于查询时使用了 upper 函数，使得 Oracle 数据库无法使用此索引。因此，可引入函数索引解决这种问题。下面通过例子介绍函数索引。

① 建立一个名为 t8_4_1 的表，该表与 customer 表的结构一样，然后向此表中插入 10 000 行数据。

```
SQL> create table t8_4_1
  2  as
  3  select * from customer where rownum<10001;
Table created.
```

② 对表 t8_4_1 的 custname 列建立名为 idx_t8_4_1 的函数索引，并收集该索引的统计信息。该索引基于 upper 函数（将字符串全部转换为大写）的返回值。

```
SQL> create index idx_t8_4_1 on t8_4_1(upper(custname));
   Index created.
SQL> exec dbms_stats.gather_table_stats(user,'T8_4_1',cascade=>true);
   PL/SQL procedure successfully completed.
```

③ 执行下面的查询，并显示查询计划。

```
SQL> select * from t8_4_1
  2  where upper(custname)='SMITH'
  3  /
Execution Plan
----------------------------------------------------------
Plan hash value: 2942733588

--------------------------------------------------------------------------------
| Id| Operation                   |Name       | Rows |Bytes |Cost (%CPU)|
--------------------------------------------------------------------------------
| 0 | SELECT STATEMENT            |           |  1   |  87  |  1 (0)   |
| 1 | TABLE ACCESS BY INDEX ROWID |T8_4_1     |  1   |  87  |  1 (0)   |
|* 2| INDEX RANGE SCAN            |IDX_T8_4_1 |  1   |      |  1 (0)   |
--------------------------------------------------------------------------------
Predicate Information (identified by operation id):
----------------------------------------------------
2 - access(UPPER("CUSTNAME")='SMITH')
```

从查询计划中可以看出，查询使用了函数索引"IDX_T8_4_1"，通过对该索引进行索引范围扫描就可得到 custname 为"SMITH"的行，然后通过执行"TABLE ACCESS BY INDEX ROWID"就能得到查询结果，这样可大大提高查询效率。如果不建立这样的函数索引，数据库会扫描表 t8_4_1 的每一行（即采用全表扫描的方式），然后将列 SMITH 的值转换为大写，并与"SMITH"比较，最终得到满足条件的所有行，这种执行过程效率很低。

8.4.2 在自定义函数上建立索引

从 Oracle 7.1 开始，允许用户自己定义函数，这大大扩展了 SQL 语句的功能。Oracle 数据库支持在用户自定义的函数上建立索引。

下面建立一个名为 my_getStr 的函数，用来提取日期中的年。在建立函数之前，为了保存每次查询调用了多少次该函数，需要建立一个包，在包中定义一个用于计数的变量。然后先执行不带函数索引的查询，观察整个查询执行的时间；然后创建基于该函数的索引，观察整个查询执行的时间。具体过程如下：

① 创建名为 stats 的包，用于保存查询调用函数的次数。

```
SQL>create or replace package stats
2 as
3  cnt number default 0;
4 end;
5 /
Package created.
```

② 创建名为 my_getStr 的函数。

```
SQL> create or replace function my_getStr (t_str in varchar) return varchar2
  2 deterministic
  3 as
  4 begin
  5  stats.cnt:=stats.cnt+1;
  6 return t_str;
  7 end;
  8 /
Function created.
```

　　注意，在创建该函数时，采用了一个关键字：deterministic，这个关键字的作用是说明所创建的函数在给定相同输入值时，总会返回一样的结果，即声明该函数的返回值具有确定性。要在用户自定义函数上创建索引，必须加此关键字，以此告诉 Oracle 数据库：相信该函数在给定输入的情况下，不论调用多少次，都能返回相同的值。如果创建的函数的返回值不具有确定性，则无法在其上创建函数索引。例如，无法在函数 dbms_random.random 上创建索引，因为此函数所返回的结果不具有确定性。

　　③ 在没有为函数 my_getStr 创建索引时，执行查询，并分析查询计划。

```
SQL>select custname,custid from t8_4_1
2  where my_getStr(custname)='a'
no rows selected
Execution Plan
-------------------------------------------------------------
Plan hash value: 3286149773
-------------------------------------------------------------
| Id| Operation           | Name  | Rows | Bytes | Cost (%CPU) |
-------------------------------------------------------------
|  0| SELECT STATEMENT    |       |  100 |  2200 |   23  (22)  |
|* 1|  TABLE ACCESS FULL  | T8_4_1|  100 |  2200 |   23  (22)  |
-------------------------------------------------------------
Predicate Information (identified by operation id):
-------------------------------------------------------------
   1 - filter(my_getStr(custname)='a')
```

然后查看调用函数的次数。

```
SQL>set serveroutput on
SQL> exec dbms_output.put_line(stats.cnt);
   9159
PL/SQL procedure successfully completed.
```

　　从这里可看出，虽然没有查询到数据，但该函数被调用了 9 159 次(很接近表的行数 10 000)。从查询计划也看得出此查询的执行过程是一个全表扫描。因此，这个查询的效率相当低。

　　④ 为函数 my_getStr 引。

```
SQL> create index idx_t8_4_1 on t8_4_1(my_getStr(custname));
   Index created.
```

　　⑤ 再次执行第③步的查询，并查看查询计划。在执行第③步的查询前，需要将包 stats 的变量置为 0。

```
SQL> exec stats.cnt:=0;
   PL/SQL procedure successfully completed.
```

　　然后再进行如下查询：

```
SQL> select custname,custid from t8_4_1
2  where my_getStr(custname)='a';
no rows selected
Execution Plan
-------------------------------------------------------------
Plan hash value: 2942733588
-------------------------------------------------------------
| Id | Operation          | Name  |Rows  |Bytes  |Cost (%CPU) |
-------------------------------------------------------------
| 0  | SELECT STATEMENT   |       | 100  | 2200  |17 (0)      |
```

```
| 1   | TABLE ACCESS BY INDEX ROWID |T8_4_1    |  100  | 2200 |17 (0)   |     |
|* 2  | INDEX RANGE SCAN            |IDX_T8_4_1|  40   |      |23 (0)   |     |
-------------------------------------------------------------------------------
Predicate Information (identified by operation id):
-------------------------------------------------------------------------------
2 - access("SCOTT"." my_getStr("custname")='a')
```

再次查看 my_getStr 函数的调用次数。

```
SQL> exec dbms_output.put_line(stats.cnt);
    0
PL/SQL procedure successfully completed.
```

从查询计划可以看出，整个 select 语句的执行过程先是通过函数索引 "IDX_T8_4_1" 进行索引范围扫描，然后通过 rowid 获取最终结果。从 my_getStr 函数的调用次数可以看，该函数在执行过程中被调用了 0 次，因为函数索引保存的数据是 my_getStr 函数的返回值，对函数索引执行索引范围扫描时，不再需要执行 my_getStr 函数。这个例子充分说明函数索引提高查询效率的重要性。

8.4.3 在字符类型的列上创建函数索引

在列类型为 varchar、char 和 varchar2 上创建索引时，很有可能系统会报错。下面具体说明这种错误产生的原因。

① 创建一个表空间，它的数据块大小为 4 KB。

在创建数据块大小为 4 KB 的表空间之前，需要分配 4 KB 大小的缓存块。这些缓存块用来存放大小为 4 KB 的数据块。若不分配此缓存块，则创建表空间会有如下错误信息：

```
ORA-29339: tablespace block size 4096 does not match configured block sizes
```

增加大小为 4 KB 的缓存块的操作如下：

```
SQL> alter system set db_4k_cache_size=1M;
 System altered.
```

然后创建一个数据块大小为 4 KB 的表空间。

```
SQL> create tablespace ts4k datafile '/tmp/smallfile' size 10m blocksize 4k;
Tablespace created.
```

② 在数据块为 4 KB 的表空间上创建一个名为 t8_4_2 的表。

```
SQL> create table t8_4_2 (custid int ,custname varchar(4000) ) tablespace ts4k;
Table created.
```

③ 在表 t8_4_2 上创建一个函数索引，该索引的数据存放在表空间 ts4k 上。

```
SQL> create index idx_t8_4_2 on t8_4_2(upper(custname)) tablespace ts4k;
    create index idx_t8_4_2 on t8_4_2(upper(custname)) tablespace ts4k
                             *
    ERROR at line 1:
    ORA-01450: maximum key length (3118) exceeded
```

在创建索引时，由于表 t8_4_2 的 custname 列有 4 000 字节，而表空间 ts4k 上的数据块大小为 4 KB，因此，一个这样的数据块放不下一个索引值，就会报错。在创建函数索引时，每个索引项（一个或多个索引列）的大小不能超过数据块大小的 3/4。

由于创建函数索引列的大小超过数据块的 3/4，就会报错。解决这个问题的方法是用 substr 函数提取某一部分子串，用这些子串创建函数索引。以上面的表为例，具体操作方法如下：

```
SQL> create index idx_t8_4_2 on t8_4_2(substr(upper(custname),1,6)) tablespace ts4;
Index created.
```

这个 substr 函数可返回长度为 6 的字符串，然后为这些字符串建立索引。

每当用户执行如下查询语句时，就会通过索引 idx_t8_4_2 获取数据。

```
SQL>select * from t8_4_2 where substr(upper(custname),1,6)='C000000163'
```

也就是说，用户在每次查询时，都必须要使用 substr 函数，且还要指定该函数最后面的两个参数，这是一件很麻烦的事情。这个问题可通过视图"隐藏" substr 函数的细节。具体操作如下：

```
SQL> create or replace view v_t8_4_2
  2  as
  3  select t.*,substr(upper(custname),1,6)v_name  from t8_4_2;
View created.
```

然后执行下面的查询语句：

```
SQL> exec  stats.cnt:=0;
PL/SQL procedure successfully completed.
SQL> set autotrace on explain
SQL> select * from v_t8_4_2 where v_name ='TOM';
no rows selected
Execution Plan
-------------------------------------------------------------------------------
Plan hash value: 1133049887
-------------------------------------------------------------------------------
| Id | Operation                    | Name      | Rows | Bytes |Cost (%CPU)|
-------------------------------------------------------------------------------
| 0 | SELECT STATEMENT              |           |  1   | 2015  |  1    (0) |
| 1 | TABLE ACCESS BY INDEX ROWID   | T8_4_2    |  1   | 2015  |  1    (0) |
|* 2 | INDEX RANGE SCAN             |IDX_T8_4_2 |  1   |       |  1    (0) |
-------------------------------------------------------------------------------
Predicate Information (identified by operation id):
-------------------------------------------------------------------------------
 2 - access(SUBSTR(UPPER("CUSTNAME"),1,6)='C000000163')
```

从这个查询计划可以看出，查询优化器会识别出视图中的虚拟列（视图 v_t8_4_2 的 v_name 列）上有索引。因此，查询在执行的过程中使用 "IDX_T8_4_2"进行索引范围扫描，然后通过"TABLE ACCESS BY INDEX ROWID"操作获取最终的数据。从这里也可以看出，通过视图可以封装一些具体的细节，从而给用户调用带来方便。因此，利用函数索引，可大大提高这类查询的效率。

8.4.4　只对部分行建立索引

函数索引除了对使用内置函数（如 UPPER、LOWER 等）的查询有明显帮助外，还可以用于只对表中某些行建立索引。

假如在一个大型的订票系统中，订单表的行数可能很多，一般都有上千万行，其中有一个列叫 isProc，它用来表示订单是否已经被处理。该列只取两个值：Y 或 N，默认值为 N，即表示该订单没有被处理。生成新的订单时，这个值为 N，等到系统处理完此订单后，则该列的值会被更新为 Y，即表示此订单已被处理。管理人员需要经常查看有多少订单没有处理，有多少订单被处理了。为了提高查询效率，会在 isProc 上建立索引，若用 B*树索引会占用较大空间，而且系统经常会将 N 修改成 Y，这样的修改会造成 B*树不停地调整，从而严重影响性能。这种情况下也许读者会认为用位图索引可很好解决，确实这种情形下的相异基数很低，但这是一个联机事务处理系统，可能有很多人在同时插入记录。若用位图索引，会使整个系统的并发性大大下降。所以，唯一的方法是只对感兴趣的记录（即对该列值为 N 的记录）建立索引。这可利用函数索引来完成。下面先模拟直接创建 B*索引的情况。

① 先建立一个名为 t8_4_3 的表，并让某一列只有两个值，一种值占绝大多数，另一种值占很少比例。

```
SQL> create table t8_4_3
  2  as
  3 select orders.*,
  4   case
  5     when rownum<520000 then 'Y'
  6     else 'N'
  7     end as isProc
  8 from orders
  9 /
Table created.
```

t8_4_3 表中大约有 53 万行数据。t8_4_3 表的 isProc 列中大部分值为 Y，而少数值为 N。

② 统计表 t8_4_3 的 isProc 列中取 Y 值和 N 值的比例。

```
SQL> select isProc,count(*) cnt from t8_4_3 group by isProc;
     isProc              CNT
    -----------        -----------
     Y                  519999
     N                  4289
```

从该查询结果可看出，isProc 列中 Y 值有 519 999 行，而 N 值有 4 289 行。

③ 直接在 isProc 列上创建 B*树索引，观察索引所占空间。

```
SQL> create index idx_tmp on t8_4_3(isProc);
Index created.
```

下面 SQL 语句将分析该索引的结构：

```
SQL> analyze index idx_tmp validate structure;
  Index analyzed.
```

查询该索引所占存储空间：

```
SQL> select name,btree_space,lf_rows,height from index_stats;
NAME         BTREE_SPACE      LF_ROWS       HEIGHT
--------     -----------      ---------     -------
IDX_TMP      7620284          524288        3
```

从查询结果可以看出，该索引占用了大约 7 MB 的空间，且 B*树的高度为 3，即要经过 3 个 I/O 才能到达叶子块。若要得到一个 isProc 为 N 的行，必须要 4 次 I/O。

怎样将该索引变得更小一些以减少维护的代价？可通过函数索引来做到。

④ 只对部分行建立索引。

首先删除刚才建立的 idx_tmp 索引。

```
SQL> drop index idx_tmp;
  Index dropped.
```

执行下面的语句实现只对部分行建立索引。

```
SQL> create index idx_tmp on t8_4_3(case isProc when 'N' then 'N' end);
  Index created.
```

可将语句"case isProc when 'N' then 'N' end"看成一个分支函数,该语句的作用是:若列 isProc 的值为 N, 就返回该值, 否则不返回任何值。这种方法就等于是建立函数索引。

```
SQL> analyze index idx_tmp validate structure;
  Index analyzed.
```

查询该索引所占存储空间的情况:

```
SQL> select name ,btree_space,lf_rows,height from index_stats;
NAME              BTREE_SPACE      LF_ROWS          HEIGHT
----------        -----------      ----------       ----------
IDX_TMP           71996            4289             2
```

这个函数索引的大小约为 70 KB, B*树的高度变成了 2。因此, 这种索引大大节省了空间并降低了索引的维护成本, 并且上面的查询会利用此索引提高查询效率。

8.4.5　关于函数索引的 ORA-01743 错误

对于函数索引, 有一个奇怪的现象, 如果要在系统函数 to_date 上创建一个索引, 有些情况下不会成功, 例如:

```
SQL> create table t8_4_4 (c1 varchar(6));
  Table created.
SQL> create index idx_t8_4_4 on t8_4_4(to_date(c1,'yyyy'));
  create index idx_t8_4_4 on t8_4_4(to_date(c1,'yyyy'))
                                    *
ERROR at line 1:
ORA-01743: only pure functions can be indexed
```

to_date 函数是将字符串转换成日期。产生这个问题的原因是 to_date 函数若使用参数"yyyy"会出现不确定的结果。例如:

```
SQL> select to_char(to_date('2005','yyyy'),'dd-mon-yyyy hh24:mi:ss')mydate
from dual;
  mydate
  --------------------
  01-sep-2005 00:00:00
```

在这种情况下, 返回的结果会由执行这个语句的月份决定。如果执行这个 SQL 语句的月份是 9 月, 返回的结果为 "01-sep-2005 00:00:00"; 如果为 10 月, 返回的结果为 "01-Oct-2005 00:00:00"。因此, to_date 函数的这种用法得到的结果具有不确定性, 这也是产生 ORA-01743 错误的原因。

从这个错误也可看出: 若函数的返回值具有不确定性, 无法创建函数索引。函数返回值的确定性对创建函数索引非常重要。

8.4.6　函数索引小结

函数索引很容易使用和实现, 在查询中经常用到。函数索引可加快查询速度, 而不用修改应用中的任何逻辑。使用函数索引能提前计算出复杂的值, 而无须使用触发器。另外, 如果在函数索引中物化表达式, 优化器就能更准确地估计并做出好的选择。可使用函数索引有选择地建立感兴趣行的索引（如前面关于订票系统的例子），这种技术实际上是对 where 子句加索引。函数索引的主要优点为：

- 利用函数可让 CBO 执行索引范围扫描，而不是全索引扫描。
- 函数索引可预先存储表达式的值，因此查询可不用计算而直接获得这些值，如果查询要计算的值非常多，这样做可大大提高查询效果。
- 函数索引让排序的功能变得更强大。索引表达式中可能针对区分大小写的排序来调用 lower 或 upper 函数。

基于函数的索引会影响插入和更新的性能。如果对表经常插入数据，而很少做查询，则不太适合建立函数索引。除此以外，函数索引还有如下限制：

- 函数索引只能被 CBO 利用，RBO 无法利用。
- 要想利用函数索引，必须要用 analyze 命令对索引数据进行分析。
- 如果索引表达式调用了一个函数，则不能限制该函数的返回类型。
- 索引表达式不能调用聚合函数。
- 索引表达式的数据类型不能是 varchar2、raw、longraw。

8.5　Oracle 数据库不使用索引的情形

前面几节介绍了 Oracle 数据库的各种索引，根据不同的应用，可以选择不同的索引帮助开发者完成高效的系统开发。但在实际情况中，经常会出现 Oracle 数据库不会使用所创建的索引。下面讨论 Oracle 数据库不会使用索引常见情形。

1．情形 1

假设一个表的两个列：c1、c2 上有一个索引，索引顺序是 c1 列在前，c2 列在后。若做以下查询：

```
select * from mytab where c2 ='a'
```

此时，优化器通常就不会使用表上的索引，因为查询条件不涉及 c1 列。因为在索引中，首先按 c1 排好序，在此基础上再对 c2 排序，也就是说，若单独看索引中的 c2 列的数据时，其分布极有可能无序，因此，若使用索引，可能要查看每一个索引项，才能正确找出"c2=5"的行，然后再通过 rowid 访问表中的数据行，这样做显然不如直接进行全表扫描的效率高。但这种形式的查询在某些极特殊的情况下也会使用索引。比如执行下面的查询：

```
select c1, c2 from myTab where c2 = 'a'
```

优化器通过统计信息会发现要查询的所有数据都在索引上，一般索引行都比数据行大，也就是说索引的叶块数比数据块数少（当然也有例外），因此，当扫描索引获取全部查询数据时，CBO 会直接扫描索引。注意，上面的 myTab 为假想的表。

这种形式的查询还有一种特殊情况，查询优化器也会使用表上的索引，即当索引的第一个列只有很少的几个不同值时，Oracle 数据库会对这种情形的查询采用索引跳跃式扫描（index skip scan）获取数据。例如，在订单状态（ord_stat）和订单号（ordid）上有一个索引，其中订单状态可取 N 和 Y 两个值（表示"没有发货"和"已经发货"），而且 ord_id 是主键，其值不会重复。

Oracle 数据库会使用索引跳跃式扫描获取数据。该扫描方式将上面的查询看成如下形式：

```
select * from orders where ord_stat='N' and ordid=5
union all
select * from orders where ord_stat='Y' and ordid=5
```

索引跳跃式扫描索引会将上面这条查询语句分开，然后按值'N'和值'Y'分类扫描数据。这种情况可在查询计划中很容易看到。下面举例说明索引跳跃式扫描。

① 创建表 t8_6_1，并在上面建立索引，然后获取该表的统计信息。

```
SQL>create table t8_6_1
  2  as
  3  select decode(mod(rownum,2),0,'M','F') ord_stat,orders.* from orders
  4  where rownum<40000
  5  /
Table created.
```

下面的 SQL 语句会在该表的 ord_stat 列和 ordid 列上建立索引。

```
SQL> create index idx_t8_6_1 on t8_6_1(ord_stat, ordid);
Index created.
```

下面的语句会获取该表的统计信息。

```
SQL> set autotrace explain
SQL>exec dbms_stats.gather_table_stats(user,'T8_6_1');
PL/SQL procedure successfully completed.
```

② 执行下面的查询语句，并观察查询计划。

```
SQL>exec dbms_stats.gather_table_stats(user,'T8_6_1');
SQL> select * from t8_6_1 where ordid=42;
Execution Plan
------------------------------------------------------------------------
Plan hash value: 442089504
------------------------------------------------------------------------
```

Id	Operation	Name	Rows	Bytes	Cost(%CPU)
0	SELECT STATEMENT		1	32	5(0)
1	TABLE ACCESS BY INDEX ROWID	T8_6_1	1	32	5(0)
* 2	INDEX SKIP SCAN	IDX_T8_6_1	1		4(0)

```
------------------------------------------------------------------------
```

从查询计划可以看出：查询执行过程首先采用索引跳跃式扫描，找到 ord_stat 值有改变的地方，从那里开始查找 ordid =42 的行，最终得到所有满足条件的数据。

若增加 ord_stat 列的取值，查询优化器就不会采用索引跳跃式扫描获取数据，而是直接使用全表扫描。

③ 增加 ord_stat 列的取值。

```
SQL> update t8_6_1 set ord_stat= mod(rownum,200);
39999 rows updated.
```

通过该更新语句，可让 ord_stat 列有 200 个不同值。然后再次获取该表的统计信息。

```
SQL>exec dbms_stats.gather_table_stats(user,'T8_6_1');
PL/SQL procedure successfully completed.
```

④ 再次查询表 t8_6_1，并观察查询计划。

```
SQL> select * from t8_6_1 where ordid=42;
Execution Plan
------------------------------------------------------------------------
Plan hash value: 486998726
------------------------------------------------------------------------
```

Id	Operation	Name	Rows	Bytes	Cost (%CPU)
0	SELECT STATEMENT		1	32	51 (2)
* 1	TABLE ACCESS FULL	T8_6_1	1	32	51 (2)

从这个查询计划可以看出，执行上面的查询采用了全表扫描操作。

2. 情形 2

若对索引列使用了函数，查询优化器就不会使用索引。例如，类似下面的查询就不会使用列上的索引：

```
select * from myTab where myFun(inx_c)=1
```

对这种情况而言，若想通过索引提高查询效率，可通过函数索引解决。

还有一种与之类似的情形，但这种情形不会使用索引。例如，某个表 t 的 c1 列是字符类型，并在 c1 列上建立索引。执行下面的查询时，Oracle 数据库不会使用 c1 列上的索引：

```
select * from t where c1=5
```

因为查询中的 5 是常数，Oracle 数据库会将此查询语句转换成下面的语句执行：

```
select * from t where to_number(c1)=5
```

to_number 函数将 c1 列的值转换成数字类型，Oracle 数据库就不会再使用索引。

下面通过例子观察这种情形的查询计划。

① 创建一个名为 t8_6_2 的表，然后向表中插入数据。

```
 SQL>create table t8_6_2 (c1 varchar(3) constraint pk_t8_6_2 primary key,c2 int);
Table created.
SQL> insert into t8_6_2 values('1',1);
1 row created.
```

② 查询表 t8_6_2，并观察查询计划。

```
SQL> set autotrace traceonly explain
SQL> select * from t8_6_2 where c1=1;
Execution Plan
---------------------------------------------------------------
Plan hash value: 1851100969
---------------------------------------------------------------
```

Id	Operation	Name	Rows	Bytes	Cost (%CPU)
0	SELECT STATEMENT		1	10	3 (0)
*1	TABLE ACCESS FULL	T8_6_2	1	10	3 (0)

```
Predicate Information (identified by operation id):
---------------------------------------------------------------
   1 - filter(TO_NUMBER("C1")=1)
```

从这个查询计划可看出：执行该语句采用的是全表扫描。其原因是 Oracle 数据库将查询条件转换成了 TO_NUMBER("C1")=1 来执行，Oracle 数据库不会利用索引。为了让 Oracle 数据库利用表 t8_6_2 上的索引，可以执行下面的语句：

```
SQL> select * from t8_6_2 where c1='1';
Execution Plan
---------------------------------------------------------------
```

```
Plan hash value: 1810707236
-----------------------------------------------------------------------
| Id| Operation                    | Name      | Rows | Bytes | Cost(%CPU)|
-----------------------------------------------------------------------
| 0 | SELECT STATEMENT             |           |    1 |    10 |    1(0)   |
| 1 | TABLE ACCESS BY INDEX ROWID  | T8_6_2    |    1 |    10 |    1(0)   |
|* 2| INDEX UNIQUE SCAN            | PK_T8_6_2 |    1 |       |    0(0)   |
-----------------------------------------------------------------------
Predicate Information (identified by operation id):
-----------------------------------------------------------------------
   2 - access("C1"='1')
```

从这个查询结果可以看出：执行上面的查询使用了表 t8_6_2 上的索引 PK_T8_6_2。

从上面的两个例子可以得出一个重要的经验：在写查询时，尽量避免数据类型的隐式转换。

综上所述，在写查询语句时，一定要小心，完成同样功能但书写方式不一样，可能会得到完全不一样的查询效率。

3．情形 3

Oracle 数据库的查询优化器只有在合理时才会使用索引，所以在很多情况下，建立了索引也不会使用。下面举例说明这样的情形。

① 建立一个名为 t8_6_3 的表，并向表中插入数据，并收集表上的统计信息。

```
SQL>create table t8_6_3
2 as
3 select * from customer;
Table created.
```

在表上创建一个 B*树索引。

```
SQL> create index idx_t8_6_3 on t8_6_3(custid);
Index created.
```

收集表的统计信息。

```
SQL> exec dbms_stats.gather_table_stats(user,'T8_6_3',cascade=>true);
PL/SQL procedure successfully completed.
```

② 在表 t8_6_3 上执行返回很少行的查询，然后观察查询计划。

```
SQL> set autotrace traceonly
SQL> select * from t8_6_3 where custid<'c0000000163';
Execution Plan
-----------------------------------------------------------------------
Plan hash value: 2600582597
-----------------------------------------------------------------------
| Id | Operation                    | Name       | Rows | Bytes | Cost (%CPU)|
-----------------------------------------------------------------------
| 0  | SELECT STATEMENT             |            | 520  | 15600 | 525(0)    |
| 1  | TABLE ACCESS BY INDEX ROWID  | T8_6_3     | 520  | 15600 | 525(0)    |
|* 2 | INDEX RANGE SCAN            | IDX_T8_6_3 | 520  |       |   4(0)    |
-----------------------------------------------------------------------
Predicate Information (identified by operation id):
-----------------------------------------------------------------------
1 - filter("CUSTID"<'c000000163')
```

从查询计划可以看出：执行查询时，Oracle 数据库使用了表上的"IDX_T8_6_3"索引。因为查询返回的行很少，查询优化器会认为通过索引获取数据效率会更高一些。但获取的行超过一定阈值（主要通过表的统计来决定该阈值）后，Oracle 数据库会选择另外的方式来获取行。这种情形可从下面查询观察到。

③ 在表 t8_6_3 上执行返回很多行的查询，然后观察查询计划。

```
SQL> select * from t8_6_3 where custid<'c0000016300';
Execution Plan
--------------------------------------------------------------------------------
Plan hash value: 804461230
--------------------------------------------------------------------------------
| Id| Operation           | Name    | Rows  | Bytes | Cost (%CPU) |
| 0 | SELECT STATEMENT    |         | 13821 | 1255K |  160   (2)   |
|* 1| TABLE ACCESS FULL   | T8_6_3  | 13821 | 1255K |  160   (2)   |
--------------------------------------------------------------------------------
Predicate Information (identified by operation id):
--------------------------------------------------------------------------------
1 - filter("CUSTID"<'c0000016300')
```

从查询计划可以看出：在执行该查询时，查询优化器并没有使用表上的索引，而是直接采用全表扫描来获取数据。

4. 情形 4

在表 myTab 上有一个 B*树索引，执行类似于下面的查询：

```
select COUNT(*) from myTab
```

若该索引是建立在一些允许有 null 值的列上，由于值为 null 的行没有相应的索引条目，所以通过索引获取表的行数可能并不准确。因此，查询优化器会放弃扫描索引，采用全表扫描得到表的行数。查询优化器的选择是对的，若使用索引统计行数，则可能会得到错误的答案。

综上所述，这 4 种情形是查询优化器不能使用索引的主要原因。归根结底，查询优化器不使用索引的原因是：使用索引不能返回正确结果或让查询的性能变得更糟糕。

小　　结

本章首先讨论了基本的 B*树索引，并介绍了这种索引的几种子类型，如反向键索引和降序索引，并讨论了什么时候应创建 B*树索引。

然后介绍了位图索引，在数据库环境（即读密集型环境，而不是联机事务处理环境）中，对于相异基数低的列，建立位图索引提高某些查询的效率是一种很好的方法。我们介绍了在哪些情况下使用位图索引，并解释在什么情况下不考虑使用位图索引。

接着介绍了函数索引。函数索引统计在表的一个或多个列的函数上创建索引，这可以预先计算并存储复杂计算结果，以便通过函数索引快速获取数据。本章介绍函数索引实现的一些重要结果，例如，必须要有一些系统级和会话级的设置才能创建函数索引。然后分别介绍在内置 Oracle 函数和用户定义函数上创建函数索引的例子。最后介绍创建函数索引容易出现的一些警告和相应的解决措施。

最后通过例子介绍了 Oracle 在何时会使用列上的索引。希望读者能理解这些例子，并在实际工作中用好 Oracle 的索引。

习　题

1. 先根据下面的语句建立一个名为 test_big_table 的表：

```
SQL>create table test_big_table
  2 ( id int primary key ,
  3  name varchar2(30)
  4 );
 Table created.
```

向 test_big_table 表中插入行，行数由用户指定，请写出相应的 PL/SQL。

2. 对于 8.2.4 节中的表 t8_2_5 执行 select * from t8_2_5 where x between 20000 and 40000，用 tkprof 工具给出该查询的分析报告和执行计划，仔细对比与执行 select * from t8_2_4 where x between20000 and 40000 有什么地方不同。

3. 用 decode 生成交叉表。具体执行步骤如下：

（1）创建表 t_across，列 a_name 表示用户名，列 a_subject 表示科目名，列 a_score 表示该科目的分数。

```
SQL>create table t_across(
  a_name varchar2(20) not null,
  a_subject varchar2(20) not null,
  a_score number(3)
);
```

（2）向表中插入数据。

```
SQL>insert into t_across(a_name,a_subject,a_score)
values('张三','语文',80);
1 row created.
SQL>insert into t_across(a_name,a_subject,a_score)
values('张三','数学',70);
1 row created.
SQL>insert into t_across(a_name,a_subject,a_score)
values('张三','英语',60);
1 row created.
SQL>insert into t_across(a_name,a_subject,a_score)
values('李四','语文',90);
1 row created.
SQL>insert into t_across(a_name,a_subject,a_score)
values('李四','数学',30)
1 row created.
SQL>insert into t_across(a_name,a_subject,a_score)
values('李四','英语',100)
1 row created.
SQL>commit;
Commite complete.
```

请写一条查询语句查询 t_across 表，要得到如下结果（形如该结果的报表称为交叉报表）：

姓名	语文	数学	英语
张三	80	70	60
李四	90	30	100

4. 按下面的语句创建一个名为 ex8_1 的表。

```
SQL> create table ex8_1
2  ( c1 varchar(3500),c2 varchar(3500),c3 int)
3  /
 Table created.
```

在表 ex8_1 的 c1 和 c2 列上创建一个函数索引，该函数索引将 c1 和 c2 列的字符串全部转换为大写。请写出创建此函数索引的 SQL 语句。

5. 实现一个名为 my_soundx 的函数，当输入一个单词后，能按下面的规则返回结果：

（1）保留字符串首字母，同时删除单词中的 a、e、h、i、o、w、y。

（2）将下表中的数字赋给相对应的字母。

```
1: b、f、p、v
2: c、g、k、q、s、x、z
3: d、t
4: l
5: m、n
6: r
```

（3）如果字符串中存在拥有相同数字的 2 个以上（包含 2 个）的字母在一起（如 b 和 f），或者只有 h 或 w，则删除其他的，只保留 1 个。

（4）只返回前 4 个字节，不够用 0 填充。

创建一个表，然后在该表上建立基于 my_soundx 函数的索引。并举例说明此函数索引在什么情况下可提高查询性能。

附 录 A

由于篇幅原因，只列出本书所用到的系统表（见表 A-1～表 A-7）。更多的信息可参见 Oracle 数据库的官方文档"Oracle 数据库 Database Reference"。

表 A-1　v$lock 表的结构

列　名	列的数据类型	列 的 含 义
SID	number	持有或请求锁的会话的标识
TYPE	varchar2(2)	锁的类型，说明标识是用户类型锁还是系统类型锁。 由用户应用所产生的锁称为用户类型锁，主要是下面三种：①TM；②TX；③UL（用户定义锁，用 dbms_lock 加锁时，其锁的类型就是此类型） 系统类型锁的种类见表 A-2
ID1 ID2	number	ID1、ID2 的取值含义根据 type 的取值而有所不同。对于 TM 锁 ID1 表示被锁定表的 object_id 可以和 dba_objects 视图关联取得具体表信息，ID2 值为 0；对于 TX 锁 ID1 以十进制数值表示该事务所占用的回滚段号和事务槽 slot number 号，其组形式:0xRRRRSSSS,RRRR=RBS/UNDO NUMBER,SSSS=SLOT NUMBER。ID2 以十进制数值表示环绕 wrap 的次数，即事务槽被重用的次数
LMODE	number	锁的模式，其取值分别为：— 0—none 1—null（NULL） 2—row-S（SS） 3—row-X（SX） 4—share（S） 5—S/Row-X（SSX） 6—exclusive（X） 这些值的具体含义见表 A-3
REQUEST	number	请求的锁的模式。其各个取值的含义同 LMODE 一样。当取值大于 0 时，表示当前会话被阻塞，其他会话占有这种锁模式
CTIME	number	已持有或者等待锁的时间
BLOCK	number	是否阻塞其他会话锁申请。1 表示阻塞了其他会话；0 表示没有阻塞其他会话

表 A-2　系统类型锁的种类

系 统 类 型	描　　述	系 统 类 型	描　　述
BL	缓冲 hash 表实例	NA..NZ	库缓冲中固定的实例(A..Z = namespace)
CF	控制文件模式全局排队	PF	密码文件
CI	跨实例函数调用实例	PI, PS	并行操作

系 统 类 型	描　　述	系 统 类 型	描　　述
CU	游标绑定	PR	过程开始
DF	数据文件实例	QA..QZ	行缓冲实例（A..Z 为缓冲名）
DL	直接加载并行索引	RT	Redo 线程全局队列
DM	加载数据库实例	SC	系统改变实例号
DR	分布恢复进程	SM	SMON 进程
DX	分布式事务实体	SN	序列号实例
FS	文件集	SQ	序列号队列
HW	具体段上的空间管理操作	SS	排序段
IN	实例号	ST	实间事务队列
IR	从串行全局实例恢复实例	SV	序列号值
IS	实例状态	TA	一般队列
IV	无效实例的库缓存	TS	临时段队列（ID2=0）
JQ	工作队列	TS	新块分配队列（ID2=1）
KK	线程的 tick	TT	临时表队列
LA .. LP	库缓存	UN	用户名
MM	加载全局实例	US	undo 段的 DDL
MR	介质恢复	WL	写 redo 日志实例

表 A-3　LMODE 锁模式取值的具体含义

锁 模 式	锁 描 述	解　　释	什么样的 SQL 操作会引起这种锁
0	None		
1	NULL（null）	空	select
2	SS（Row-S）	行级共享锁，其他对象只能查询这些数据行	select for update lock for update lock row share
3	SX（Row-X）	行级排它锁，在提交前不允许做 DML 操作	insert/update/delete lock row share
4	S（Share）	共享锁	create index lock share
5	SSX（S/Row-X）	共享行级排它锁	lock share row exclusive
6	X（Exclusive）	排它锁	alter table drop table drop index truncate table lock exclusive

表 A-4　v$latch 表的结构

列　　名	列的数据类型	列 的 含 义
IMMEDIATE_GETS	number	以 Immediate 模式 latch 的请求数
IMMEDIATE_MISSES	number	以 Immediate 模式请求失败数
GETS	number	以 Willing to wait 请求模式 latch 的请求数

续表

列　名	列的数据类型	列的含义
MISSES	number	初次尝试请求不成功次数
SPIN_GETS	number	第一次尝试失败，但在以后的轮次中成功
WAIT_TIME	number	花费在等待 latch 的时间

表 A-5　v$transaction 表的结构（该表中有很多列没有介绍，读者可参考相应文档）

列　名	列的数据类型	列的含义
XIDUSN	number	UNDO 段号
XIDSLOT	number	事务槽号
XIDSQN	number	事务的序号
UBAFIL	number	UNDO 块地址的文件号
UBABLK	number	UNDO 块地址的块号
UBASQN	number	UNDO 块地址的序列号
UBAREC		UNDO 块地址的记录号

表 A-6　v$session 表的结构（该表中有很多列没有介绍，读者可参考相应文档）

列　名	列的数据类型	列的含义
SID	number	session 的标识号
STATUS	varchar2	session 状态，可取下面的值： Active：正执行 SQL 语句 Inactive：等待操作（即等待需要执行的 SQL 语句） Killed：已经删除
SERIAL#	number	session 的序列号，当一个 session 结束，另一个 session 开始并使用了同一个 SID，则此列的值增加 1
AUDSID	number	审查 session ID 唯一性，确认它通常也用于寻找并行查询模式
USERNAME	varchar2	建立 session 的用户名称
MACHINE	varchar2	运行此 session 的机器名
OSUSER	varchar2	本机操作系统的用户名
TERMINAL	varchar2	运行此 session 的终端名
PROCESS	varchar2	进程编号

表 A-7　v$mystat 表的结构

列　名	列的数据类型	列的含义
SID	Number	session 的标识号
STATISTIC#	number	统计项编号，这个列与视图 v$statname 连接可得到当前会话的各种统计信息
VALUE	number	每个统计项的值

附　录　B

　　下面将创建本书所用到的一些表。这些表中包含很多行，本书称这些表为大表，它们的数据都是人为模拟出来的。为了生成这些大表。首先需要一个有很多行的表，这个表只有一个列 n，它存放着有序数字，本书称这个表为 nums。这列的最大值就是要为大表创建的行数。读者可按下列顺序来建立一个 nums 表，并向其中插入有序数字。注意，以下操作要用 scott 用户。

```
SQL>conn   scott/abc123
Connected.
SQL> create table nums(n int primary key) organization index;
Table created.
```

　　注意，表 nums 为一个索引组织表（organization index），在第 7 章介绍了这种表类型。下面初始化这个表。

```
SQL> insert into nums values(1);
1 row created.
```

　　下面通过一个匿名有 PL/SQL 块来向 nums 插入数据。

```
SQL>declare
  2     max_num int:=1000000;
  3     rec_num int:=1;
  4     loop_cnt int:=0;
  5     begin
  6        while (rec_num*2)<=max_num loop
  7           loop_cnt:=loop_cnt+1;
  8           insert into nums select n+rec_num from nums;
  9           rec_num:=rec_num*2;
 10        end loop;
 11        commit;
 12        dbms_output.put_line(loop_cnt);
 13*    end;
SQL> /
19
PL/SQL procedure successfully completed.
```

　　变量 loop_cnt 用来记录 while 循环的次数。从执行的结果可看出，整个 while 循环只执行了 19 次。如果读者去查看 nums 中的记录数，会发现只有 524 228 行，并不是 1 000 000，这样多的行数用作实验已经足够了。读者可以思考一下，为什么生成 524 228 行只循环 19 次就可以了？

　　下面来生成本书所需要的表。

　　① 生成 customer（顾客）表。

　　首先，创建 customer 表。

```
SQL>create table customer
2  (  custid varchar2(15) primary key,
3     custname varchar2(50)
4  )
5  /
Table created.
```

然后向表中插入数据，这些数据全是模拟数据。插入的行数与 nums 表中的行数一样多。

```
SQL>insert into customer
    2    select 'c'||lpad(n,10,'0') as custid,
    3    'cust_'||n as custname
    4    from nums
    5  /
524288 rows created.
```

② 生成订单表，表名为 orders。

```
SQL>scott/abc123
 Connected.
SQL>  create table orders
 2  ( ordid,custid,product_name,primary key(ordid))
 3  as
 4    select n as ordid,'c'||lpad(mod(rownum,5000),10,'0')as
 5 custid,'productName'||mod(rownum,100) as product_name
 6    from nums
 7 /
Table created.
```

附 录 C

vi 编辑常用命令汇总

下面先对 vi 编辑的"字""句子""段落"这三个概念进行说明。其中字是由空格或标点符号分开的字母序列；句子是以句号（.）、问号（？）或感叹号（！）结束的字符序列，句子之间由两个空格或一个回车分开；一个段落前后各有一个或多个空白行。

1. 在 vi 窗口中移动光标的操作方法

- 按一次上箭头"↑"或"k"都可将光标向上移一行，上箭头在 vi 处于命令模式和输入模式时都可以将光标向上移一行，而小写字母"k"只能在 vi 处于命令模式时才能将光标向上移一行。
- 按一次下箭头"↓"或"j"都可将光标向下移一行，下箭头在 vi 处于命令模式和输入模式时都可以将光标向下移一行，而小写字母"j"只能在 vi 处于命令模式时才能将光标向上移一行。
- 按一次左箭头"←"或"h"都可将光标向左移一个字符，左箭头在 vi 处于命令模式和输入模式时都可以将光标向左移一个字符，而小写字母"h"只能在 vi 处于命令模式时才能将光标向左移一个字符。
- 按一次右箭头"→"或"l"都可将光标向右移一个字符，右箭头在 vi 处于命令模式和输入模式时都可以将光标向右移一个字符，而小写字母"l"只能在 vi 处于命令模式才能将光标向右移一个字符。
- 命令"o"（小写的 o）可将光标移动到当前行的开始，必须在 ex 模式下执行此命令。
- 命令"$"可将光标移动到当前行的结束。此命令在命令模式下执行。
- 命令"+"可将光标移动到下一行的开始。此命令在命令模式下执行。
- 命令"−"可将光标移动到上一行的开始。此命令在命令模式下执行。
- 命令"w"（小写的 w）可将光标移动到下一个单词或标点符号处，光标停在单词的首字母处。此命令在命令模式下执行。
- 命令"W"（大写的 W）可将光标移动到下一个单词处，光标停在单词的首字母处；移到下一个字。此命令在命令模式下执行。
- 命令"e"（小写的 e）可将光标移动到下一个单词或标点符号处，光标停在单词的最后一个字母或标点符号处。此命令在命令模式下执行。
- 命令"E"（大写的 E）可将光标移动到下一个单词处，光标停在单词的最后一个字母处。此命令在命令模式下执行。
- 命令")"可将光标移动到下一个句子的开始处。此命令在命令模式下执行。

- 命令"("可将光标移动到当前句子的开始。此命令在命令模式下执行。
- 命令"}"可将光标移动到下一个段落的开始。此命令在命令模式下执行。
- 命令"{"可将光标移到当前段落的开始。此命令在命令模式下执行；
- Ctrl+F（按住【Ctrl】键不松开，然后再按【F】键）会向后（下）移动一满屏幕。此命令在命令模式下执行。
- Ctrl+D（按住【Ctrl】键不松开，然后再按【D】键）会向前（上）移动半屏幕。此命令在命令模式下执行。
- Ctrl+B（按住【Ctrl】键不松开，然后再按【B】键）会向前（上）移动一满屏幕。此命令在命令模式下执行。
- Ctrl+U（按住【Ctrl】键不松开，然后再按【U】键）会向后（下）移动半屏幕。此命令在命令模式下执行。
- 命令"H"（大写的 H）将光标移动到屏幕顶部。此命令在命令模式下执行。

2．光标在文本内移动

首先按【Esc】键使 vi 进入命令模式，然后在文本中分别执行下面命令可使光标移动到指定位置。

- 输入命令"G"（大写的 G），然后按【Enter】键，可使光标移动到文件的尾部。
- 输入命令"$"，然后按【Enter】键，可使光标移动到文件的尾部。
- 输入命令"/string"，然后按【Enter】键，可使光标正向移动到第一次出现 string 的位置。这与 ed 编辑器的正向搜索很相似。
- 输入命令"? string"，然后按【Enter】键，可使光标反方向移动到第一次出现 string 的位置。这与 ed 编辑器的反向搜索很相似。

3．可进入输入模式的命令

将 vi 由命令模式进入输入模式的命令为：

- 输入命令"a"（小写字母 a），然后按【Enter】键，可在光标之后输入文本内容。
- 输入命令"A"（大写字母 A），然后按【Enter】键，可在当前行尾部输入文本内容。
- 输入命令"i"（小写字母 i），然后按【Enter】键，可将输入文本插入在光标之前。
- 输入命令"I"（大写字母 I），然后按【Enter】键，可输入文本插入在当前行的开始。
- 输入命令"o"（小写字母 o），然后按【Enter】键，可在当前行的下一行插入新行。
- 输入命令"O"（大写字母 O），然后按【Enter】键，可在当前行的上一行插入新行。

4．删除文件内容命令

在 vi 处于命令模式下，可输入下列命令删除文本内容（注意，这些命令不能在 ex 模式下执行）：

- 输入命令"x"（小写字母 x），然后按【Enter】键，可删除光标所在位置的字符。
- 输入命令"nx"（小写字母 x），然后按【Enter】键，可删除从光标所在位置开始的 n 个字符。
- 输入命令"X"（大写字母 X），然后按【Enter】键，可删除光标所在位置的前一个字符。
- 输入命令"nX"（大写字母 X），然后按【Enter】键，可删除光标所在位置的前 n 个字符。

 注 意

这里的命令"x"与前面 ed 编辑器的命令"x"的作用不一样。

- 输入命令 "ndw"，然后按【Enter】键，可删除从光标所在位置开始的 n 个字（可以这样理解：w 是取 word 的第一个字母，d 是 delete 的第一个字母）。
- 输入命令 "ndd"，然后按【Enter】键，可删除从光标所在位置开始的 n 行。
- 输入命令 "D"（大写的 D），然后按【Enter】键，可删除光标所在位置的行。
- 输入命令 "d)"（小写的 d）然后按【Enter】键，可删除从光标所在位置到下一句的开始。
- 输入命令 "d}"（小写的 d）然后按【Enter】键，可删除从光标所在位置到下一段的开始。
- 输入命令 "d 回车"，可删除光标所在的行和下一行。

5. 文件内容命令移动与复制

下面这些命令实现对文本内容的移动与复制，这些命令必须在 vi 的 ex 模式下执行（按【Esc】键，然后输入 "："可进入 ex 模式）。

- 命令 m 可将指定范围的文本移动到指定位置。格式如下：<起始行号>，<结束行号> m <目标行号>。例如，命令 "3,14m56" 可将第 3 行和第 14 行移动到第 56 行后面。命令 "7,52m0" 可将第 7 行至第 52 行移动到第 1 行后面。
- 命令 t 可将指定范围的文本复制到指定位置。格式如下：<起始行号>，<结束行号> t <目标行号>。例如，命令 "1,14t60" 可将第 1 行至第 14 行的内容复制到第 60 行后面；命令 "7,52t$" 可将第 7 行至第 52 行的内容复制到最后一行后面。

这两个命令的作用和用法与 ed 编辑器的 m 命令和 t 命令一样。

下面将介绍如何将文件内容放入缓冲区和从缓冲区复制内容到指定行的命令。这些命令都在 vi 的命令模式下执行。下面先介绍将文件内容放入缓冲区的命令。

- 输入命令 "nyw"，则从光标位置开始复制 n 个字放入缓冲区。
- 输入命令 "ny$"，则从光标位置开始复制 n 行字符。
- 输入命令 "ny)"，则从光标位置开始复制到下一句的开始。
- 输入命令 "ny}"，则从光标位置开始复制到下一段的开始。
- 输入命令 "nyy"，则从光标位置开始复制 n 行。
- 输入命令 "y 回车"（输入 y 之后再按【Enter】键），则从光标位置开始复制 2 行。

这些命令的作用和用法与 ed 编辑器的 y 命令比较相似。

下面先介绍将缓冲区内容复制到指定行的命令。

- 命令 p 可将当前缓冲区中内容复制到光标所在位置右边。如缓冲区中内容是整行信息，则放到光标所在行的下一行。
- 命令 P（大写字母 P）可将当前缓冲区中内容复制到光标所在位置左边。如缓冲区中内容是整行信息，则放到光标所在行的下一行。

6. 搜索与替换命令

文件内容搜索与替换都可在 vi 的命令模式下执行，其中有一部分还可以在 ex 模式下执行。首先介绍搜索命令。

- 命令 "/string" 可从光标所在位置向后（正向）检索字符串 string，并将光标定位在该串起始位置。该命令在命令模式和 ex 模式下都可执行。
- 命令 "?string" 可从光标所在向前（反向）检索字符串 string，并将光标定位在该串起始位置。该命令在命令模式和 ex 模式下都可执行。
- 命令 "//" 可重复上一条检索命令，但方向是向后（正向）检索。该命令在命令模式和 ex 模式下都可执行。

- 命令"??"可重复上一条检索命令，但方向是向前（反向）检索。该命令在命令模式和 ex 模式下都可执行。
- 命令"n"可重复上一条检索命令，而不管其检索方向。该命令只能在命令模式下执行。
- 命令"N"可重复上一条检索命令，但检索方向改变。该命令只能在命令模式下执行。
- 命令"g/string"可检索字符串 string，光标定位在第一次检索到的 string 所在行的行首，该命令与 ed 的 g 命令不一样。该命令只能在 ex 模式下执行。

下面介绍替换命令。

字符串替换命令为 s，该命令常用格式为：[范围]s/s1/s2/[选项]，其中[范围]表示搜索范围，省略时表示当前行。例如：[范围]可以是"1,20"，表示从第 1 行到 20 行；也可是"%"，表示整个文件，与"1,$"的作用一样；".,$"表示的范围为当前行到文件尾。s 为替换命令；s1 为要被替换的字符串；s2 为替换成的字符串；[选项]的取值有：g 表示全局替换；c 表示替换前进行确认；p 表示替代结果逐行显示；该选项省略时仅对每行第一个匹配的串进行替换。

7. 仅能在 ex 模式下执行的命令

下面所列出的命令需要在 ex 模式下执行。

- 命令"set number"的作用是显示行号。
- 命令"set nonumber"的作用是不显示行号。
- 命令"set all"的作用是显示 vi 各选项的设置情况。
- 命令"f"的作用是显示当前文件及工作缓冲区状况。
- 命令"r filename"的作用是将名为 filename 的文件内容插入缓冲区当前行的下面。
- 命令"!"表示执行 Linux 命令。
- 命令"r ! cmd"表示执行命令 cmd，并将结果插入到缓冲区的当前行下面。

参 考 文 献

[1] 苏金国，王小振. Oracle 数据库 9i & 10g 编程艺术：深入数据库体系结构[M]. 北京：人民邮电出版社，2006.

[2] 盖国强. 深入理解 Oracle：DBA 入门、进阶与诊断案例[M]. 北京：人民邮电出版社，2009.

[3] ARNOLD ROBBINS, ELBERT HANNAH, LINDA LAMB. 学习 vi 和 vim 编辑器[M]. 7 版. 南京：东南大学出版社，2011.

[4] 崔华. 基于 Oracle 的 SQL 优化[M]. 北京：电子工业出版社，2013.